Ford Scorpio

Vierzylinder

ab Baujahr 1985

1 Allgemeines

1.1 Einleitung in die Modellreihe

Diese Reparaturanleitung befasst sich mit den Ford Scorpio-Fahrzeugen seit März 1985, welche im allgemeinen als Nachfolger des Ford Granada angesehen werden. Der in dieser Ausgabe behandelte Scorpio ist mit einem von drei verschiedenen Vierzylinder-Benzin-Motoren ausgerüstet.
Der erste Motor in der Baureihe ist ein 1,8-Liter-Motor, welcher in das Grundmodell eingebaut ist. Dieser Motor besitzt eine Leistung von 66 kW (90 PS) bei einer Drehzahl von 5400/min. Ein von Pierburg hergestellter Register-Fallstromvergaser wird bei diesem Motor eingebaut. Diese Ausführung ist nur mit einem Fünfgang-Schaltgetriebe erhältlich, nicht mit einem automatischen Getriebe. Das Modell wird in der Schweiz nicht angeboten.
Der nächste Motor in der Baureihe ist ein 2,0-Liter-Motor, welcher eine Leistung von 77 kW (105 PS) bei einer Drehzahl von 5200/min. besitzt. Dies ist ein mit Weber-Vergaser arbeitender Motor, wiederum nicht in der Schweiz erhältlich. Dieser ist entweder mit Fünfgang-Getriebe oder mit Viergang-Getriebeautomatik erhältlich.
Der gleiche Motor, mit Kraftstoffeinspritzung, entwickelt eine Leistung von 84,5 kW (115 PS). Dieser Motor wird in Fahrzeugen in der Schweiz bis zu Ende des Baujahres 1986 eingebaut, hat aber bei eingebautem Katalysator nur eine Leistung von 74,5 kW (101 PS). Die beiden oben genannten Getriebe können eingebaut sein. Fahrzeuge in der Schweiz haben identische Daten.
Bei den oben genannten Motoren handelt es sich um sogenannte OHC-Motoren (OHC – Overhead Camshaft = obenliegende Nockenwelle). Im Zylinderkopf ist eine Nockenwelle gelagert und der Antrieb der Nockenwelle erfolgt über einen Zahnriemen.
Das Fahrgestell setzt sich aus einer selbsttragenden Karosserie mit Einzelradaufhängung der Vorder- und Hinterradaufhängung zusammen. Die Vorderradaufhängung besteht aus Federbei-

nen mit Querlenker und Kurvenstabilisator; die Hinterradaufhängung setzt sich aus Schräglenkern, Schraubenfedern und hydraulischen Teleskopstossdämpfern zusammen. Ab Wunsch kann bei den 2,0-Liter-Modellen eine Niveauregulierung eingebaut sein.
Scheibenbremsen an den Vorderrädern und Hinterrädern (vorn belüftete Bremsscheiben) bilden die Bremsanlage, welche als Zweikreisanlage mit einem serienmässig eingebauten Bremskraftverstärker gebaut ist. Der vordere und der hintere Bremskreis sind geteilt. Die Handbremse wirkt auf die Hinterräder. Der serienmässig eingebaute Bremskraftverstärker wird vom Unterdruck im Motor betätigt.
Eine Zahnstangenlenkung dient zum Lenken des Fahrzeuges, welche auf Sonderwunsch mit einer Servounterstützung erhältlich ist.

1.2 Fahrzeugerkennung

Das beim Scorpio verwendete Typenschild ist an der Vorderseite des oberen Querträgers (Motorhaubenauflage) jedes Fahrzeuges aufgenietet. Es besteht aus einer Reihe von Zahlen und Buchstaben, welche auf Fahrzeugmodell, zulässige Tragkraft, Motor, Achsantriebsuntersetzung, Lacknummer, Innenausstattung, usw. hinweisen. Das Typenschild ist in vielen Fällen mit Abkürzungen neben den einzelnen «Kästchen» versehen, welche selbsterklärend sind, jedoch immer einen Kodebuchstaben haben, um auf bestimmte Einzelheiten hinzuweisen. Die folgenden Hinweise beziehen sich auf die Erklärung einer Fahrzeugkennummer, welche folgende Bedeutung hat:
Die ersten drei Buchstaben weisen auf das Herstellungsland hin. In Köln hergestellte Fahrzeuge haben die Buchstaben «WFO» an dieser Stelle eingeschlagen. Buchstaben Nr. 5 und 11 weisen auf die Modellausführung hin (A = 5-türige-Limousine). Buchstabe Nr. 8 gibt die Herkunft der Produktion an. Bei Fahrzeugen aus Köln, steht an dieser Stelle ein «G», während Buchstabe Nr. 9 auf das Montagewerk hinweist (A = Köln). Buchstabe Nr. 10 gibt durch ein «G» an, dass es sich um einen Scorpio handelt.
Buchstabe Nr. 12 weist auf das Baujahr hin. Baujahr 1984 wird durch ein «E» angegeben und entsprechend der alphabetischen Reihenfolge fortgesetzt. Der direkt dahinterstehende Buchstabe gibt den verschlüsselten Baumonat an, welcher abschliessend von der eigentlichen Fahrzeugseriennummer (5 Stellen) gefolgt wird.
Diese komplette Nummer muss immer vollständig angegeben werden, wenn Ersatzteile bestellt werden.
Die nächstwichtigste Nummer ist die Motorennummer und beginnt mit den Kennbuchstaben des eingebauten Motors (siehe Mass- und Einstelltabelle – Kapitel 18). Die Lage der Nummer ist in Bild 2 gezeigt. Diese Nummer ist ebenfalls in den Motor eingeschlagen und besteht aus drei Buchstaben, welche die folgende Bedeutung haben:

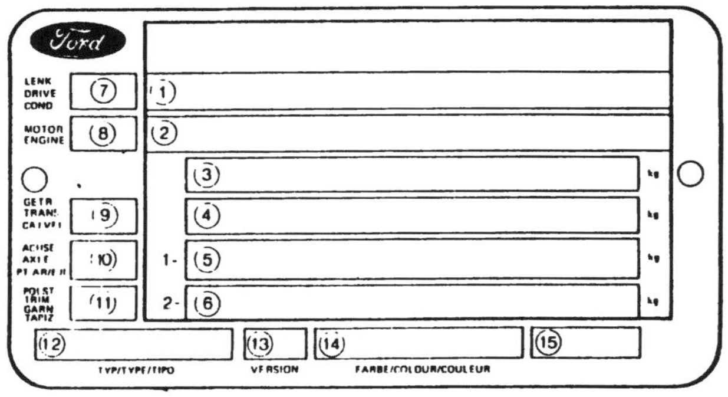

Bild 1
Ansicht des Typenschildes auf der Auflagefläche der Motorhaube

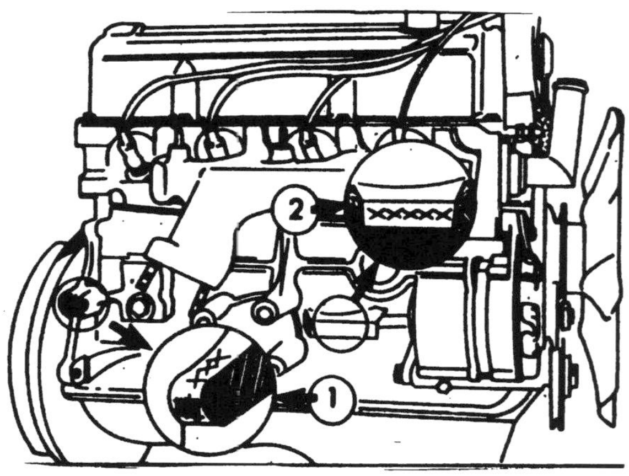

Bild 2
Die Lage der Motorkennummer (1) und der Motorseriennummer (2).

REC = 1,8 Liter
NEL = 2,0 Liter, Vergaser
NRA = 2,0 Liter, Kraftstoffeinspritzung
Aufgrund der vielen Versionen der Scorpio-Modelle muss die Fahrgestellnummer oder die Motornummer beim Bestellen von Ersatzteilen und anderen Unklarheiten über das Fahrzeug immer angegeben werden.

1.3 Allgemeine Anweisungen bei Reparaturen

Die Beschreibungen in dieser Reparaturanleitung sind in einfacher Weise und allgemein verständlich gehalten. Wenn dem Text und den Abbildungen bei der Arbeit Schritt für Schritt gefolgt wird, dürften keine Schwierigkeiten auftreten.

Die Mass- und Einstelltabelle am Ende des Buches (Kapitel 18) ist hierbei ein wichtiger Teil und muss bei allen Reparaturarbeiten am Fahrzeug hinzugezogen werden. Innerhalb der einzelnen Anleitungen werden die notwendigen Massangaben oder Einstellwerte nicht immer angeführt, weshalb in der genannten Tabelle nachzuschlagen ist. Es sei besonders darauf hingewiesen, dass man unter dem in Frage kommenden Modell nachlesen muss, um jegliche Fehler zu vermeiden.

Einfache Handgriffe, wie z. B. «Motorhaube öffnen» vor Arbeiten im Motorraum, oder «Radmuttern lösen» vor Arbeiten an den Radbremsen werden nicht immer erwähnt, da diese als selbstverständlich vorausgesetzt werden.

Dagegen befasst sich der Text ausführlich mit schwierigen Arbeiten, die in allen Einzelheiten beschrieben sind. Eine Reihe wichtiger Hinweise, die bei jeder Reparaturarbeit beachtet werden sollten:

- Schrauben und Muttern sind in sauberem Zustand und leicht eingeölt zu verwenden. Die Mutternflächen und Gewindegänge immer auf Beschädigung untersuchen und vorhandene Grate entfernen. Im Zweifelsfall neue Schrauben oder Muttern verwenden. Einmal gelöste, selbstsichernde Muttern sollten immer erneuert werden. Auf keinen Fall dürfen Muttern und Schrauben entfettet werden.
- Stets die in der Anzugsdrehmoment-Tabelle (Kap. 19) angeführten Anzugsdrehmomente beachten. Diese Werte sind nahezu in den gleichen Gruppen zusammengefasst, die auch die Kapitel dieser Reparaturanleitung bilden und lassen sich somit leicht auffinden.
- Alle Dichtscheiben, Dichtungen, Sicherungsbleche, Sicherungsscheiben, Splinte und «O»-Dichtringe (Rundschnurringe) sind beim Zusammenbau zu erneuern. Alle Öldichtringe (Radialdichtringe, Simmerringe) sollten ebenfalls erneuert werden, sofern die Welle aus dem Dichtring genommen wurde. Die Lippe eines Dichtringes ist vor dem Zusammenbau mit Fett einzuschmieren. Man muss darauf achten, dass sie beim Einbau in die Richtung weist, aus welcher Öl oder Fett austreten kann.
- Bei Hinweisen auf die linke oder rechte Seite des Fahrzeuges wird angenommen, dass man aus der Fahrtrichtung bei Vorwärtsfahrt die Seitenbezeichnung ableiten kann, analog der Begriffe «vorn» und «hinten». Im Zweifelsfall wird im Text nochmals eine Erläuterung gegeben.
- Ganz besonders ist darauf zu achten, dass zu Arbeiten an den Bremsen, an der Radaufhängung oder allgemein an der Unterseite des Fahrzeuges für eine sichere Abstützung des hochgebockten Wagens gesorgt ist. Der Bordwagenheber ist nur zum Radwechsel für unterwegs vorgesehen. Falls er dennoch bei Reparaturen zu Hilfe genommen wird, ist lediglich der Wagen damit anzuheben und dann auf geeignete Montageböcke abzulassen. Derartige, dreibeinige Unterstellböcke sollen zur Sicherheit auch unter dem Fahrzeug plaziert werden, wenn ein Garagenwagenheber zur Verfügung steht. Ziegelsteine sollten zum Unterbauen nicht verwendet werden, allenfalls Hohlblocksteine wegen ihren grösseren Auflageflächen, doch sind dann zwischen Fahrzeug und Steine noch genügend starke Holzbretter zu legen (siehe auch Kapitel 1.5).
- Fette, Öle, Unterbodenschutz und alle mineralischen Substanzen wirken auf die Gummiteile des Fahrwerks und der Bremsanlage aggressiv. Besonders von Teilen der hydraulischen Anlage sind solche Mittel, zu denen auch Kraftstoff gehört, fernzuhalten. Für Reinigungsarbeiten an der Bremsanlage soll nur Bremsflüssigkeit oder Spiritus verwendet werden. Hierbei sei aber darauf verwiesen, dass Bremsflüssigkeit giftig ist und z. B. auf lackierte Flächen ätzend wirkt.
- Zur Erzielung der besten Reparaturergebnisse ist die Verwendung von Original-Ersatzteilen Voraussetzung. Um späteren Schwierigkeiten aus dem Wege zu gehen, muss der Einbau irgendwelcher Fremdprodukte unterbleiben. Ausnahmen sind nur bei Teilen der elektrischen Anlage gegeben oder falls das Herstellerwerk dementsprechende Freigaben macht.

- Bei Bestellungen von Ersatz- und Austauschteilen müssen die genaue Modellbezeichnung mit Fahrgestellnummer, gegebenenfalls die Motornummer und das Baujahr angegeben werden. Damit beschleunigt man die Bestellung und das Beziehen von falschen Teilen wird verhindert.
- Alle Arbeiten am Auto, besonders solche an der Bremsanlage und an der Lenkung, sind mit Sorgfalt und Umsicht durchzuführen. Die Verkehrssicherheit des Fahrzeuges muss nach jeder Reparatur gewährleistet sein.

1.4 Arbeitsbedingungen und Werkzeuge

Um Reparaturarbeiten durchzuführen, benötigt man einen sauberen, gut beleuchteten Arbeitsplatz, der mit einer Werkbank und einem Schraubstock versehen ist. Es soll auch genügend Raum vorhanden sein, um die verschiedenen Teile auszulegen und zu ordnen, ohne dass man sie immer wieder wegräumen muss. In einer gut ausgerüsteten Werkstatt lässt sich gemütlich und ohne Hast arbeiten, die Maschine kann in einer sauberen Umgebung zerlegt und wieder zusammengebaut werden. Leider verfügt aber nicht jeder über einen solchen idealen Arbeitsplatz und dementsprechend muss auch da und dort improvisiert werden. Um diesen Nachteil auszugleichen, muss besonders viel Zeit und Sorgfalt aufgewendet werden.
Als weiteres benötigt man unbedingt einen möglichst vollständigen Satz Qualitätswerkzeuge. Qualität ist hier oberstes Gebot, da billiges Werkzeug auf lange Sicht eher teuer werden kann, falls man damit abrutscht oder es zerbricht und dabei teuren Schrott baut. Ein gutes Qualitätswerkzeug wird sich lange verwenden lassen und rechtfertigt in jedem Falle die Anschaffungskosten. Die Grundlage des Werkzeugsatzes ist ein Satz Gabelschlüssel, die sich an jedem gut zugänglichen Teil des Fahrzeuges ansetzen lassen. Ein Satz Ringgabelschlüssel stellt einen wünschenswerten Zusatz dar, die sich besonders bei festsitzenden Schrauben und Muttern verwenden lassen, oder wo die Platzverhältnisse ungünstig sind.
Um die Kosten tief zu halten, kann man sich auch mit einem Satz kombinierter Ringgabelschlüssel behelfen. Diese tragen an einem Ende eine Gabelöffnung und am anderen einen Ring von der gleichen Weite. Stecknüsse (-einsätze) stellen ebenfalls eine lobenswerte Investition dar. Vorausgesetzt, dass der Aussendurchmesser der Nüsse nicht allzugross ist, können auch sehr versteckt oder in Vertiefungen sitzende Muttern und Schrauben gelöst werden.
Weitere benötigte Werkzeuge sind ein Satz Kreuzschlitzschraubenzieher, Zangen und Hammer.
Zusätzlich zur Grundausrüstung kann man sich noch ein paar speziellere Werkzeuge beschaffen, die sich meistens als unschätzbare Hilfe erweisen, besonders, wenn man gewisse Reparaturen immer wieder durchführen muss. Damit lässt sich also recht viel Zeit ersparen. Als Beispiel sei hier einmal der Schlagschraubenzieher erwähnt, ohne den sich die maschinell angezogenen Kreuzschlitzschrauben kaum lösen lassen, ohne dass man sie dabei beschädigt. Selbstverständlich kann er auch zum Anziehen verwendet werden, um einen öl- und gasdichten Sitz zu gewährleisten. Ebenfalls oft benötigt werden Seegeringzangen, da Getrieberäder, Wellen und ähnliche Teile meist durch Sicherungsringe gehalten werden, die sich mit einem Schraubenzieher nur schwer entfernen lassen. Es sind zwei Typen von Seegeringzangen erhältlich, einer für die Aussensicherungsringe und einer für Innensicherungsringe. Sie sind mit geraden oder abgewinkelten Klauen erhältlich. Eines der nützlichsten Werkzeuge ist der Drehmomentschlüssel, eigentlich eine Art Schraubenschlüssel, der so eingestellt werden kann, dass er durchrutscht, wenn ein gewisses Anzugsdrehmoment einer Schraube oder Mutter erreicht ist. Derartige Schlüssel sind ebenfalls mit einem Zeiger erhältlich, welcher das erreichte Drehmoment anzeigt. Anzugsdrehmomente werden in jedem modernen Werkstatthandbuch oder jeder Reparaturanleitung aufgeführt, so dass auch besonders komplexe Baugruppen oder Komponenten (wie z. B. ein Zylinderkopf) angezogen werden können, ohne dass man Beschädigungen oder Lecks infolge Verzugs befürchten muss.
Je höher entwickelt ein Automodell ist, desto mehr Werkzeuge benötigt man, um es im Do-it-yourself-Verfahren immer in bestmöglichem Zustand zu halten. Leider lassen sich aber einige ganz spezielle Arbeiten nicht ohne die richtige

Ausrüstung durchführen, für die man meist tief in die Tasche greifen muss, wenn man diese Arbeiten nicht einem Spezialisten gegen ein gewisses Entgelt übergeben will. Hier ist auch eine gewisse Vorsicht am Platze. Es gibt nun einfach verschiedene Arbeiten, die man am besten einem Fachmann überlässt. Obwohl ein Vielfachmessgerät zum Aufspüren von elektrischen Schäden eine grosse Hilfe darstellt, kann es in ungeübten Händen grosse Schäden anrichten.
Obschon in dieser Reparaturanleitung gezeigt wird, wie sich verschiedene Komponenten auch ohne Spezialwerkzeuge aus- und wieder einbauen lassen (falls nicht unbedingt nötig) empfiehlt es sich, die Anschaffung der gebräuchlichsten Spezialwerkzeuge in Betracht zu ziehen. Dies wird sich besonders dann lohnen, wenn man das Auto über längere Zeit behalten will.
Auch mit den vorgeschlagenen, improvisierten Methoden und Werkzeugen lassen sich verschiedene Teile ohne Gefahr von Beschädigung aus- und einbauen. In jedem Fall lässt sich mit den Spezialwerkzeugen, die vom Hersteller produziert und verkauft werden, eine Menge Zeit (und Ärger) sparen.

1.5 Fahrzeug richtig aufbocken

Beim Aufbocken des Fahrzeuges einen Wagenheber oder Unterstellböcke nur unter die in Bild 3

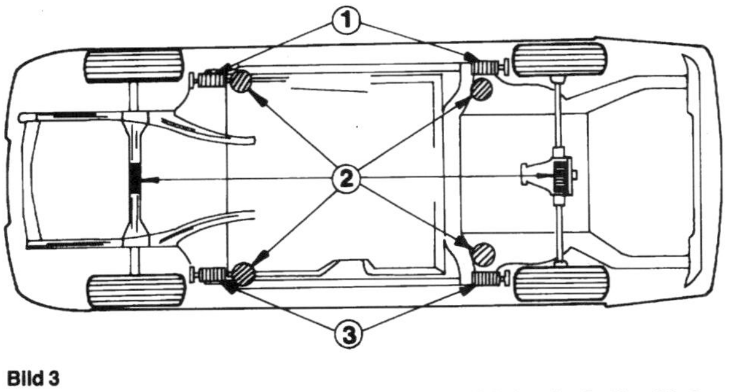

Bild 3
Die Ansatzstellen für Wagenheber und Unterstellböcke. An Stellen (1) den Bordwagenheber ansetzen; an Stellen (2) einen Werkstattwagenheber ansetzen. Unterstellböcke an Stellen (3) untersetzen.

gezeigten Ansatzstellen untersetzen. Die Stellen (1) dienen zum Ansetzen des Bordwagenhebers. Die Stellen (2) geben an, wo man einen Werkstattwagenheber, d. h. Rollwagenheber ansetzt. Vor Aufbocken des Fahrzeuges sollte man sich davon überzeugen, dass keine zusätzlichen Lasten im Kofferraum liegen.

Beim vollständigen Aufbocken des Fahrzeuges den Vorderwagen zuerst aufbocken. Die Hinterräder sollten entweder verkeilt werden (Ziegelsteine unterlegen), damit das Fahrzeug nicht abrollen kann, oder man zieht die Handbremse an. Nach Aufbocken des Fahrzeuges sichere Unterstellböcke unter die Seite der Karosserie untersetzen. Vor jeglichem Aufbocken des Fahrzeuges immer überzeugen, dass man den Wagenheberteller an einer Stelle ansetzt, an welcher keine Teile gequetscht oder verbogen werden können.
Vor dem Aufbocken des Fahrzeuges immer die Beschaffenheit des Bodens kontrollieren, da ein weicher Boden nachgibt und der Wagenheber einsinken kann.
Falls man annimmt, dass die verwendeten Unterstellböcke nicht 100% sicher sind, kann man z. B. eine Seite des Fahrzeuges aufbocken und das abgenommene Rad unter der freien Aufhängung unterlegen. Sollte der Wagen abrutschen, verbleibt immer noch ein Raum der Stärke des Reifens zwischen Wagen und Boden und gibt Ihnen zusätzliche Sicherheit.
Beim Aufbocken des Fahrzeuges mit dem Bordwagenheber Bezug auf Bild 4 nehmen. Neben dem Rad wird man einen Führungsstift (1) sehen.

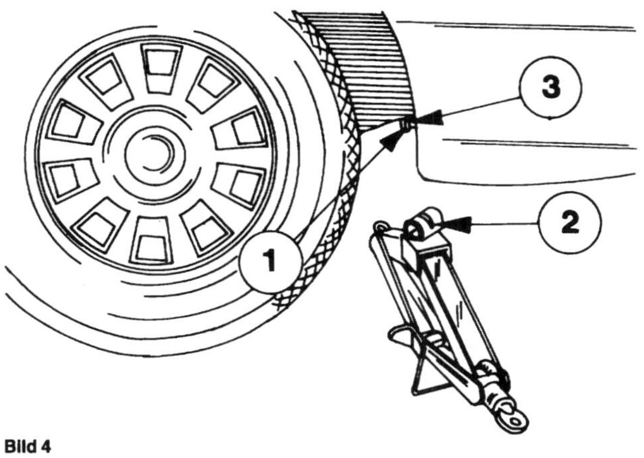

Bild 4
Ansetzen eines Bordwagenhebers

1 Führungsstift 2 Rille 3 Vorgeformte Aufnahme

Den Wagenheber betätigen, bis der Hebekopf in der Nähe dieses Stiftes ist und danach den Kopf so verdrehen, dass die Rille (2) in die Aussparung der Wagenheberansatzstelle eingreift. Das Ansetzen mit Bild 5 vergleichen. Wenn der Wagenheber einwandfrei angesetzt ist, muss der Füh-

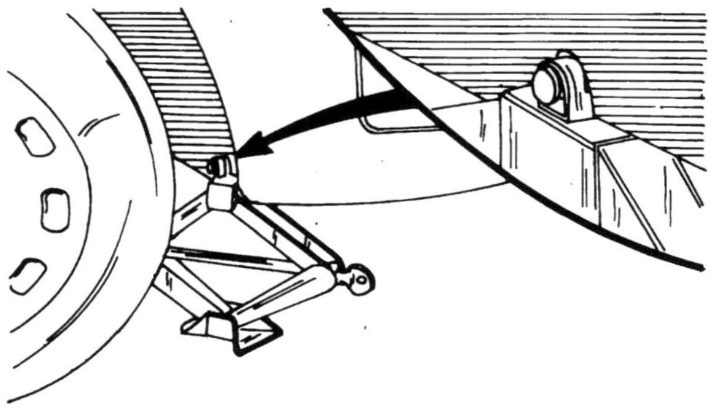

Bild 5
Richtig angesetzter Bordwagenheber

rungsstift an der Oberseite des Wagenheberkopfes herauskommen. Erst dann den Wagenheber erneut betätigen, um das Fahrzeug anzuheben.

2 Der Motor

2.1 Aus- und Einbau des Motors

2.1.1 Ausbau

Ein Wagenheber, welcher zum Ausbau des Motors unter das Getriebe gesetzt werden muss, ist für diese Arbeiten erforderlich. Der Motor wird ohne Getriebe ausgebaut.

- Massekabel der Batterie abklemmen. Die Batterie kann auch vollkommen ausgebaut werden, um Schäden und Kurzschlüsse bei den folgenden Arbeiten zu vermeiden.
- Elektrische Kabel der Motorraumleuchte abklemmen.
- Den Schlauch der Scheibenwischeranlage vom Anschluss an der Motorhaube abziehen.
- Die Umrisse der Motorhaubenscharniere mit einem Bleistift am Blech anzeichnen und die Scharnierschrauben lösen. Zu dieser Arbeit sollte eine zweite Person zur Verfügung stehen, damit die Haube nicht abrutschen und die Lackflächen der Kotflügel beschädigen kann. Die Befestigungsschrauben der Haube bis auf je eine Schraube im Scharnier vollkommen entfernen und danach die beiden letzten Schrauben herausdrehen, während die Haube gehalten wird.

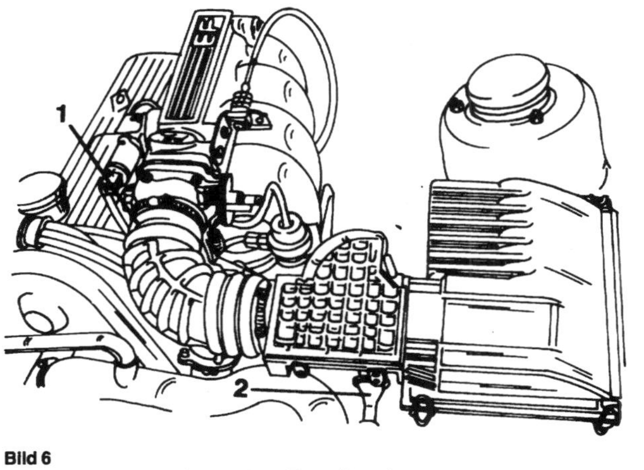

Bild 6
Zum Ausbau des Luftfilters eines Einspritzmotors

1 Luftschlauch 2 Stecker

- Luftfilter vollkommen ausbauen. Bei einem Vergasermotor bringt dies keine Schwierigkeiten mit sich. Bei einem Einspritzmotor den Luftschlauch (1) in Bild 6 vom Drosselklappengehäuse abbauen (Schlauchschelle öffnen) und den Belüftungsschlauch vom Ölabscheider abziehen. Den Stecker (2) aus dem Luftströmungsmesser herausziehen. Danach den Deckel des Luftfilters nach Zurückspringen der Federspangen zusammen mit dem Luftströmungsmesser, dem Luftschlauch und dem Belüftungsschlauch herausheben.
- Falls eingebaut, das Unterschutzblech vom Vorderwagen abnehmen (8 Spangen).
- Bei einem Vergasermotor die obere und untere Kühlerverkleidung ausbauen. Die beiden Teile werden durch Clips gehalten; bei einem Einspritzmotor nur die obere Kühlerverkleidung ausbauen (4 Clips, 2 Schrauben).
- Kühlerverschlussdeckel abschrauben und die Kühlanlage entleeren, indem man den unteren Kühlerschlauch nach Lösen der Schlauchschelle vom Auslassschlauch der Wasserpumpe abzieht. Das Frostschutzmittel läuft allerdings dabei weg. Kühlwasser nicht am Arbeitsplatz ablassen.
- Oberen Schlauch zwischen dem Kühler, dem Wasserauslassstutzen, dem Motor und dem Dehngefäss abschliessen. Bild 7 zeigt die Anschlüsse.

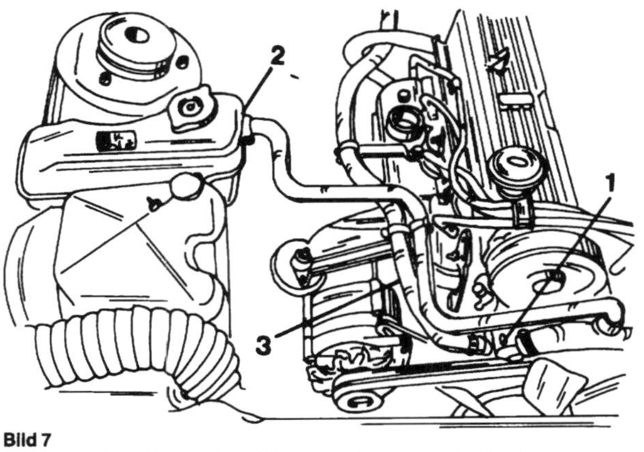

Bild 7
Die Anschlüsse (1/2/3), der Schlauchverbindungen der Kühlanlage (siehe Text).

- Heizungsschlauch von der Wasserpumpe abschliessen.
- Den zweiten Heizungsschlauch vom Deckel der Startautomatik bei einem 1,8-Liter-Motor oder dem Ansaugkrümmer bei den 2,0-Liter-Motoren abschliessen. Der gemeinte Schlauch ist in Bild 8 bei den beiden 2,0-Liter-Motoren gezeigt.

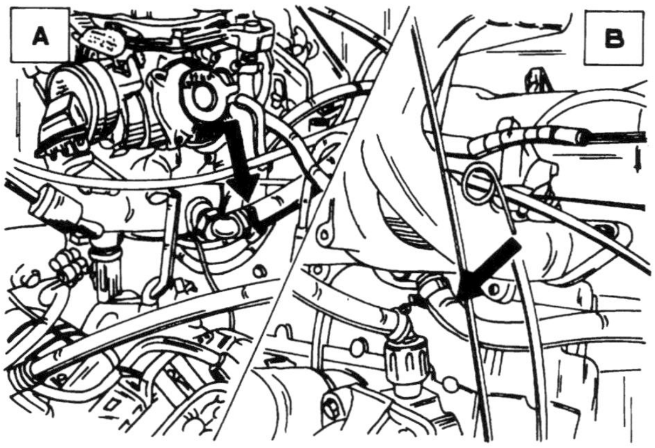

Bild 8
Abschliessen des Heizungsschlauches. Ansicht «A» beim Vergasermotor; Ansicht «B» beim Einspritzmotor.

- Bei einem Vergasermotor die Unterdruckleitung vom Steuergerät abschliessen.
- Je nach eingebautem Motor die elektrischen Leitungen von der Drehstromlichtmaschine, dem Thermostatschalter der Startautomatik, dem Wärmefühler des Fernthermometers, des Ölmessstabschalters, der Startautomatik, dem Zündverteiler, dem Vergaser und dem Öldruckschalter abklemmen.
- Bei eingebautem Einspritzmotor ebenfalls die elektrischen Kabel von Thermalzeitschalter, Warmlaufregler, Zusatzluftventil und Kaltstartventil am Stecker abziehen.
- Das mittlere Kabel aus der Zündspule herausziehen.
- Den Geber für den Motorenölstand aus dem Zylinderblock herausziehen.
- Drosselklappenseil der Vergasermotoren zusammen mit dem Widerlager ausbauen. Die Befestigung ist bei beiden Motoren unterschiedlich und ist den Bildern 9 und 10 zu entnehmen. Die Halterung wird mit 2 Schrauben gehalten. Das Drosselklappenseil zusammen mit dem Halter zur Seite legen.
- Beim Einspritzmotor das Drosselklappenteil nach Lösen der Befestigung in Bild 11 freimachen und aus dem Betätigungssegment aushängen.

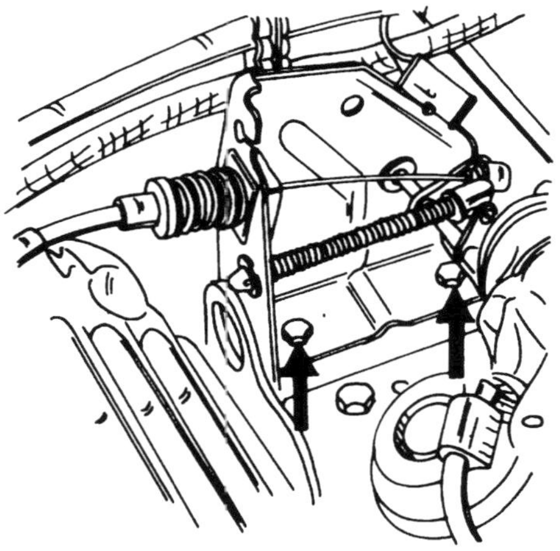

Bild 9
Die Befestigung des Widerlagers für das Drosselklappenseil des 1,8-Liter-Motors.

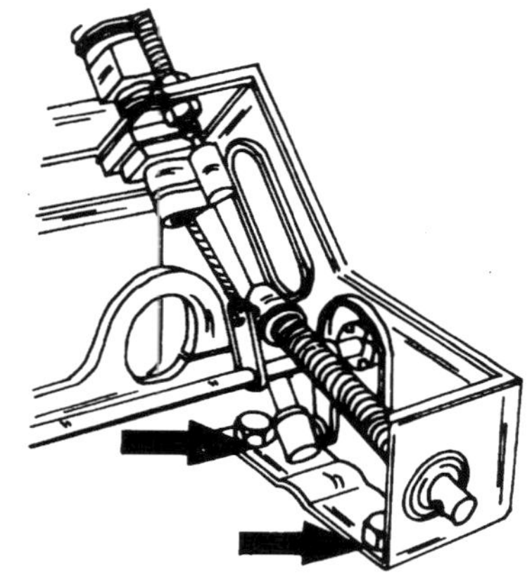

Bild 10
Die Befestigung des Widerlagers für das Drosselklappenseil des 2,0-Liter-Vergasermotors.

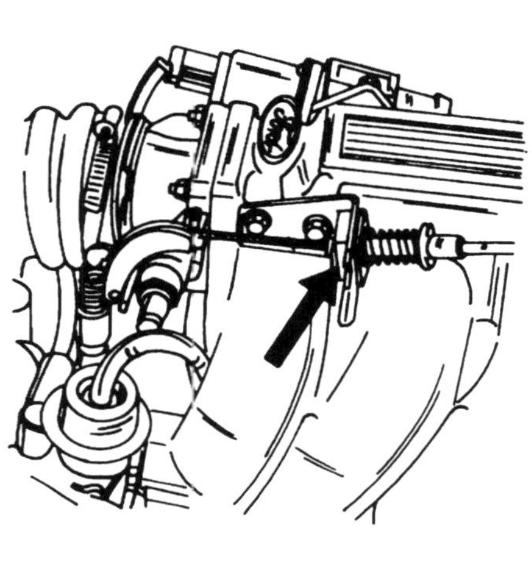

Bild 11
Beim Einspritzmotor das Drosselklappenseil an der mit dem Pfeil gezeigten Stelle lösen und danach aus dem Segment aushängen.

- Kraftstoffleitung von der Pumpe abschliessen und vom Vergaser abschliessen. Beim Vergasermotor sind zwei an der Kraftstoffpumpe und eine am Vergaser angeschlossen. Beim Einspritzmotor die Kraftstoffvorlauf- und -rücklaufleitungen abschliessen und in geeigneter Weise verschliessen (z. B. mit Klebband).
- Auspuffrohr vom Auspuffkrümmer abschrauben.
- Die Kabel vom Anlasser abklemmen und den Anlasser ausbauen. Es werden drei Schrauben verwendet. Falls erforderlich eine Befestigungsschelle der Anlasserkabel vom Zylinderblock abschrauben.
- Einen Wagenheber unter die Ölwanne untersetzen und den Motor etwas anheben. Einen Holzklotz zwischen die Ölwanne und dem Wagenheber einlegen und beim Anheben des Motors ständig kontrollieren, dass die Ölwanne nicht verbeult wird.
- Eine Seilschlinge oder Ketten um den Motor legen und diesen an einen Flaschenzug oder an einen Kran hängen. Kontrollieren, dass Schlinge oder Kette einwandfrei sitzen.
- Beide Motoraufhängungen vom Motorträger abschrauben (zwei Muttern). Die Stiftschrauben sitzen in den Motorträgern und diese müssen vom Achsträger abgeschraubt werden, ehe man den Motor herausheben kann.
- An der Unterseite des Kupplungsgehäuses die Blechabdeckung abschrauben. Bei allen Motoren ist eine Stütze zwischen Motor und Getriebe eingesetzt, welche ausgebaut werden muss.
- Die Schraube von der Zwischenplatte des Motors lösen (Bild 12).
- Motor vom Kupplungsgehäuse abschrauben (6 Schrauben). Das Masseband der Batterie wird dabei frei und ist zur Seite zu ziehen.
- Hebezeug betätigen und den Motor vorsichtig nach vorn ziehen, bis die Kupplungswelle aus dem Eingriff mit der Mitnehmerscheibe der Kupplung kommt. Als Richtlinie gilt, dass mindestens 75 mm Zwischenraum zwischen dem Motor und dem Getriebe vorhanden sein muss, ehe dies der Fall ist.
- Den Motor jetzt vorsichtig herausheben, aber nur Stück für Stück und bei jeder Gelegenheit kontrollieren, ob irgenwelche Leitungen oder Anschlüsse noch am Motor hängengeblieben sind.

Hinweis: Beim Herausheben des Motors darauf achten, dass das Gewicht des Motors nicht auf der Kupplungswelle ruhen kann. Dadurch könnte entweder die Welle verbogen, oder die Mitnehmerscheibe der Kupplung beschädigt werden.

2.1.2 Einbau

Der Einbau des Motors geschieht im allgemeinen in umgekehrter Reihenfolge wie der Ausbau, jedoch sind die folgenden Punkte zu beachten:

- Zwei Passhülsen, die an den in Bild 13 gezeigten Stellen eingesetzt sind, dienen zur Führung des Motors. Diese Hülsen müssen sich jedoch im Zylinderblock befinden und sind aus dem Kupplungsgehäuse zu entfernen, falls sie noch darin sitzen. Die Motorzwischenplatte über diese Passhülsen zentrieren.

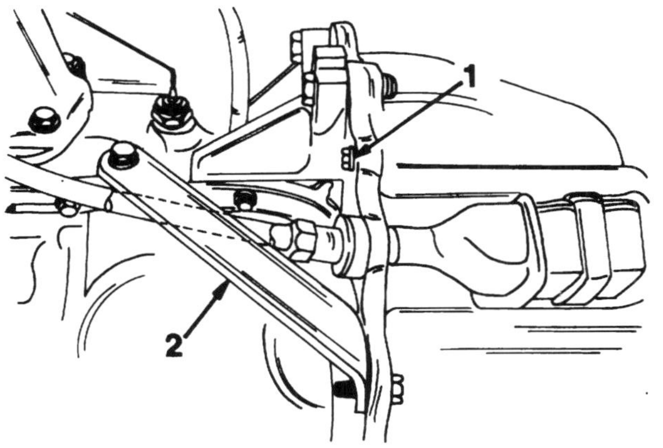

Bild 12
Die Befestigungsschraube (1) der Motorzwischenplatte und die Stützstrebe (2) zwischen Motor und Getriebe.

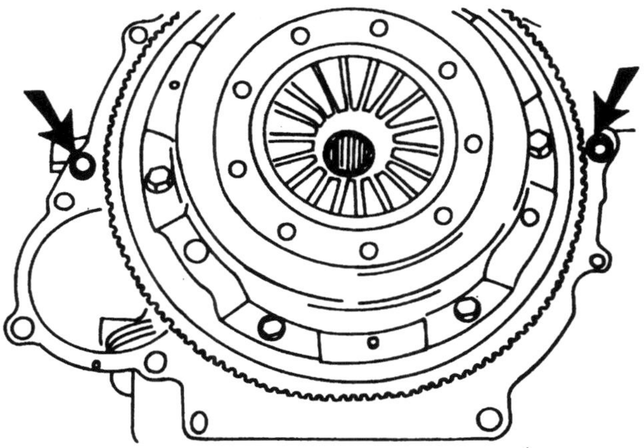

Bild 13
Die Lage der beiden Passhülsen zur Führung des Motors am Getriebe.

- Etwas Fett an die Keilverzahnungen der Kupplungswelle schmieren.
- Wenn der Motor mit der Mitnehmerscheibe in Eingriff mit der Kupplungswelle gebracht wird, ist darauf zu achten, dass der Motor gut gegen das Getriebe anliegt, ehe man versucht, die Schrauben zwischen Motor und Getriebe einzusetzen. Das Massekabel der Batterie unter eine der Schrauben unterlegen. Nicht den Motor durch Anziehen dieser Schrauben an das Getriebe heranzwingen, da es sein könnte, dass die Keilverzahnungen der Kupplungswelle noch nicht im Eingriff sind. Ebenfalls das Gewicht des Motors nicht auf der Kupplungswelle ruhen lassen. Ein Gang kann eingeschaltet werden, um die Kupplungswelle ruhig zu halten.
- Stützstrebe zwischen Motor und Getriebe montieren (Bild 12) und die Schraube der Motorzwischenplatte einsetzen und festziehen.
- Motor in die Motorträger senken und die beiden in Bild 74 gezeigten Muttern mit dem vorgeschriebenen Anzugsdrehmoment anziehen.

Bild 14
Die Lage der beiden Kraftstoffleitungen (siehe Text)

- Wagenheber senken und herausziehen und das Hebezeug vom Motor abnehmen.
- Auspuffrohr mit einem neuen Dichtring anschliessen und die Mutternverbindung anziehen.
- Anlasser einbauen und das Kabel mit der Schelle befestigen.
- Unterdruckleitung am Steuergerät anschliessen.
- Drosselklappenzug entsprechend den Bildern 9, 10 und 11 anschliessen.
- Kraftstoffleitungen anschliessen. Beim Einspritzmotor liegt die Vorlaufleitung (1) und die Rücklaufleitung (2) an den gezeigten Stellen in Bild 14.
- Alle Kabelanschlüsse wieder herstellen. Beim Einstecken von Steckern auf bestimmte Führungskanten und dergleichen achten und kontrollieren, dass sie einwandfrei sitzen.
- Alle Schläuche wieder anziehen und den Motor mit der erforderlichen Menge Kühlmittel füllen. Falls neues Frostschutzmittel gemischt werden soll, darauf achten, dass die vorgeschriebene Menge verwendet wird. Darauf achten, dass der Wasserschlauch an der Unterseite gut mit der Schelle festgezogen wird.
- Motor mit der vorgeschriebenen Menge des empfohlenen Motorenöls füllen. Vor dem Einfüllen jedoch kontrollieren, ob der Ablassstopfen eingesetzt und vor allem festgezogen ist.
- Ventilspiel einstellen und Motor in Gang setzen. Falls erforderlich den Zündzeitpunkt und den Leerlauf einstellen (siehe entsprechende Kapitel).

2.2 Zerlegung des Motors

Vor der Zerlegung des Motors, ganz gleich um welche Ausführung es sich handelt, sind alle Aussenflächen gründlich zu reinigen, um Schmutz oder Öl zu entfernen. Besonders ist auf die Dichtflächen zu achten, damit keine Fremdkörper in den Motor fallen können, wenn die Dichtflächen der einzelnen Teile voneinander getrennt werden.

Motor in einen geeigneten Montagestand einspannen. Falls dies nicht durchführbar ist, den Motor auf einer Werkbank absetzen und seitlich durch Anordnung von Holzblöcken so abstützen, dass er nicht umfallen kann. Bei der folgenden Beschreibung wird zuerst der allgemeine Zerlegungsvorgang beschrieben. Später werden die einzelnen Baugruppen im einzelnen beschrieben, so dass jeweils unter den betreffenden Überschriften nachzulesen ist.

2.2.1 Grundzerlegung

- Motor in einen Montagestand einspannen oder auf eine Werkbank auflegen.

- Schwungrad in geeigneter Weise gegenhalten und die Kupplung abschrauben. Die Mitnehmerscheibe herausnehmen.
- Motorenöl ablassen und den Ölfilter mit einem Filterschlüssel abschrauben (siehe Bild 15).
- Zündkabel von den Kerzen abziehen und die Verteilerkappe nach Lösen der beiden in Bild 16 gezeigten Schrauben zusammen mit den Zündkabeln abheben.

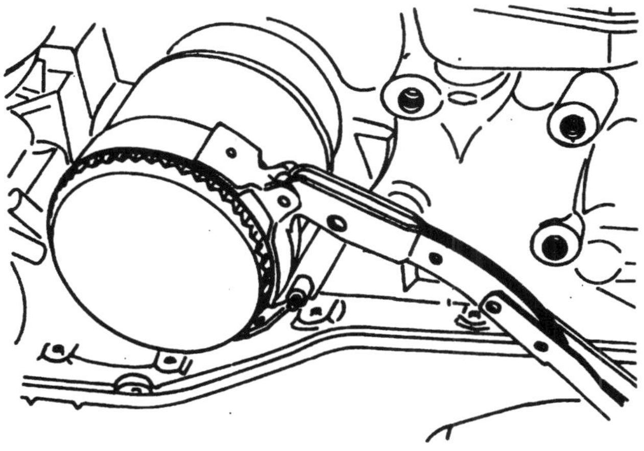

Bild 15
Lösen des Ölfilters mit einem Filterschlüssel

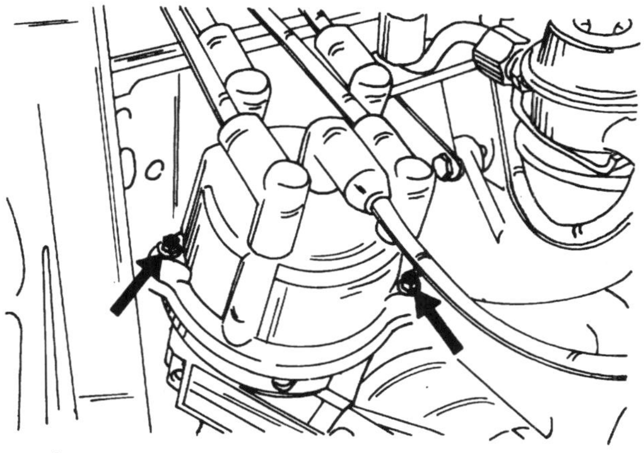

Bild 16
Die Pfeile weisen auf die Befestigungsschrauben der Zündverteilerkappe.

- Den Zündverteiler lösen und zusammen mit dem daran befestigten Unterdruckschlauch herausziehen.
- Zündkerzen ausschrauben.
- Drei Schrauben des Riemenschutzdeckels entfernen und den Deckel zusammen mit der Führung seitlich von der Schraube abziehen (diese hält ebenfalls die Wasserpumpe – siehe Bild 17).

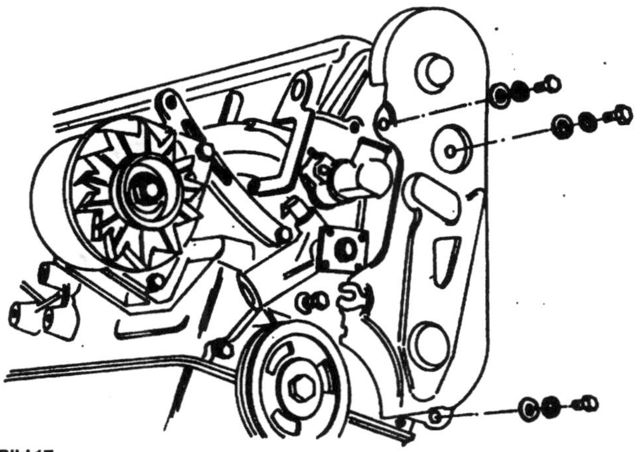

Bild 17
Befestigung des Zahnriemenschutzbleches

- Zylinderkopfhaube abschrauben (10 Schrauben) und die Verstärkungsbleche abnehmen.
- Einstellschiene der Drehstromlichtmaschine lockern und die Drehstromlichtmaschine zusammen mit dem Aufhängungsbügel abschrauben (4 Schrauben). Den Keilriemen abnehmen.
- Ventilator ausbauen. Dazu ist ein 32-mm-Gabelschlüssel erforderlich. Der Ventilator hat ein Linksgewinde, muss also im Gegensatz zum Normalfall zur anderen Seite zu gelöst werden.
- Keilriemenscheibe von der Wasserpumpe abschrauben (4 Schrauben).
- Schraube der Kurbelwellenriemenscheibe lösen (Schwungrad gegenhalten) und die Riemenscheibe, falls erforderlich, mit untergesetzten Reifenhebeln abdrücken. Die Scheibe aufbewahren. Bei einem Einspritzmotor ist ein Schwingungsdämpfer eingebaut, welcher mit einem Abzieher herunterzuziehen ist. Dieser Abzieher (Nr. 21-075-A) ist in Bild 18 gezeigt. Vor Ansetzen die

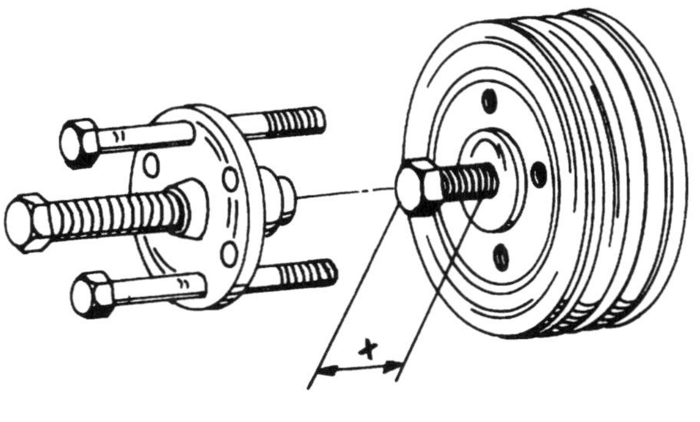

Bild 18
Abzieher für den Schwingungsdämpfer eines Einspritzmotors.
X = Schraubenlänge 16,0 mm

Schraube des Schwingungsdämpfers lösen und um 16 mm (Mass «X») herausdrehen. Danach die Schrauben in zwei der Bohrungen eindrehen und die Mittelschraube anziehen, bis der Dämpfer herunterkommt.

- Schraube des Steuerrades der Zwischenwelle lösen und die Scheibe entfernen.
- Eine Schraube und eine Spezialschraube des Steuerriemenspanners lockern. Dazu ist ein Inbusschlüssel erforderlich (Bild 19). Nachdem der Spanner locker ist, die Feder zusammendrücken und die beiden Schrauben wieder anziehen.

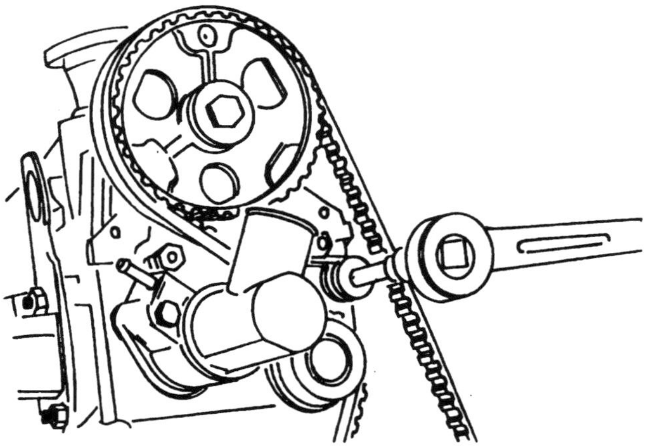

Bild 19
Lösen des Spanners für den Zahnriemen. Spezialschlüssel 21-021, d. h. ein Inbusschlüssel wird für die Spezialschraube verwendet.

- Zahnriemen von den Steuerrädern der Kurbelwelle und Zwischenwelle abnehmen und am besten an einen Nagel an die Wand hängen, falls er wieder verwendet werden soll.
- Steuerräder der Zwischenwelle und der Kurbelwelle abziehen. Beim Kurbelwellenrad ist es möglich, dass man zwei Reifenhebel untersetzen muss, um dieses abzudrücken.
- Kraftstoffleitung(en) vom Vergaser abschliessen und den Belüftungsschlauch zusammen mit dem Belüftungsventil vom Ölabscheider entfernen.
- Den kompletten Zylinderkopf ausbauen, die Schrauben jedoch in umgekehrter Reihenfolge wie in Bild 20 gezeigt lösen. Ein mehrverzahnter Schlüsseleinsatz, ähnlich wie ein Inbusschlüssel (Nr. 21-022) ist dazu erforderlich. Einen derartigen Schlüssel muss man verwenden, um die Schraubenköpfe nicht zu beschädigen. Den Kopf zusammen mit Ansaug- und Auspuffkrümmer herunterheben.

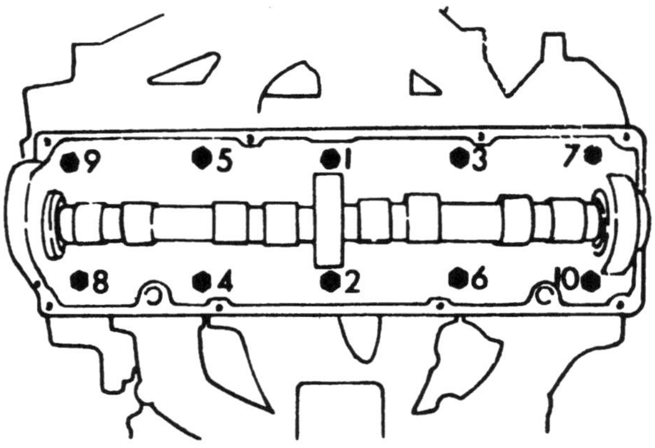

Bild 20
Anzugsreihenfolge der Zylinderkopfschrauben. Die Schrauben in umgekehrter Reihenfolge lösen. Den richtigen Schlüssel dazu verwenden.

- Wasserstutzen abschrauben (2 Schrauben). Thermostat nach Entfernen des Sprengringes herausnehmen und Dichtring abnehmen.
- Kraftstoffpumpe abschrauben (2 Schrauben) und mit der Kraftstoffleitung abnehmen. Den Betätigungsstössel aus der Öffnung herausziehen.
- Öldruckschalter ausschrauben und den Ölabscheider, wie in Bild 21 gezeigt, mit einem Schraubenzieher abdrücken.

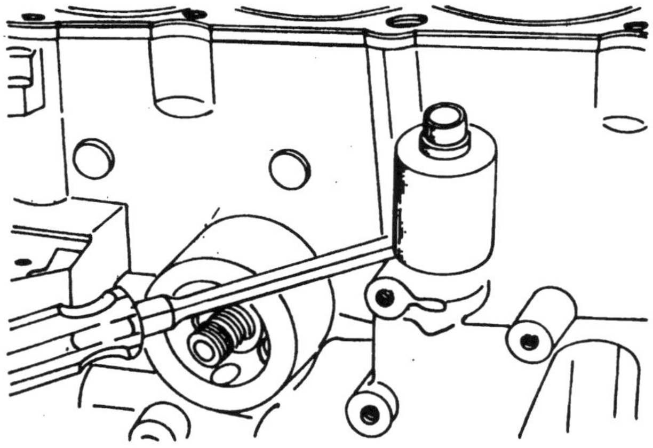

Bild 21
Abdrücken des Ölabscheiders von der Seite des Zylinderblocks mit einem Schraubenzieher.

- Motor mit der Ölwanne nach unten weisend ausrichten und die Ölwanne abschrauben. Die Dichtung entfernen.
- Deckel der Zwischenwelle (3 Schrauben) und den vorderen Deckel der Kurbelwelle (4 Schrauben) entfernen. Die Öldichtringe aus beiden Deckeln heraushebeln.
- Zwei Schrauben der Halteplatte für die Zwischenwelle entfernen und die Zwischenwelle vorsichtig herausziehen.

- Falls das Führungslager der Kupplungswelle erneuert werden soll, ist dieses vor Abschrauben des Schwungrades herauszuziehen. Dazu wird ein Abzieher verwendet (21-036-A), welchen man wie in Bild 22 gezeigt ansetzt. Falls der Abzieher nicht zur Verfügung steht, kann man entsprechend des Bildes einen anderen geeigneten Abzieher verwenden.

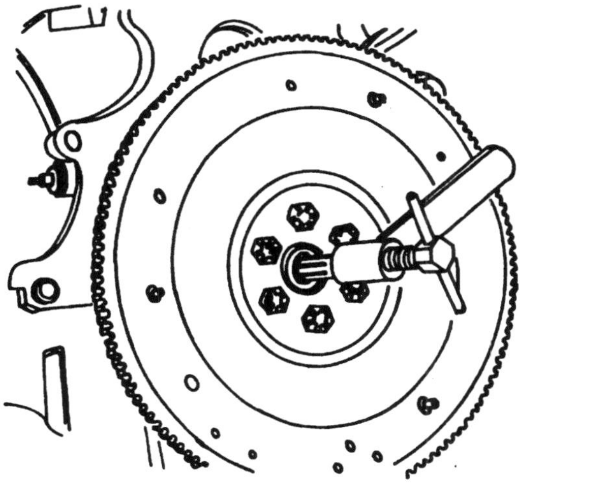

Bild 22
Ausziehen des Führungslagers der Kupplungswelle mit dem Spezialabzieher. Das Schwungrad muss dabei montiert sein.

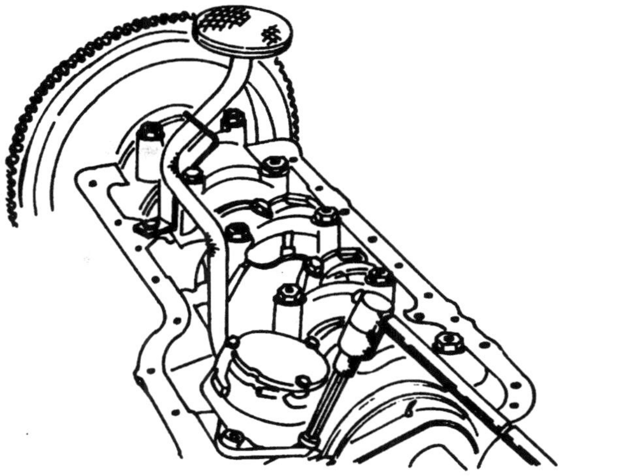

Bild 23
Ausbau der Ölpumpe. Die Pumpe ist mit Schrauben mit Vielzahnkopf-Innenverzahnung befestigt.

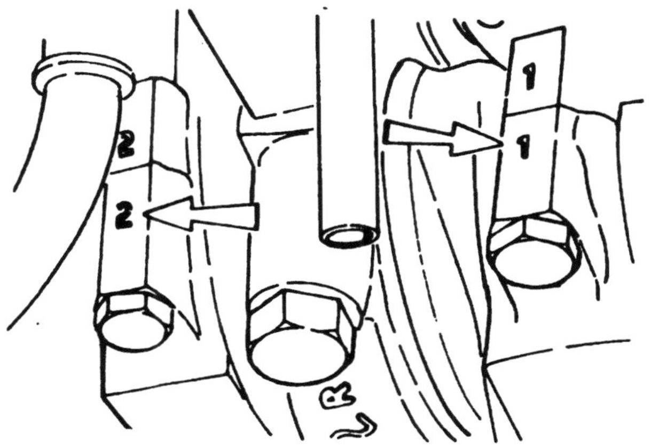

Bild 24
Die Pleuellagerdeckel sollten mit den Nummern der Zylinder gekennzeichnet sein.

- Kurbelwelle durchdrehen (am Schwungrad) bis alle Kolben ungefähr in der Mitte ihres Hubs stehen und mit einem Schaber vorsichtig den Ölkohlering an der Oberseite der Zylinderbohrungen abkratzen, ohne dabei die Bohrungen zu beschädigen.
- Einen grösseren Behälter unter den Motor untersetzen und verbleibendes Öl sowie im Block befindliches Kühlwasser auffangen.
- Zwei Schrauben und eine Stiftschraube der Wasserpumpe lösen und die Pumpe mit der Dichtung abnehmen.
- Befestigungsschrauben der Ölpumpe lösen. Dazu ist wieder ein vielverzahnter Schlüsseleinsatz erforderlich (Nr. 21-012), ähnlich wie er beim Zylinderkopf gebraucht wird, jedoch mit 8 mm Durchmesser. Die Ölpumpenwelle danach herausziehen (Bild 23).
- Der Reihe nach die Lagerdeckel von den Pleuelstangen abschrauben. Leicht mit einem Gummihammer gegen die Deckel schlagen und Deckel zusammen mit der Lagerschale herunterheben. Die Deckel und Pleuelstangen sind normalerweise mit den Zahlen 1 bis 4 gezeichnet, man sollte jedoch unbedingt kontrollieren, ob diese Kennzeichnungen sichtbar sind. Die Zylindernummer ist jeweils in Pleuel und Lagerdeckel an gegenüberliegenden Stellen eingeschlagen (Bild 24).
- Kolben mit der Pleuelstange von der Unterseite durch die Zylinder stossen. Je zwei Kolben sollten sich jeweils auf dem unteren Totpunkt befinden, um den Ausbau zu erleichtern. Die Lagerdeckel und -schalen sollten am besten wieder an die betreffende Pleuelstange angeschraubt werden, um sie zusammenzuhalten.
- Das Schwungrad wird durch sechs Schrauben gehalten und kann einfach abgeschraubt werden. Beim Losschrauben des Schwungrades muss die Kurbelwelle gegengehalten werden. Dies kann man am besten durchführen, indem man ein Stück Holz so in die Innen-

seite des Kurbelgehäuses verkeilt, dass es zwischen Kurbelwange und Kurbelgehäusewandung liegt und die Welle sich verklemmt.

- Befestigungsschrauben der Hauptlagerdeckel für die Kurbelwellenlager lösen, aber jede Schraube nur stückweise lockern.
- Schrauben herausziehen und die Lagerdeckel mit der Lagerschalenhälfte herausheben. Jeden Deckel und die Schale in geeigneter Weise zeichnen (z. B. Farbstriche) so dass sie wieder in die ursprüngliche Lage zurückgebracht werden können.
- Druckscheiben vom mittleren Lager entfernen (Bild 25).
- Kurbelwelle vorsichtig aus den Lagern herausheben und den hinteren Öldichtring entfernen.
- Obere Hälften der Druckscheiben vom mittleren Lager und die im Kurbelgehäuse befindlichen Lagerschalen entfernen und sie entsprechend kennzeichnen, um sie nicht zu verwechseln.

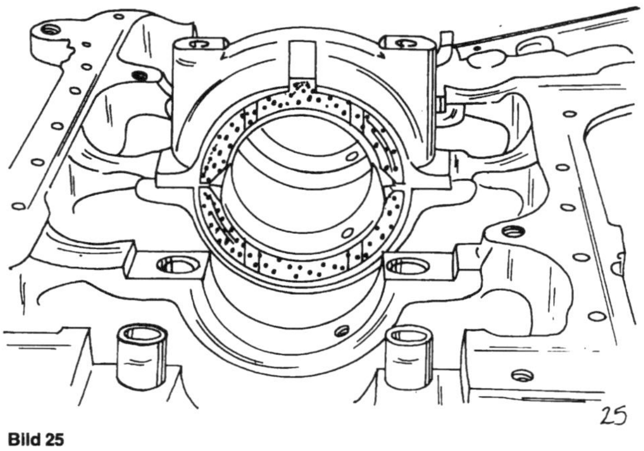

Bild 25
Die Lage der beiden Anlaufscheiben für das Axialspiel der Kurbelwelle. Auf die Lage der Ölschmiernuten achten.

Der Motor ist jetzt in seine Hauptbestandteile zerlegt, welche in Bild 26 gezeigt sind.

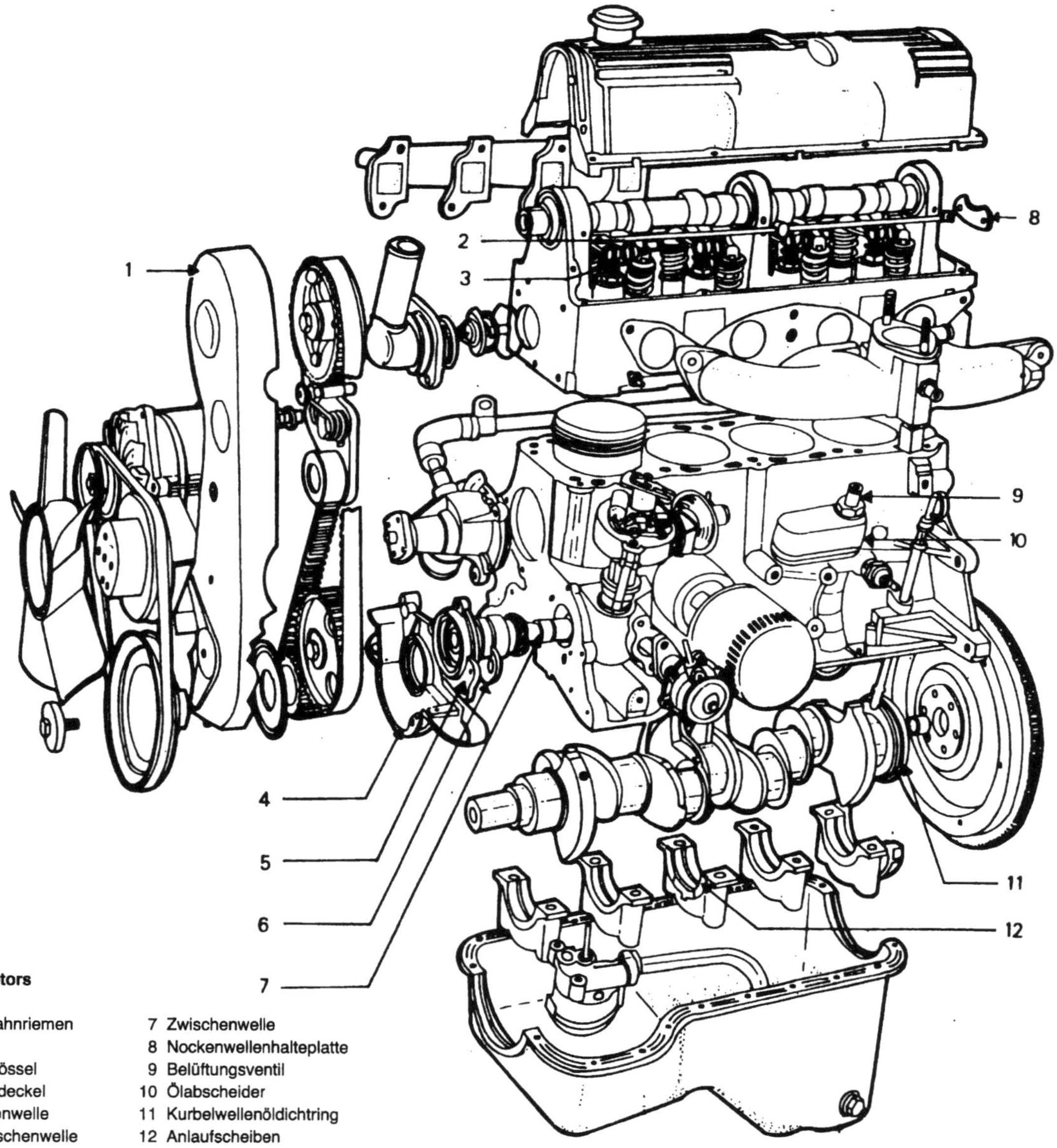

Bild 26
Montagebild des Motors

1 Schutzdeckel für Zahnriemen
2 Nockenstössel
3 Feder für Nockenstössel
4 Zahnriemenschutzdeckel
5 Deckel der Zwischenwelle
6 Druckplatte für Zwischenwelle
7 Zwischenwelle
8 Nockenwellenhalteplatte
9 Belüftungsventil
10 Ölabscheider
11 Kurbelwellenöldichtring
12 Anlaufscheiben

2.3 Zusammenbau des Motors

Nachdem der Motor zerlegt worden ist, sollten alle Teile gründlich gereinigt und kontrolliert werden.

Unter den nächsten Überschriften wird in Einzelheiten auf alle erforderlichen Reparaturarbeiten eingegangen, welche vor dem hier beschriebenen Zusammenbau durchzuführen sind. Der Zusammenbau des Motors kann danach beginnen. Der Zylinderblock ist sorgfältig von allen Spänen oder sonstigem Schmutz zu reinigen, wobei besonders auf die Ölwege und Bohrungen zu achten ist. Alle sich bewegenden oder gleitenden Teile mit Motorenöl einschmieren, ehe die Teile zusammengesetzt werden. Ein Einölen nach dem Zusammenbau ist in vielen Fällen zwecklos, da das Öl nicht mehr an die zu schmierenden Flächen gelangt.

Beim Zusammenbau folgendermassen vorgehen:

- Motor so hinsetzen, dass die Kurbelgehäuseseite nach oben weist.
- Die oberen Hälften der Kurbelwellenlagerschalen so in die Lagerbohrungen einsetzen, dass die Führungsansätze der Schalen in die Aussparungen der Lagerbohrungen eingreifen.
- Kurbelwelle vorsichtig in die Lager senken.
- Lagerschalen in die Lagerdeckel einlegen und die Laufflächen gut einölen. Vor Aufsetzen des hinteren Lagerdeckels an der hinteren Kontaktfläche etwas Dichtungsmasse aufschmieren. Die von Ford gehandelte Dichtungsmasse mit der Ersatzteilnummer A70SX-19554-BA muss dazu verwendet werden und darf nur an den in Bild 27 gezeigten Stellen aufgetragen werden.

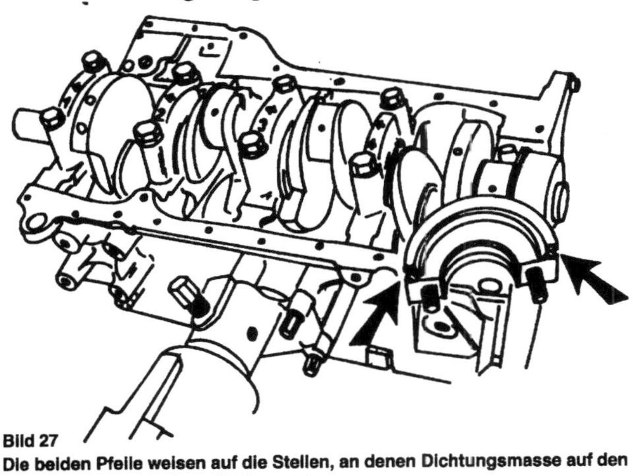

Bild 27
Die beiden Pfeile weisen auf die Stellen, an denen Dichtungsmasse auf den Hauptlagerdeckel aufzuschmieren ist.

- Die Lagerdeckel der Reihe nach auf das Kurbelgehäuse aufsetzen und leicht festschlagen. Die Pfeile in den Hauptlagerdeckeln müssen zur Vorderseite des Motors weisen. Der hintere und der mittlere Hauptlagerdeckel werden durch zwei Passhülsen geführt (Bild 28). Ebenfalls auf die Numerierung der Deckel achten (1 bis 5). Die Anlaufscheiben für das Kurbelwellenaxialspiel am mittleren Lager einsetzen, wie es in Bild 25 gezeigt ist.

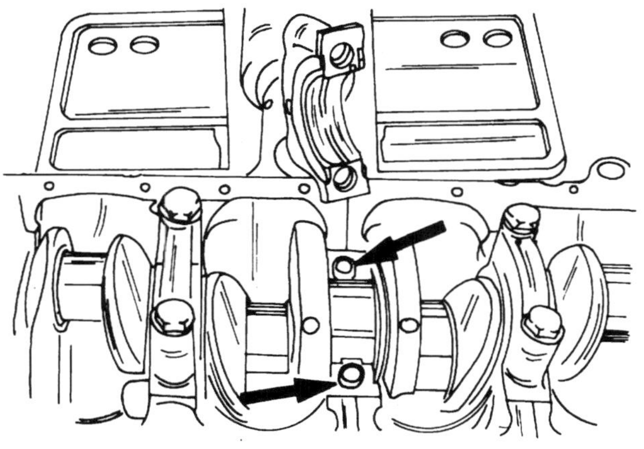

Bild 28
Die beiden Passstifte (Pfeile) führen den mittleren Lagerdeckel und den hinteren Lagerdeckel.

- Schrauben gleichmässig über Kreuz, von der Mitte nach aussen vorgehend, mit dem vorgeschriebenen Anzugsdrehmoment anziehen.
- Axialspiel der Kurbelwelle mit einer Messuhr kontrollieren, wie es später bei der Reparatur der Kurbelwelle beschrieben wird. Falls das Axialspiel nicht stimmt, müssen Übergrösse-Anlaufscheiben verwendet werden, um das Spiel zu berichtigen.
- Lippe eines neuen Öldichtringes mit Öl einschmieren und vorsichtig und gerade bis zum Anschlag in das hintere Lager einschlagen. Auf keinen Fall den Dichtring verkanten.
- Die keilförmigen Dichtungen am hinteren Hauptlagerdeckel mit einem stumpfen Schraubenzieher einschieben, wie es in Bild 29 gezeigt ist. Die abgerundete Fläche der Dichtungen hat eine rote Kennzeichnung und muss nach dem Einbau zum Lagerdeckel weisen.
- Einen neuen Öldichtring in den vorderen Deckel der Kurbelwelle einschlagen und den Deckel mit einer neuen Dichtung über die Kur-

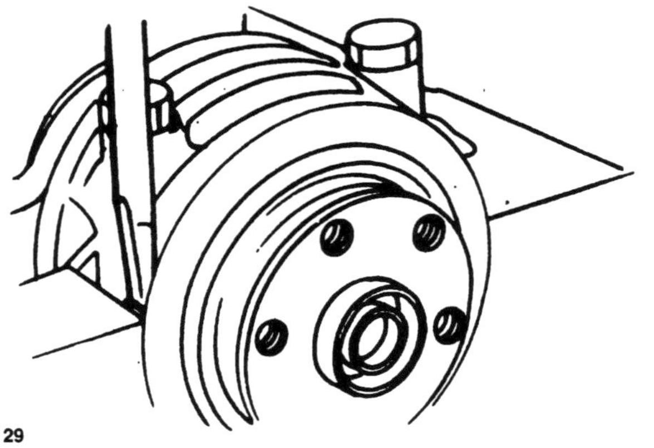

Bild 29
Einschlagen der seitlichen Dichteinsätze mit einem stumpfen Schraubenzieher.

belwelle anbringen. Darauf achten, dass dabei der Dichtring nicht beschädigt wird. Den Deckel bündig mit der Fläche für die Ölwanne ausrichten und die Schrauben auf das vorgeschriebene Anzugsdrehmoment anziehen.

- Nebenantriebswelle (Zwischenwelle) montieren und mit der Halteplatte befestigen. Den vorderen Deckel anschrauben und den Dichtring (Lippen eingefettet) gerade und bündig einschlagen.
- Die zusammengebauten Kolben und Pleuelstangen in die Oberseite der Zylinderbohrungen einschieben, aber darauf achten, dass jede Einheit in den richtigen Zylinder kommt, falls die Teile wieder verwendet werden. Ein Kolbenringspannband sollte verwendet werden, um die Kolbenringe in die Nuten des Kolbens zu drücken. Bild 30 zeigt, wie ein solches Spannband verwendet wird, und wie man den Kolben einschiebt. Die folgenden Hinweise sind beim Einbau zu beachten:

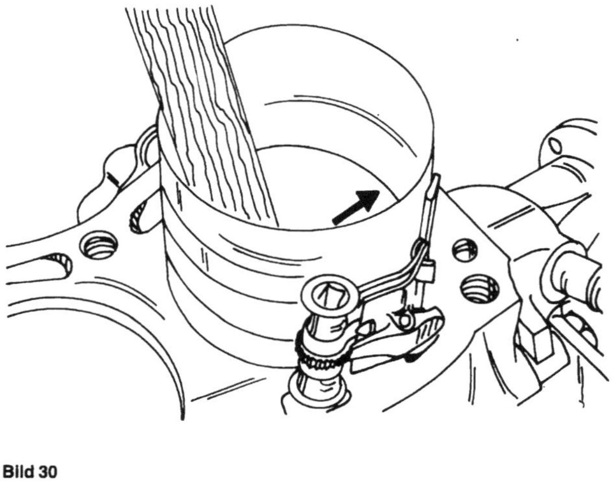

Bild 30
Einschieben eines Kolbens mit dem Kolbenringspannband

  - Je zwei Kurbelzapfen sollen sich in der unteren Stellung befinden, damit man die Pleuellagerdeckel leicht montieren kann.
  - Der Pfeilkopf im Kolbenboden muss zur Vorderseite des Motors weisen (siehe auch Bild 30).
  - Das Wort «Front» (vorn) in der Pleuelstange muss sich auf der gleichen Seite wie der Pfeil im Kolbenboden befinden.
  - Kolbenringstösse so anordnen, dass sich der Spalt des Ölabstreifringes auf der gegenüberliegenden Seite des Pfeils befindet und die Stösse der beiden anderen Ringe jeweils 150° zur anderen Seite des Ölabstreifringes bedindet. Die beiden Zwischenringe des Ölabstreifringes müssen je 25 mm vom Spalt des Ringes versetzt sein.
- Kolben vorsichtig einschieben, wie es Bild 30 zeigt, bis die Ringe aus dem Spannband und in die Bohrung rutschen. Falls kein Spannband zur Verfügung steht, kann man auch einen breiten Schlauchbinder um die Ringe legen und die Ringe vollkommen hineinstossen. Gleichzeitig muss man den Pleuelfuss mit der eingesetzten Lagerschale über den Kurbelzapfen bringen.
- Untere Lagerschale in den Pleuellagerdeckel einsetzen (Lauffläche gut einölen) und den Pleuellagerdeckel mit den Passstiften der Pleuelstange in Eingriff bringen. Nochmals kontrollieren, ob alle Teile zueinander gehören.
- Pleuelschrauben auf das vorgeschriebene Anzugsdrehmoment anziehen.
- Kontrollieren, ob die Pleuelstangen genügend Axialspiel auf den Pleuelzapfen haben.
- Zweites Kolbenpaar in gleicher Weise montieren.
- Ölpumpenantriebswelle einsetzen und die Ölpumpe zusammen mit dem Saugrohr auf die Zentrierhülse aufsetzen und auf das vorgeschriebene Anzugsdrehmoment anziehen.
- Gummidichtung auf den hinteren Öldichtringflansch auflegen. Dichtungsmasse auf die Flächen des Zylinderblocks und der Verbindung am Deckel auftragen (Bild 31). Die Ölwannendichtung auflegen und die vorstehenden Enden der Korkdichtung unter die Abschnitte in der Gummidichtung einschieben.
- Ölwanne aufsetzen. Darauf achten, dass sich dabei die Dichtungen nicht verschieben kön-

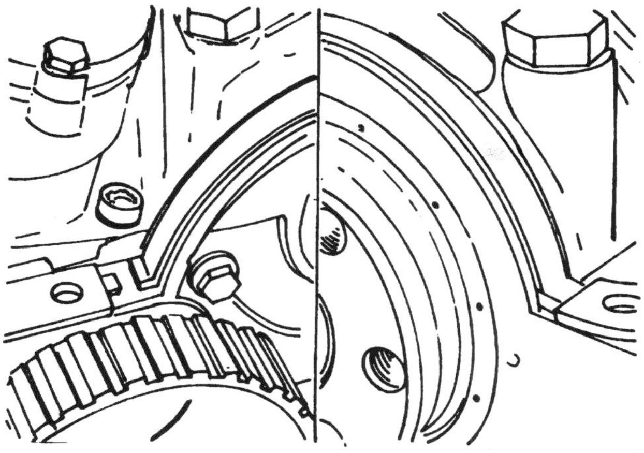

Bild 31
Zusammenschieben der Gummidichtungen an der Vorder- und Rückseite und der Ölwannendichtungen.

nen. Die Schrauben sind auf das vorgeschriebene Anzugsdrehmoment anzuziehen, wobei jedoch die in Bild 32 gezeigte Reihenfolge zu beachten ist, d. h. beim ersten Durchgang an Schraube «A» anfangen, beim zweiten Durchgang an Schraube «B» und beim dritten Durchgang erneut an Schraube «A».

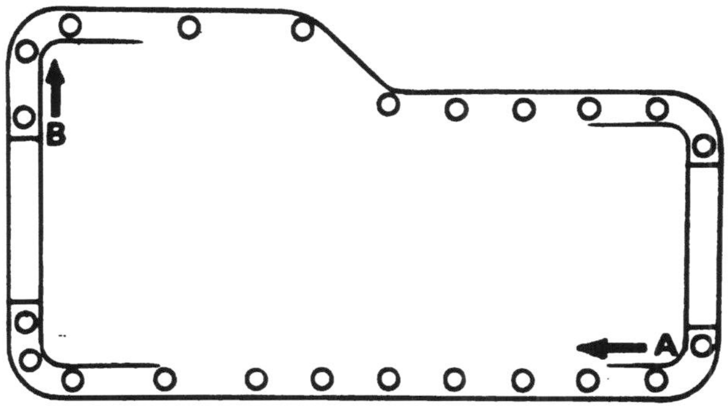

Bild 32
Anzugsreihenfolge der Ölwanne. Beim ersten Durchgang an Schraube «A» anfangen, beim zweiten Durchgang an Schraube «B» anfangen und beim dritten Durchgang wieder an Schraube «A» anfangen.

- Betätigungsstössel der toffpumpe einsetzen und die Pumpe mit Dichtung anschrauben.
- Motor umkehren. Dichtungsmasse auf die Fläche des Ölabscheiders schmieren und bis zum Anschlag in den Zylinderblock hineindrücken.
- Wasserpumpe anschrauben, aber die Schraube, die ebenfalls die Aufhängung der Drehstromlichtmaschine hält, nur fingerfest anziehen.
- Ölfilter einschrauben, bis die Gummidichtung den Zylinderblock berührt und danach mit der Hand um weitere ¾ Umdrehungen anziehen. Die Gummidichtung leicht mit Öl einschmieren.
- Öldruckschalter einschrauben.
- Steuerrad der Nebenantriebswelle so aufstecken, dass die verstärkte Seite nach innen weist.
- Zahnriemenscheibe der Kurbelwelle so montieren, dass die Seite mit der Anschrägung nach innen weist.
- Zylinderkopf montieren, wie es später unter der betreffenden Überschrift beschrieben ist (Kapitel 2.4.4). Die Anzugsreihenfolge der Zylinderkopfschrauben unbedingt beachten. Die Schrauben müssen nochmals nachgezogen werden, nachdem der Motor später warmgelaufen ist.
- Steuerung unter Bezug auf Bild 33 folgendermassen einstellen:

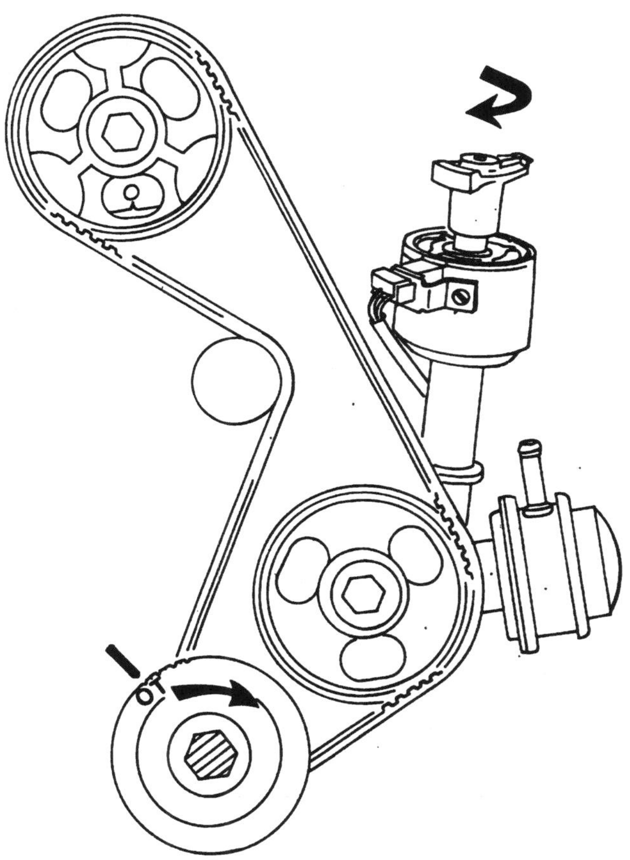

Bild 33
Zur Einstellung der Steuerung. Die beiden Pfeile weisen auf die Steuerzeichen des Kurbelwellenrades (unten) und des Nockenwellenrades (oben).

– Motor durchdrehen, bis der Kolben des ersten Zylinders im OT-Verdichtungshub steht, d. h. die Ventile dieses Zylinders sind geschlossen (beide Ventile haben Ventilspiel). Ausserdem sind die Markierungen an Schwungrad und Kurbelgehäuse in einer Linie. Der Läuferarm des

Zündverteilers (welcher in der Zwischenzeit einzubauen ist) zeigt zum Zündsegment und Zündkabel des ersten Zylinders.

- Nockenwelle durchdrehen, bis die Steuermarkierungen, wie im Bild gezeigt, ausgerichtet sind. Dabei Bild 34 betrachten, um zu kontrollieren, dass die Spitze in der unteren Öffnung mit dem Steuerzeichen übereinstimmt.

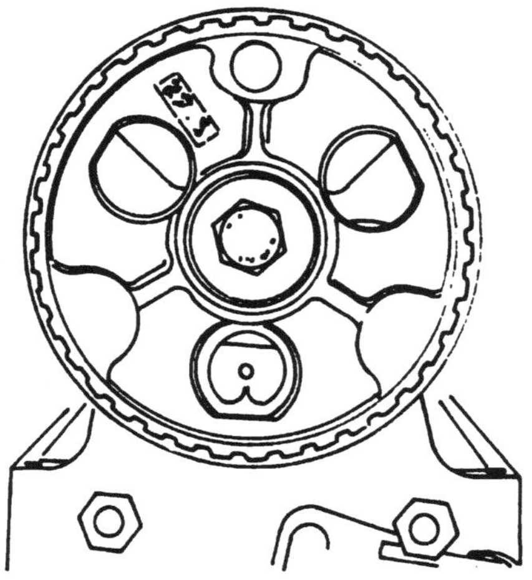

Bild 34
Die Ausrichtung des Nockenwellenrades mit dem Steuerzeichen im Zylinderkopf.

- Steuerriemen vorsichtig auf die Steuerräder schieben.
- Spannrolle durch Lockern der Befestigungsschrauben zurücklassen.
- Motor zweimal durchdrehen.
- Spannrolle wieder lockern und erneut anziehen. Auf diese Weise wird der Zahnriemen einwandfrei gespannt. Beim Anziehen zuerst die Sechskantschraube und dann die Spezialschraube anziehen (Bild 19).

- Steuerriemenscheibe der Kurbelwelle und Nebenantriebswelle mit dem vorgeschriebenen Drehmoment anziehen und den Riemenschutzdeckel montieren (siehe Bild 17).
- Drehstromlichtmaschine mit Aufhängungsbügel montieren.
- Ventilator und Riemenscheibe an der Wasserpumpe anschrauben.
- Keilriemenspannung einstellen (Kapitel 4.6).
- Kontrollieren, ob der Kolben des ersten Zylinders auf OT steht und dann den Zündverteiler einbauen (Kapitel 7.1.1).
- Unterdruckleitung und Kraftstoffleitung(en) am Vergaser anschliessen.
- Ventile einstellen, wie es in Kapitel 2.4.5 beschrieben ist.
- Zylinderkopfhaube mit einer neuen Dichtung aufsetzen und unter Bezug auf Bild 35 folgendermassen anziehen, wobei besonders auf die Anordnung der Verstärkungen (Ansicht unten) zu achten ist:

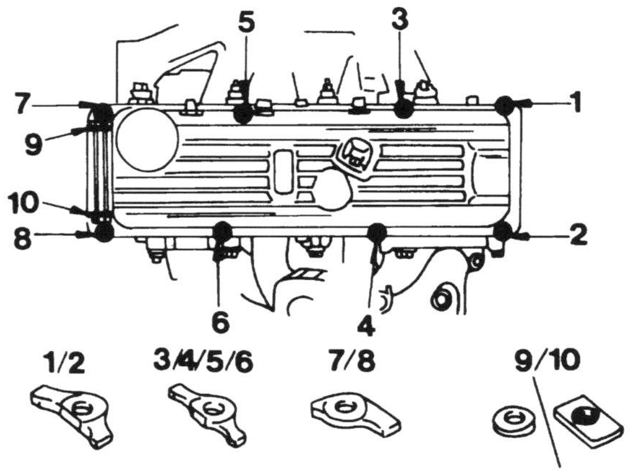

Bild 35
Anzugsweise der Zylinderkopfhaube. Die Verstärkungsstücke kommen unter die entsprechenden Befestigungsstellen.

Beim ersten Durchgang Schrauben 1 bis 6 anziehen.
Beim zweiten Durchgang Schrauben 7 und 8 anziehen.
Beim dritten Durchgang Schrauben 9 und 10 anziehen.
Beim vierten Durchgang Schrauben 7 und 8 anziehen.

- Alle weiteren Arbeiten in umgekehrter Reihenfolge wie beim Zerlegen durchführen. Zu beachten wäre noch, dass man beim Aufstekken der Zündkabel keine Fehler macht. Die Kabel unter Bezug auf Bild 36 verfolgen und auf die betreffende Kerze aufstecken.

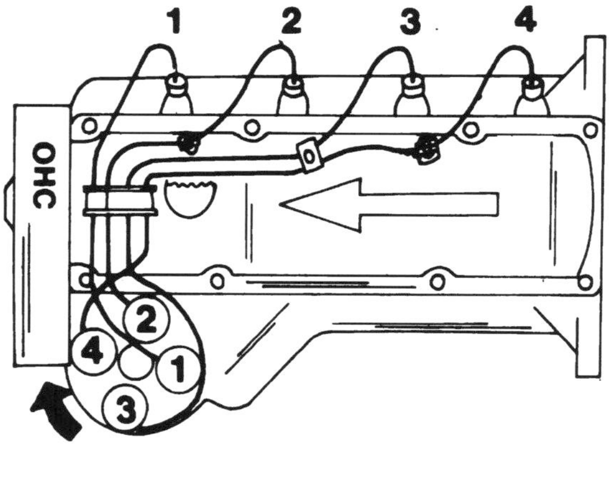

Bild 36
Aufsteckweise der Zündkerzenkabel

2.4 Zylinderkopf und Ventile

2.4.1 Aus- und Einbau

Bei den folgenden Beschreibungen werden jene Arbeiten angezeigt, die erforderlich sind, wenn sich der Zylinderkopf auf dem eingebauten Motor befindet. Falls der Motor, wie in Kapitel 2.1.1 beschrieben ausgebaut wurde, sind die nicht notwendigen Arbeiten zu übersehen.

- Massekabel der Batterie abklemmen.
- Kühlanlage ablassen, indem man den unteren Wasserschlauch vom Kühlerstutzen löst und den Schlauch an der Oberseite vom Kopf und den Schlauch des Dehngefässes vom Wasserauslass trennt.
- Luftfilter ausbauen. Bei einem Einspritzmotor den Ansaugluftschlauch vom Drosselklappengehäuse abschliessen (siehe Bild 6).
- Falls eingebaut, das Unterschutzblech abschrauben.
- Die Kraftstoffleitung(en) vom Vergaser abschliessen. Beim Einspritzmotor den Kraftstoffvorlauf- und -rücklaufschlauch abschliessen (siehe Bild 14).
- Den Belüftungsschlauch des Motors vom Anschluss am Ansaugkrümmer (2,0-Liter-Motor) oder von der Startautomatik trennen.
- Seil der Drosselklappenbetätigung zusammen mit dem Drosselklappenseil vom Ansaugkrümmer abschrauben (Bilder 9, 10 und 11).
- Unterdruckschlauch für das Bremshilfsgerät vom Ansaugkrümmer abschliessen.
- Unterdruckschlauch vom Steuergerät abschliessen (nur Vergasermotoren).
- Ölbelüftungsschlauch vom Ölabscheider abschliessen.
- Elektrisches Kabel vom Wärmefühler des Fernthermometerabsperrventils abklemmen.
- Zündkabel von den Kerzen sowie das Kabel aus der Mitte der Zündspule herausziehen.
- Verteilerkappe abnehmen (Schrauben lösen, Bild 16) und den Verteilerläufer von der Welle abziehen (um Beschädigungen zu vermeiden).
- Alle elektrischen Kabel zwischen Motor und Karosserie abklemmen.
- Auspuffrohr vom Auspuffkrümmer abschrauben (3 Muttern). Beim Einspritzmotor die Halterung des Ansaugkrümmers ausbauen.
- Zahnriemenschutzblech abschrauben (3 Schrauben) und die Zylinderkopfhaube lösen (10 Schrauben).
- Spannrolle für den Zahnriemen lockern (eine Spezialschraube und eine Sechskantschraube) und durch Anziehen der Mutter in der gelockerten Stellung wieder festspannen. Den Zahnriemen sehr vorsichtig von den Steuerrädern herunternehmen (Bild 19).

Hinweis: Zahnriemen nicht knicken und nicht so zusammenlegen, dass die Radien an den Enden des Riemens zu klein werden.

- Den kompletten Zylinderkopf jetzt abschrauben. Die Schrauben werden in umgekehrter Reihenfolge wie in Bild 20 gezeigt gelöst. Ein Spezialschlüssel (21-002) ist für diese Arbeit erforderlich, da die Zylinderkopfschrauben mit Kerbverzahnungen in den Köpfen versehen sind. Bild 37 zeigt, wie ein solcher Schlüsseleinsatz aussieht. Die Schrauben können sofort weggeworfen werden, da man sie nicht ein zweites Mal verwenden kann.

Bild 37
Lösen der Zylinderkopfschrauben mit dem Spezialschlüssel

- Zylinderkopf vorsichtig herunterheben und die Zylinderkopfdichtung abnehmen und wegwerfen. Den Kopf nicht auf die Dichtfläche auflegen, da es vorkommen kann, dass man die Ventile beschädigt, wenn sie geöffnet sind.

Vor dem Einbau des Zylinderkopfes die Dichtflächen von Zylinderkopf und Zylinderblock einwandfrei reinigen. Falls Arbeiten am Zylinderkopf durchzuführen sind, ist im nächsten Kapitel darüber nachzulesen. Beim Einbau folgendermassen vorgehen:

- Zwei Führungsstifte (21-003 oder abgesägte Zylinderkopfschrauben) in gegenüberliegende Ecken schrauben und eine neue Zylinderkopfdichtung auflegen.
- Zylinderkopf aufsetzen und alle Schrauben fingerfest anziehen. Die beiden Führungsstifte herausdrehen und durch die Schrauben ersetzen.
- Zylinderkopfschrauben in der in Bild 20 gezeigten Anzugsreihenfolge in drei Stufen auf das vorgeschriebene Anzugsdrehmoment anziehen. Nachdem der Motor warmgelaufen ist, müssen die Schrauben nochmals nachgezogen werden (Kapitel 19).
- Steuerung einstellen. Unter Bezug auf Bild 33 die folgenden Arbeiten durchführen:
  - Motor durchdrehen, bis der Kolben des ersten Zylinders im OT-Verdichtungshub steht, d. h. die Ventile dieses Zylinders sind geschlossen (beide Ventile haben Ventilspiel). Ausserdem sind die Markierungen an Kurbelwellenriemenscheibe und Zündeinstellskala in einer Linie. Der Läuferarm des Zündverteilers (welcher in der Zwischenzeit einzubauen ist) zeigt zum Zündsegment und Zündkabel des ersten Zylinders.
  - Nockenwelle durchdrehen, bis die Steuermarkierungen, wie im Bild 34 gezeigt, ausgerichtet sind.
  - Steuerriemen vorsichtig auf die Steuerräder schieben.
  - Spannrolle durch Lockern der Befestigungsschrauben zurücklassen.
  - Motor zweimal durchdrehen.
  - Spannrolle wieder lockern und erneut anziehen. Auf diese Weise wird der Zahnriemen einwandfrei gespannt.
- Ventilspiele einstellen (siehe Kapitel 2.4.5).
- Zündkerzen einschrauben.
- Dichtung der Zylinderkopfhaube auflegen, aber darauf achten, dass die Enden der offenen Dichtungen miteinander zusammengesetzt werden. Die Verstärkungsbleche entsprechend Bild 35 anbringen und die Haube entsprechend des Anzugsdiagramms im gleichen Bild und entsprechend der Anzugsstufen anziehen.
- Steuerriemenschutzblech anschrauben (siehe Bild 17).
- Auspuffrohr am Krümmer anschliessen. Bei einem Einspritzmotor die Stütze des Ansaugkrümmers anschrauben.
- Elektrisches Kabel am Wärmefühler und allen anderen in Frage kommenden Teilen anschliessen.
- Hochspannungskabel auf die Zündkerzen aufstecken, wie es Bild 36 zeigt und in den mittleren Anschluss der Zündspule aufstekken.
- Verteilerläufer und -kappe aufsetzen. Die Kappe mit den beiden Schrauben befestigen.
- Unterdruckschlauch auf das Steuergerät und den Belüftungsschlauch auf den Ölabscheider aufstecken.
- Am Vergaser den Kraftstoffschlauch anschliessen; bei einem Einspritzmotor den Vorlauf- und Rücklaufschlauch entsprechend Bild 14 anschliessen.
- Unterdruckschlauch des Bremshilfsgeräts anschliessen.
- Heizungsschlauch am Ansaugkrümmer oder am Deckel der Startautomatik anschliessen (je nach Ausführung).
- Kühlerschläuche wieder anschliessen und die Kühlanlage auffüllen.
- Falls eingebaut, das Unterschutzblech anschrauben.
- Batterie anklemmen.
- Luftfilter montieren. Nicht vergessen den Unterdruckschlauch in Bild 38 anzuschliessen. Bei einem Einspritzmotor den Luftansaugschlauch am Drosselklappengehäuse anschliessen.

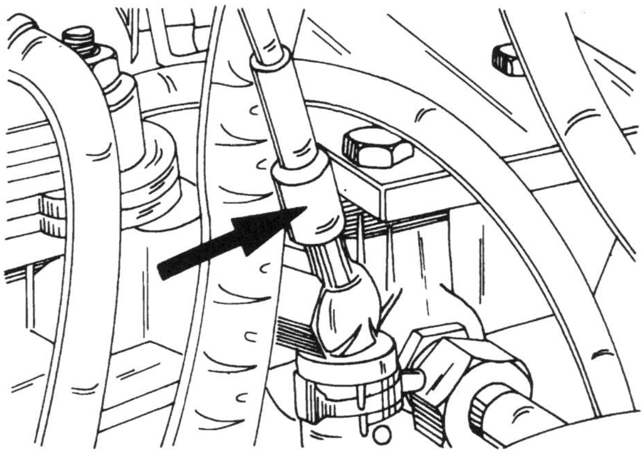

Bild 38
Unterdruckschlauch am Luftfilter angeschlossen

- Motor anlassen und auf Betriebstemperatur bringen. Zündung, Leerlauf und CO-Anteil einstellen.
- Zylinderkopfhaube wieder abschrauben und die Schrauben entsprechend der Reihenfolge in Bild 35 auf das vorgeschriebene Anzugsdrehmoment anziehen.

2.4.2 Zerlegung des Zylinderkopfes

Wie bereits erwähnt bildet die Nockenwelle einen Teil des Zylinderkopfes, wird aber unter getrennter Überschrift beschrieben. Die Arbeitsweise der Ventile ist aus Bild 39 ersichtlich und zeigt den Spezialstössel und die Befestigungsfeder. Beim Zerlegen des Zylinderkopfes folgendermassen vorgehen, wobei jedoch darauf hingewiesen werden soll, dass einige Spezialwerkzeuge gebraucht werden:

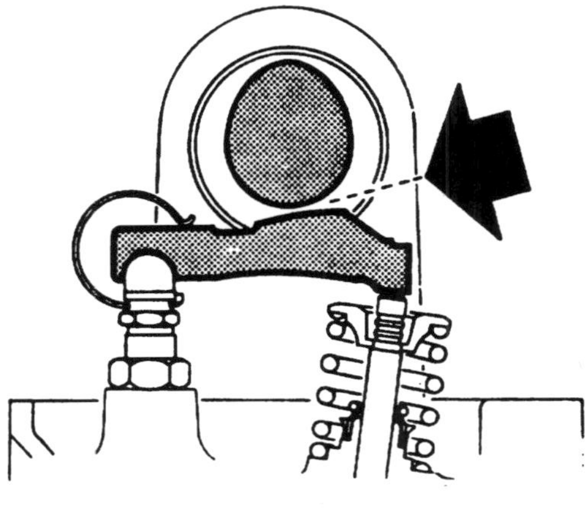

Bild 39
Anordnung des Ventilbetätigungsmechanismus. Der Pfeil weist auf die Stelle, an welcher das Ventilspiel gemessen wird.

- Ansaugkrümmer zusammen mit dem Vergaser oder den Einspritzventilen vom Zylinderkopf abmontieren.
- Wasserstutzen vom Kopf abschrauben (2 Schrauben). Die Dichtungen abnehmen.
- Wärmeschutzblech vom Auspuffkrümmer abschrauben und den Krümmer entfernen (8 Schrauben). Die Dichtung abnehmen.
- Ölleitung lösen (3 Schrauben).
- Falls der Zylinderkopf erneuert werden soll, alle Stiftschrauben mit zwei gegeneinandergekonterten Muttern herausdrehen. Einen Gabelschlüssel an der unteren Mutter ansetzen und die Stiftschrauben herausdrehen.
- Wärmefühler aus dem Kopf schrauben.
- Federn der Nockenstössel entfernen und die Nockenstössel ausbauen. Dazu ist das Spezialwerkzeug 21-005-A erforderlich, welches ebenfalls zum Ausbau der Ventile gebraucht wird (Bild 40).

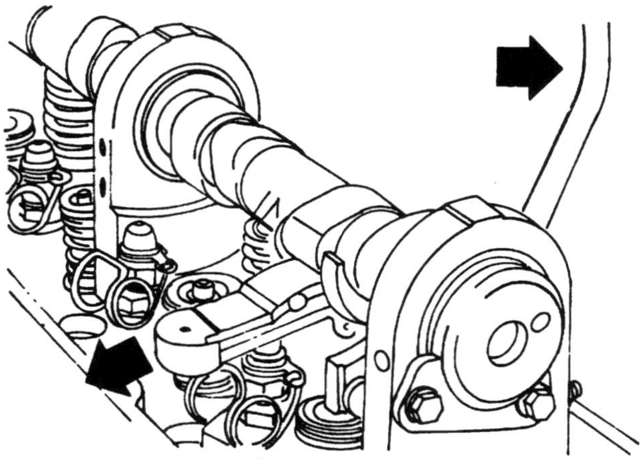

Bild 40
Ausbau eines Ventilstössels

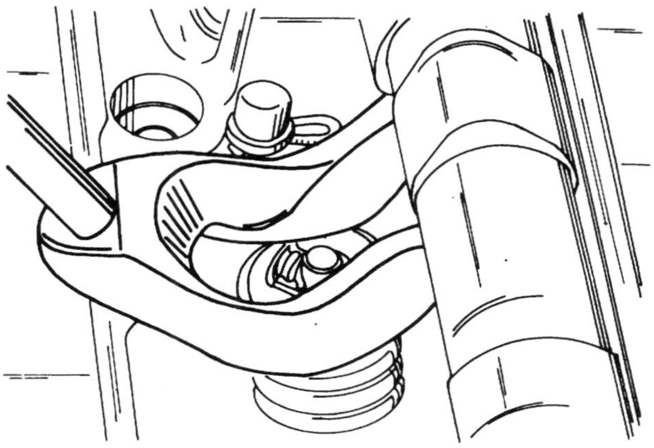

Bild 41
Ausbau der Ventile. Den Ventilheber in gezeigter Weise ansetzen und Feder zusammendrücken.

- Das in Bild 41 gezeigte Werkzeug zwischen Nockenwelle und Ventilfederteller einsetzen und den Federteller nach unten drücken, bis man die Ventilkegelhälften herausnehmen kann. Das Ventil muss von der anderen Seite durch Unterlegen eines Holzklotzes jedoch gut gegengehalten werden. Falls der Ventilheber nicht zur Verfügung steht, ein Stück Rohr des geeigneten Durchmessers auf den Ventilfederteller aufsetzen und mit einem Hammer auf das Rohr schlagen. Die Ventilkegelhälften springen dabei heraus und verbleiben im Inneren des Rohres. Die Ventile nach dem Ausbau in Einbaureihenfolge zusammenhalten (durch ein Stück Pappe stossen, mit der Nummer davor).

- Nockenwelle am sechsten Nocken an dem Ansatz mit einem Gabelschlüssel gegenhalten und die Schraube des Nockenwellenrades lösen. Die Anlaufscheibe abnehmen.
- Druckplatte der Nockenwelle abschrauben und die Nockenwelle zur Rückseite des Zylinderkopfes herausziehen. Die kugelendigen Schrauben herausdrehen, falls sie Zeichen von Verschleiss aufweisen. Falls der Kopf erneuert werden soll, müssen die Kugelkopfschrauben und Stössel wieder an die ursprüngliche Stelle kommen (falls die Nockenwelle wieder eingebaut werden soll).
- Spannrolle des Zahnriemens abschrauben (Bild 42) und alle anderen Teile vom Zylinderkopf abmontieren. Der Öldichtring für die Nockenwelle wird normalerweise mit einem Spezialwerkzeug herausgezogen (Abzieher 21-008).

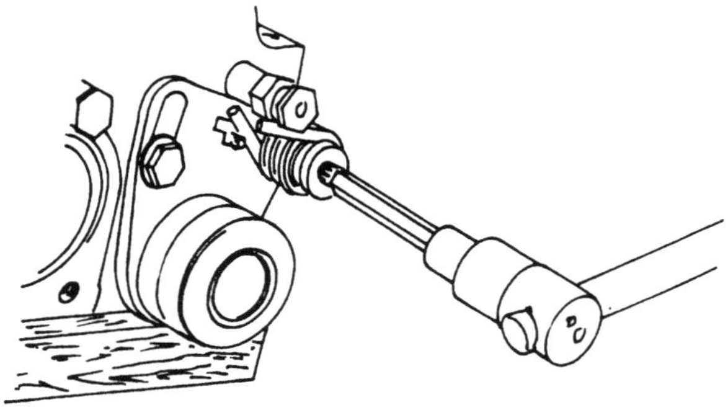

Bild 42
Lösen des Zahnriemenspanners vom Zylinderkopf

2.4.3 Zylinderkopf überholen

2.4.3.1 Kipphebelmechanismus

Einzelne Gusseisenkipphebel werden verwendet, die auf einer Seite mit einer Federspange auf einem kugelförmigen Bolzen geführt werden und auf der anderen Seite gegen das Ventilschaftende arbeiten. Der Nocken arbeitet von oben auf den Kipphebel. Bild 39 zeigt einen Schnitt durch diesen Ventilmechanismus zur besseren Veranschaulichung.

Die Kontaktfläche der Kipphebel mit dem Ende des Ventilschaftes muss sauber und glatt sein. Kleine Druckstellen können mit einem Ölstein wegpoliert werden. Die Laufflächen der Kipphebel auf der Kipphebelwelle sowie die Bohrungen der Kipphebel kontrollieren. Keine Riefen oder Druckstellen dürfen sichtbar sein. Gegebenenfalls Teile erneuern. Die Ölbohrungen mit Pressluft durchblasen.

Die kugeligen Enden der Einstellschrauben oder der Bolzen dürfen keine Riefen oder Druckstellen aufweisen.

2.4.3.2 Ventilsitze

Wichtig: Die Einlassventile sind mit einem Aluminiumüberzug versehen und dürfen nicht nachgeschliffen werden. Falls die Ventile ausgeschlagen oder beschädigt sind, müssen neue Ventile eingebaut werden.

Die Sitze im Zylinderkopf sind mit entsprechenden Fräsern oder Schleifsteinen auf die in Frage kommenden Winkel nachzuarbeiten. Bild 43 zeigt eine Ansicht der Ventilsitzwinkel. Zum Verringern der Ventilsitzbreite «D» stehen Fräser mit verschiedenen Winkeln zur Verfügung. Die folgenden Angaben sind zu beachten:

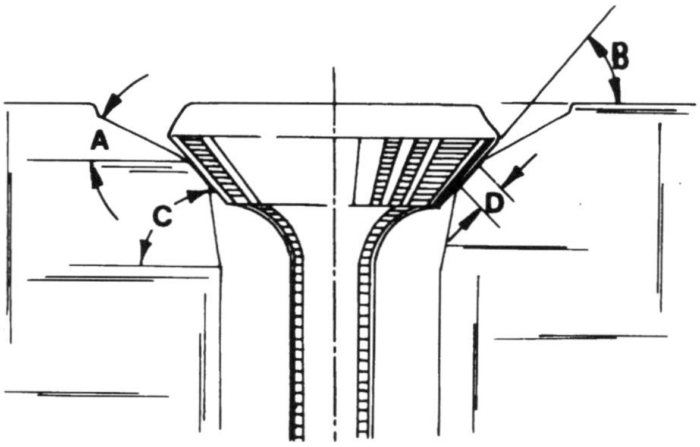

Bild 43
Die Angaben eines Ventilsitzes. Zwecks Buchstaben siehe Text.

- Der obere Korrekturwinkel «A» beträgt bei Produktionsmotoren 35° bei den Einlass- und Auslassventilen und 30° beim Nachfräsen der Ventilsitze. Dies gilt bei einem Motor ohne Ventilsitzringe. Ist der Motor mit Ventilsitzringen versehen, wird dies durch die Kennbuchstaben P, R oder S am Zylinderkopf sichtbar gemacht. Sind Übergrösse-Ventilsitzringe eingebaut, sind die Buchstaben PP, RR oder SS in den Kopf eingeschlagen. Die Buchstabenkennzeichnung ist in die linke Seite des Kopfes über der Zündkerzenbohrung des vierten Zylinders eingeschlagen, wie es aus Bild 44 ersichtlich ist. Bei diesen Ventilsitzen beträgt der Korrekturwinkel bei den Einlassventilen 35° und bei den Auslassventilen 20°.

Bild 44
An der Stelle «x» sind Buchstaben eingeschlagen, welche angeben, ob der Zylinderkopf mit Ventilsitzringen versehen ist.

- Der Ventilsitzwinkel «B» beträgt bei allen Ventilen 44° 33′ bis 45°.
- Der untere Korrekturwinkel beträgt bei den Einlassventilen 78–82° bei Produktionsmotoren und 75° bei Reparaturen. Zylinderköpfe mit Ventilsitzringen haben die gleichen Werte. Bei den Auslassventilen beträgt der Winkel 65° bei Produktionsmotoren und 62,5° bei Reparaturen. Bei Zylinderköpfen mit Ventilsitzringen ist ein Mindestwinkel von 63° anzustreben.
- Die Ventilsitzbreite beträgt 1,5–2,0 mm bei allen Ventilsitzen, ganz gleich ob Ventilsitzringe eingezogen sind oder nicht.
- Falls Ventilsitzringe in den Zylinderkopf eingezogen sind, dürfen die Ventilsitze nicht nachgefräst werden.

Die Ventile sind abschliessend in herkömmlicher Weise einzuschleifen, wobei jedoch darauf hingewiesen werden soll, dass ein gutes, jedoch nicht zum Einbau bestimmtes Ventil zum Einschleifen verwendet werden soll.

Falls die Ventilsitze sehr abgenutzt oder gar geplatzt sind, können neue Ventilsitzringe eingezogen werden, wobei der Zylinderkopf auf die entsprechenden Masse aufzubohren ist. Diese Arbeit sollten Sie einem Ford-Händler überlassen, da die Ventilsitzringe unbedingt konzentrisch mit den Ventilführungen eingearbeitet werden müssen.

2.4.3.3 Ventile

Ventilschäfte auf übermässigen Verschleiss, Riefenbildung oder Risse kontrollieren. Ein Stahllineal entlang der gut gereinigten Ventilschäfte anlegen und überprüfen, ob die Schäfte gerade sind. Verbiegungen sind nicht gestattet, da die Schäfte anderenfalls in den Führungen klemmen können. Die Ventilteller auf Abbrand oder Narbenbildung überprüfen. Zwischen Ventiloberfläche und der Oberkante des Ventiles muss noch ein bestimmtes Mass vorhanden sein. Dieses Mass wird als Ventilkantenbreite bezeichnet und darf im allgemeinen nicht kleiner als 0,8 mm sein.

2.4.3.4 Ventilführungen

Die Ventilführungen sind in den Zylinderkopf eingearbeitet. Falls das Spiel zwischen Ventilschaft und Führung zu gross ist, können die Ventilführungen aufgerieben werden. Zuerst das Spiel kontrollieren. Dazu eine Messuhr mit einem Ständer auf die Zylinderkopffläche aufsetzen und das Ventil wie in Bild 45 gezeigt, in den Zylinderkopf einschieben. Das Ventil auf eine Seite drücken,

Bild 45
Kontrolle des Spiels zwischen einem Ventilschaft und der Innenbohrung der Ventilführung.

die Messuhr auf Null stellen und das Ventil zur anderen Seite drücken. Die Anzeige der Messuhr sollte bei den Einlassventilen 0,50 mm und bei den Auslassventilen 0,60 mm nicht überschreiten. Falls das Spiel zu gross ist, die Führungen aufreiben, um Ventile mit Übergrösse-Schäften zu verwenden. Die Ventile sind mit zwei Übergrösse-Schäften erhältlich (0,2 und 0,4 mm).

Ventilführungen immer von der Ventilseite aus aufreiben. Die Grösse der Reibahle hängt vom Fortschritt des Verschleisses ab. Man sollte zu-

erst immer die kleinste Reibahle verwenden und danach ein Ventil mit der kleinsten Übergrösse am Schaft probieren, um festzustellen, ob das Spiel innerhalb der angegebenen Werte liegt.
Die Ventilsitze müssen immer nachgefräst werden, nachdem man die Führungen aufgerieben hat, um die Geradlinigkeit zwischen der Führung und dem Sitz beizubehalten, jedoch nicht eingezogene Ventilsitzringe nachfräsen (erkenntlich an den eingeschlagenen Buchstaben – siehe Bild 44).

2.4.3.5 Ventilfedern

Es ist immer ratsam die Ventilfedern zu erneuern, wenn der Motor eine hohe Kilometerleistung hinter sich hat. Die Federn können kontrolliert werden, indem man eine alte Feder, Ende gegen Ende gegen eine neue Feder auf eine lange Schraube steckt und eine Mutter auf die Schraube dreht (mit entsprechenden Scheiben). Die Mutter anziehen, bis die Federn unter Druck stehen und danach die Länge der Federn ausmessen. Falls die gebrauchte Feder 10% kürzer ist als die neue Feder, sollte der komplette Satz erneuert werden. Die Ventilfedern sind so einzubauen, dass das geschlossene Ende nach unten weist.

2.4.4 Zusammenbau des Zylinderkopfes

- Ventile, Ventilsitze, Kanäle und Dichtflächen einwandfrei reinigen. Die Innenseiten der Ventilführungen reinigen, indem man ein Stück in Benzin getauchten Lappen durch die Führungen zieht.
- Als nächstes sind die Ventilschaftöldichtringe über die Ventile zu montieren. Das Ende des Ventiles, mit den Rillen für die Ventilkegelhälften, muss mit etwas Staniolpapier umwickelt werden (aus einer Zigarettenpackung). Bei diesen Motoren ist ein Spezialwerkzeug empfohlen. Den Dichtring vorsichtig über die Ventilführungen schieben, wie es in Bild 46 gezeigt ist. Jetzt das Spezialwerkzeug (Nr. 21-007) darübersetzen und den Dichtring nach unten drücken. Falls kein Spezialwerkzeug zur Verfügung steht, kann man ein Stück Rohr verwenden, welches sich über das äussere Ende des Dichtringes setzen lässt.
- Ventile in die entsprechenden Bohrungen einschieben. Falls ursprüngliche Ventile in einen neuen Zylinderkopf eingebaut werden, muss man die Ventilteller in einer Ventilschleifmaschine auf den vorgeschriebenen Winkel schleifen lassen.

Bild 46
Aufdrücken eines Ventilschaftdichtringes

- Ventilfedern aufsetzen, mit den geschlossenen Wicklungen zum Zylinderkopf.
- Federteller aufsetzen und die Federn mit einem Ventilheber, wie in Bild 41 gezeigt, oder unter einer Presse zusammendrücken, bis sich die Ventilkegelhälften einwandfrei in die Nuten einsetzen lassen.
- Den Druck des Ventilhebers zurücklassen und mit einem Hammer auf die Ventilfeder schlagen, um festzustellen, ob die Ventilkegelhälften einwandfrei sitzen.
- Die Kipphebel in umgekehrter Reihenfolge wie beim Ausbau wieder montieren. Die Federn der Stössel wie in Bild 47 gezeigt, mit einer Zange einsetzen.

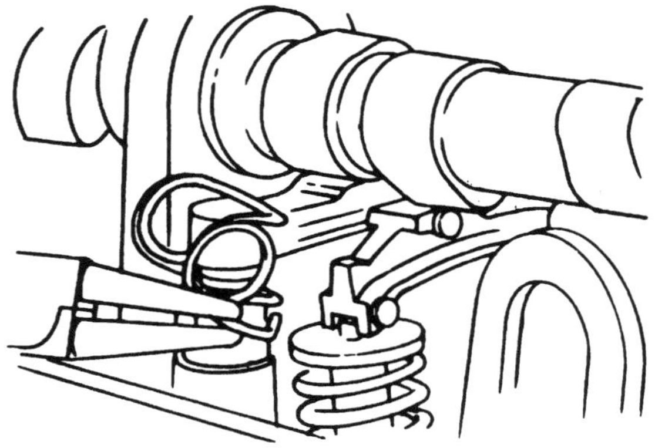

Bild 47
Befestigung der Stössel mit den Federspangen

- Die Nockenwelle einbauen (Kapitel 2.8.3).
- Eine neue Ansaugkrümmerdichtung auf beiden Seiten mit Dichtungsmasse einschmieren und den Ansaugkrümmer montieren.

- Den Ansaugkrümmer mit einer neuen Dichtung montieren.

2.4.5 Ventilspiel einstellen

Ventilspiele sind in warmem Zustand einzustellen. Um dem Motor jedoch das erforderliche Betriebsspiel zu geben, wenn er nach der Reparatur zusammengebaut wird, gelten bei der folgenden Einstellung die Kaltwerte in der Mass- und Einstelltabelle (Kapitel 18). Falls die Ventilspiele nachgestellt werden müssen, sind die entsprechenden Vorarbeiten durchzuführen.

Das Spiel wird zwischen dem Nocken und dem Nockenstössel gemessen.

- Massekabel der Batterie abklemmen.
- Bei einem Vergasermotor den Luftfilter ausbauen, Zündkerzenkabel abziehen und die Zylinderkopfhaube ausbauen.
- Die Einstellreihenfolge der Ventile lautet wie folgt:

Ventile vollkommen geöffnet
Nr. 1 Auslass, Nr. 6 Einlass
Nr. 3 Einlass, Nr. 8 Auslass
Nr. 2 Einlass, Nr. 4 Auslass
Nr. 5 Auslass, Nr. 7 Einlass
Ventile einstellen
Nr. 3 Einlass, Nr. 8 Auslass
Nr. 1 Auslass, Nr. 6 Einlass
Nr. 5 Auslass, Nr. 7 Einlass
Nr. 2 Einlass, Nr. 4 Auslass

Im allgemeinen gilt, dass die Ventilspiele einzustellen sind, wenn der Nocken die in Bild 39 gezeigte Stellung eingenommen hat. Die Einstellung der Spiele erfolgt durch die Verstellung der Kugelschrauben. Zum Verstellen der Schrauben wird normalerweise ein Spezialschlüssel verwendet. Die Kontermutter der Schraube wieder auf das vorgeschriebene Anzugsdrehmoment anziehen.

Eine Fühlerlehre der erforderlichen Stärke zwischen den Nocken und den Stössel an der in Bild 39 gezeigten Stelle einsetzen und das Ventilspiel feststellen.

Zylinderkopfhaube aufsetzen, aber dabei auf die Anzugsreihenfolge der Schrauben achten. Diese ist in Bild 35 gezeigt. Ebenfalls auf die Stufen des Anziehens in Kapitel 19 und das Auflegen der Verstärkungsbleche achten.

2.4.6 Erneuerung eines Kipphebels

Kipphebel können bei eingebautem Motor erneuert werden, ohne dass man den Zylinderblock dazu ausbaut. Die notwendigen Vorarbeiten müssen durchgeführt werden, bis die Zylinderkopfhaube abgeschraubt werden kann.

- Kurbelwelle durchdrehen, bis die flache Seite des betreffenden Nockens gegen den auszubauenden Kipphebel anliegt.
- Befestigungsfeder des Kipphebels entfernen, wie es bereits in Bild 47 gezeigt wurde.
- Ventilfeder in geeigneter Weise nach unten drücken, bis sich der Kipphebel herausnehmen lässt. Ehe die Feder und das Ventil nach innen gedrückt werden, kontrollieren, dass der Kolben dieses Zylinders nicht auf dem oberen Totpunkt steht, damit die Feder nicht abspringen kann.

Der Einbau erfolgt in umgekehrter Reihenfolge wie der Ausbau.

2.5 Zylinderblock

Die in den Zylinderblock eingearbeiteten Bohrungen werden bei der Herstellung in Grössenklassen eingeteilt und durch Verwendung des vorgeschriebenen Kolbens wird das vorschriftsmässige Kolbenlaufspiel automatisch hergestellt.

Nachdem der Motor eine grosse Kilometerleistung hinter sich hat, sind die Bohrungen verschlissen und die Klasseneinteilung ist nicht länger zutreffend. In diesem Fall sind neue Kolben im Block zu verwenden, um das richtige Kolbenlaufspiel zu erhalten. Zur genauen Messung des Kolbenlaufspiels sind eine Zylindermessuhr und ein Mikrometer erforderlich. Mit der Messuhr den Innendurchmesser der Bohrungen ausmessen (an mehreren Stellen). Der erste Messpunkt sollte ungefähr 10 mm von der Oberkante erfolgen. Der Unterschied zwischen der unteren und der oberen Messung ergibt die Verjüngung der Bohrung an, während der Unterschied zwischen Längs- und Quermessung auf Unrundheiten hinweist. Zylinderbohrungen müssen nachgebohrt oder nachgehont werden, falls sie nicht den Verschleissgrenzen entsprechen.

Mit dem Mikrometer den Aussendurchmesser des Kolbens ausmessen und aus Zylinderdurch-

messer und Kolbendurchmesser das Laufspiel des Kolbens ermitteln.
Falls neue Kolben für einen nachgebohrten Block ausgewählt werden sollen, so kann das Laufspiel des Kolbens auch mit einer Fühlerlehre ermittelt werden, die zwischen Kolbenmantel und Zylinderbohrung eingesetzt wird. Dazu eine Fühlerlehre zusammen mit dem Kolben in die Oberseite der Bohrung schieben. Die Fühlerlehre muss stramm sitzen. Sie sollte eine Stärke von 0,06 mm haben.
Die Grundbohrungen für die Kurbelwellenlager im Kurbelgehäuse sind in Grössenklassen eingeteilt und haben entweder Nenngrösse oder Übergrösse. Dies lässt sich leicht feststellen, indem man die Hauptlagerdeckel kontrolliert. Bei Übergrösse sind die Deckel an den in Bild 48 gezeigten Stellen mit weisser Farbe gezeichnet.

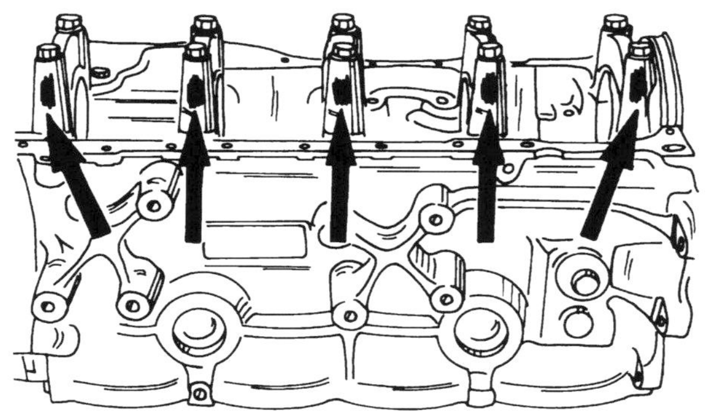

Bild 48
Die Pfeile weisen auf die weissen Kennzeichnungen von Lagerdeckeln, wenn die Lagerbohrungen auf 0,40 mm Übergrösse aufgebohrt sind.

2.6 Kolben und Pleuelstangen

2.6.1 Zerlegung und Überprüfung

Als erstes die Kolbenringe von den Kolben abnehmen. Dazu entweder eine vorschriftsmässige Kolbenringzange verwenden, oder falls diese nicht zur Verfügung steht, drei alte Fühlerlehren benutzen. Eine Fühlerlehre unter den Ring schieben und den Ring vorsichtig herausheben, bis er aus der Nut kommt. Jetzt die beiden anderen Fühlerlehren in gleichmässigem Abstand unter den Ring schieben und den Ring über die drei Lehren vom Kolben streifen.
Kolben und Pleuelstangen sind zusammengehörende Teile. Farbpunkte im Kolbenboden und in der Endfläche des Kolbenbolzens zeigen die Zusammengehörigkeit der Teile an. Pleuelstangen sind in vier Gewichtskategorien eingeteilt und können anhand des eingeschlagenen Buchstabens (Bild 49) erkannt werden.

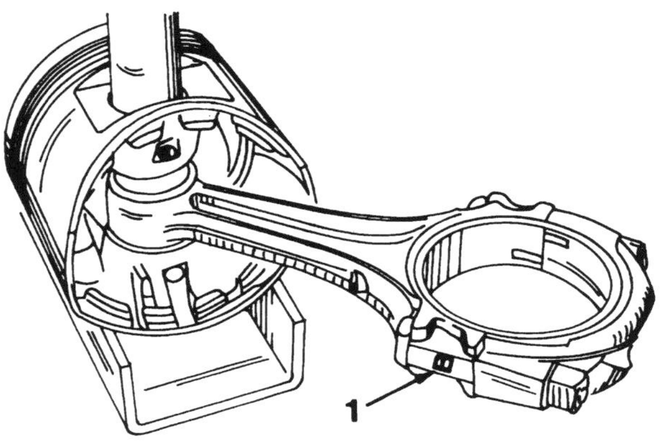

Bild 49
Auspressen eines Kolbenbolzens. Der Pfeil (1) weist auf die Gewichtskategorie der Pleuelstange.

Die Kolben und Pleuelstangen sollten nur zerlegt werden, falls Kolben und Pleuelstangen erneuert werden müssen. Zum Einbau des neuen Kolbens ist jedoch ein Spezialwerkzeug erforderlich (21-014). Nur wenn dieses vorhanden ist, kann die Arbeit einwandfrei durchgeführt werden.

- Kolbenbolzen mit einem geeigneten Dorn ausschlagen. Der alte Kolben kann dabei auf ein Stück «U»-Eisen aufgelegt werden, wie es Bild 49 zeigt.
- Die Pleuelstange auf eine Richtplatte auflegen. Unter Bezug auf Bild 50 an den Stellen mit den weissen Pfeilen das Spiel ausmessen. Falls die angegebenen Werte nicht erhalten werden, muss die Pleuelstange entsprechend gerichtet werden.

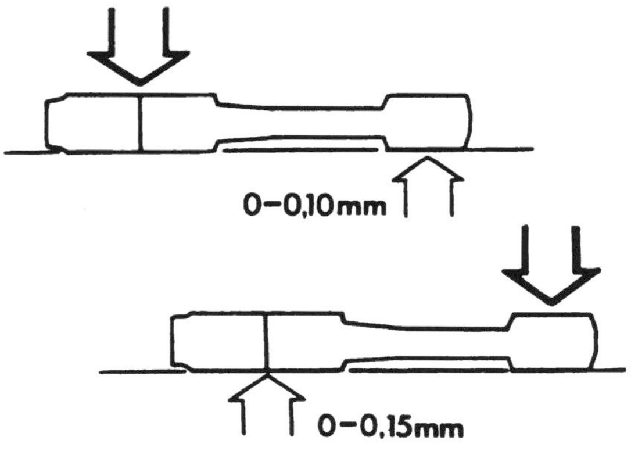

Bild 50
Kontrolle der Pleuelstangen auf Verzug. Pleuel an der Seite der schwarzen Pfeile aufdrücken und an der Seite der weissen Pfeile ausmessen.

- Vorausgesetzt, dass das Spezialwerkzeug vorhanden ist, dieses in einen Schraubstock spannen und den schwarzen Knopf herausziehen. Da der Kolben nach dem Zusammenbau in einem bestimmten Verhältnis zur Pleuelstange stehen muss, ist der Kolben entweder mit einer Kerbe oder einem Pfeil im Kolbenboden gezeichnet. Die Pleuelstange besitzt eine Markierung, die zur Vorderseite des Motors weisen muss. Bild 51 zeigt die Einbauweise der Teile.

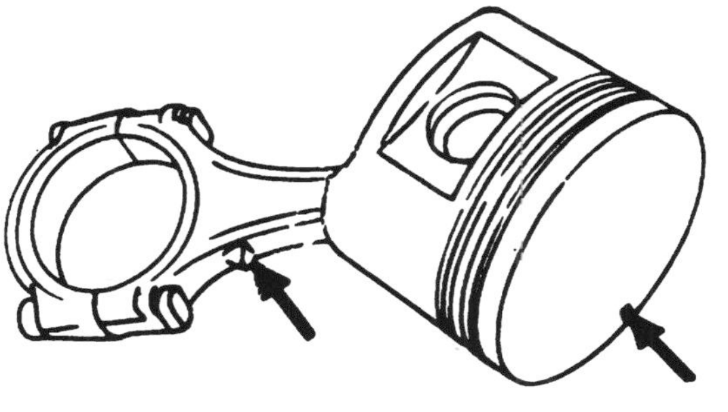

Bild 51
Das Ölspritzloch der Pleuelstange und der Kerbenausschnitt im Kolben müssen nach dem Zusammenbau wie gezeigt angeordnet sein.

- Die Kolben so in das Spezialwerkzeug einspannen, dass die Markierung auf der anderen Seite des Werkzeuges liegt.
- Kolbenbolzenbohrung einölen.
- Den schwarzen Knopf wieder hineinschieben.
- Kolbenbolzen von aussen so in den Kolben einschieben, dass er innen am Kolbenbolzenauge bündig abschneidet. Mit dem Werkzeug wird eine Anschlaglehre mitgeliefert, welche verschiedene Bezeichnungen hat. Den Stab mit der Bezeichnung des betreffenden Motors in der Nähe des schwarzen Knopfes einschieben. Dies gewährleistet die einwandfreie Einbauweise des Bolzens.
- Pleuelauge auf einer Heizplatte anwärmen (260 bis 300° C). Ein temperaturempfindlicher Farbstift (von Faber Castell hergestellt, Nr. 2815) sollte benutzt werden, um die genaue Temperatur zu erhalten.
- Den Pleuel schnell von der Heizplatte abnehmen und in den Kolben einsetzen.
- Den Kolbenbolzen jetzt sehr schnell bis zum Anschlag durch die Pleuelstange und in die andere Seite des Kolbenauges einschieben.
- Pleuelstange abkühlen lassen, ehe das Spezialwerkzeug abgenommen wird.

Um die genaue Kolbengrösse für eine bestimmte Zylinderbohrung festzustellen, ist die Bohrung entsprechend den Anweisungen in Kapitel 2.5 auszumessen. Diesen Wert notieren. Jetzt den betreffenden Kolben im rechten Winkel zur Kolbenbolzenbohrung am Mantel im Durchmesser ausmessen und den Kolbendurchmesser vom Durchmesser der Zylinderbohrung abziehen. Das erhaltene Mass ist das Kolbenlaufspiel (siehe Kapitel 18).

Vor dem Einbau neuer Kolbenringe diese der Reihe nach in die Zylinderbohrungen einsetzen und mit einem umgekehrten Kolben nach unten drücken (ca. 25 mm). Mit einer Fühlerlehre das Stossspiel ausmessen (Bild 52). Falls der Abstand nicht innerhalb der in Kapitel 18 angegebenen Werte liegt, kann ein anderer Ring versucht

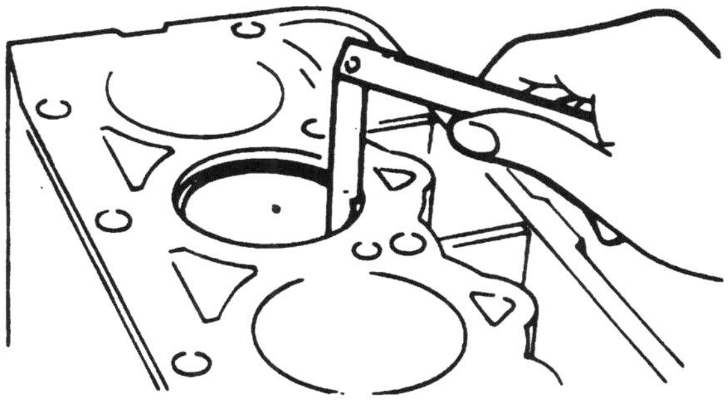

Bild 52
Ausmessen des Stossspiels der Kolbenringe

werden. Sind die Stossspiele zu klein, können die Enden abgefeilt werden, um die Spiele zu berichtigen. Dazu eine Schlichtfeile in einen Schraubstock spannen (sehr vorsichtig) und die Enden des Ringes beidseits der Feile abfeilen.

Einen alten, abgebrochenen Kolbenring am Ende zu einem Keil schleifen und die Nuten des Kolbens damit von Kohleresten reinigen, ohne Material abzuheben. Danach die Spiele zwischen den Kolbenringen und den Nuten ausmessen, wie in Bild 53 gezeigt. Falls die Spiele zu gross sind (mehr als 0,20 mm), müssen neue Kolben mit Kolbenbolzen eingebaut werden.

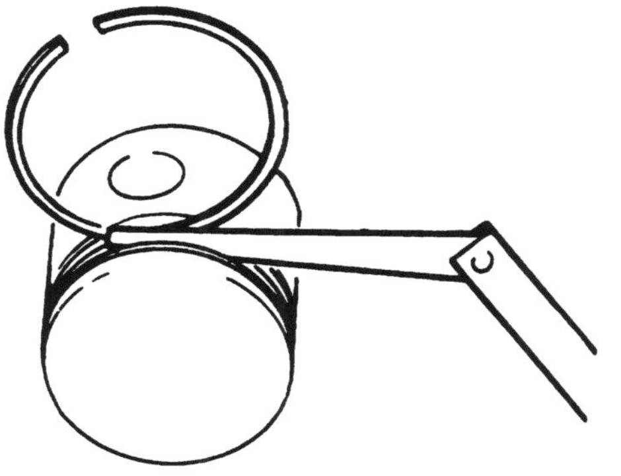

Bild 53
Ausmessen des Höhenspiels der Kolbenringe in den Nuten

2.6.2 Zusammenbau

- Kolbenring am Kolben anbringen. Falls möglich, dazu eine Kolbenringzange verwenden. Andernfalls Fühlerlehren an drei Stellen des Umfanges des Kolbens anlegen und die Ringe der Reihe nach über die Lehren streifen, bis sie in die Nuten einschnappen. Den Kolbenringstoss unbedingt auf eine der Fühlerlehren auflegen, damit keine Kratzer verursacht werden.
- Kolbenringe auf dem Kolben verdrehen, bis der Ringstoss des Ölabstreifringes an der Rückseite des Kolbens und die beiden anderen Ringe 150° von diesem Ringstoss versetzt sind, d. h. den oberen Ring nach der einen Seite und den zweiten Ring nach der anderen Seite versetzen.
- Kolbenring und Kolbenmantel gut einölen und den Kolben vorsichtig in den Zylinder einschieben. Darauf achten, dass die Kolbenmarkierung zur Vorderseite des Motors weist.
- Ringe mit einem Kolbenringspannband zusammendrücken (oder einen breiten Schlauchbinder verwenden) und die Kolben vollends hineindrücken. Darauf achten, dass der Pleuelfuss vorsichtig über den Kurbelzapfen geführt wird, um keine Kratzer an der Kurbelwelle zu verursachen.
- Von der Unterseite die Lagerschalen vorschriftsmässig über die Pleuelstangen setzen (Auswahl der Lagerschalen siehe Kapitel 2.7.2) und die Kurbelzapfen gut einölen.
- Lagerdeckel auf die entsprechende Pleuelstange aufsetzen. Die Numerierung kontrollieren. Die Zahlen in Pleuelstange und Deckel müssen auf einer Seite liegen. Die Lagerdeckel auf das entsprechende Anzugsdrehmoment anziehen.

2.7 Kurbelwelle und Lager

2.7.1 Überprüfung der Teile

Der Ausbau der Teile wurde bereits in Kapitel 2.2 beschrieben.
Die Kurbelwelle mit Waschbenzin reinigen und alle Ölkanäle mit Pressluft ausblasen. Haupt- und Kurbelwellenlagerzapfen auf Zeichen von Verschleiss, Fressstellen oder Kratzer überprüfen. Kleinere Kratzer oder rauhe Stellen können mit einem Ölstein abgeputzt werden.
Jeden Lagerzapfen mit einem Mikrometer am Durchmesser ausmessen, um irgendwelche Verjüngungen oder Unrundheiten festzustellen. Erhaltene Ergebnisse mit den Angaben in der Mass- und Einstelltabelle (Kapitel 18) vergleichen. Die folgenden Hinweise sollten jedoch bei der Ausmessung der Lagerzapfen beachtet werden:

- Sowohl die Hauptlagerzapfen als auch die Kurbellagerzapfen können entweder als Normalgrösse oder auch als 0,25 mm Untergrösse geschliffen sein. Dies wird durch eine Farbkennzeichnung angegeben. Bei Normalgrösse ist die Welle nicht gezeichnet. Besitzen die Hauptlagerzapfen Untergrösse, wird ein grüner Farbpunkt an der Kurbelwange eingezeichnet. Ein Farbpunkt und ein grüner Strich ist eingezeichnet, wenn Haupt- und Kurbelzapfen auf Untergrösse geschliffen sind. Bild 54 zeigt die Kennzeichnung einer Welle mit Untergrösse-Haupt- und -kurbelwellenlagerzapfen.
- Die Pleuelstangen sind an der in Bild 55 gezeigten Stelle mit roter Farbe gezeichnet. Diese beiden Farbmarkierungen müssen auf der gleichen Seite sein.

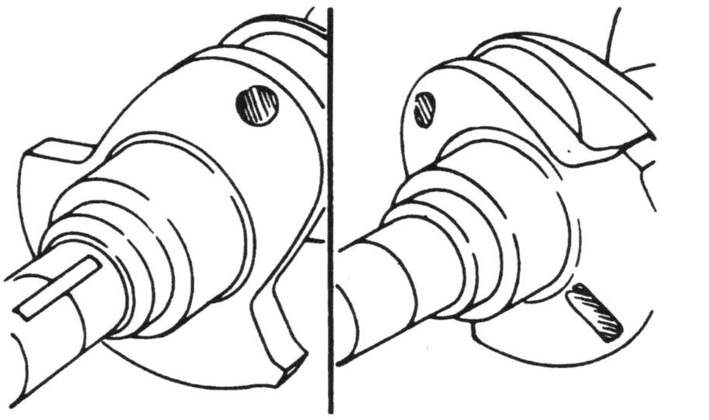

Bild 54
Kennzeichnung der Kurbelwelle bei Untergrösse-Kurbelzapfen (links) und Untergrösse-Kurbelzapfen und Hauptlagerzapfen (rechts).

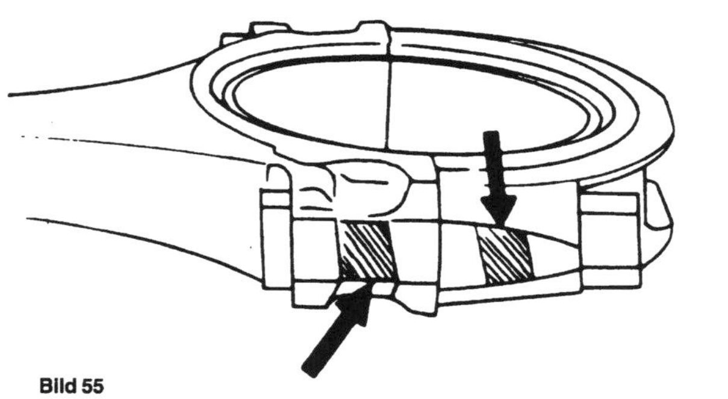

Bild 55
Pleuelstangen und Deckel sind an der Pfeilstelle mit roter Farbe gezeichnet. Diese Seiten müssen zusammenkommen.

- Bei einer kompletten Überholung des Motors ist ebenfalls auf die Lagerschalen für die Haupt- und Pleuellager zu achten. Normalgrösse-Schalen haben keine Kennzeichnung, jedoch sind Lagerschalen für Untergrösse-Kurbelwellen oder Übergrösse-Zylinderblöcke auf der Rückseite der Schalen mit der entsprechenden Ersatzteilnummer markiert.

2.7.2 Lagerlaufspiel ausmessen

Beim Einbau von neuen Lagern ist es wichtig, dass man das Lagerlaufspiel des betreffenden Lagers ermittelt. Das Lagerlaufspiel wird mit Hilfe von «Plastigage», ein Plastikdraht der Firma «Perfect Circle», schnell, genau und sicher ausgemessen. (Der Lieferant für Deutschland ist Firma K. H. Ern, 4-Düsseldorf, Schinkelstr. 48). Die Lagerspiele dürfen nicht gleichzeitig, sondern sie müssen Lager für Lager gemessen werden. Während dieses Vorgangs darf die Welle nicht gedreht werden, auch darf nicht auf die Lagerdeckel geschlagen werden. Je nach dem vorhandenen Lagerspiel wird der Plastikdraht breitgedrückt.

- Ein Stück des Plastikdrahtes in Lagerbreite auf den sauberen und öltrockenen Lagerzapfen auflegen.
- Die Haupt- bzw. Pleuellagerdeckel mit der Schale aufsetzen.
- Die Deckelschrauben mit dem vorgeschriebenen Anzugsdrehmoment (Kapitel 19) anziehen.
- Lagerdeckel abschrauben. Der breitgedrückte Draht haftet entweder am Lagerzapfen oder an der Schale.
- Breite des flachgedrückten Plastikdrahtes mit der im Plastigage-Satz mitgelieferten Skala an der breitesten Stelle ausmessen. Diese gibt das kleinste vorhandene Lagerspiel an, welches an der Lehre abgelesen werden kann (Bilder 56 und 57).

Wenn eine Seite des breitgedrückten Plastigages breiter als die andere ist, besteht ein Unterschied im Lagerspiel. Der Unterschied zwischen den beiden Massen gibt die Konizität an. Um die Unrundheit zu messen, wird der Plastikdraht über die gesamte Länge der unteren Lagerschalenhälfte (quer) eingelegt. Nach dem Anzug mit dem vorgeschriebenen Drehmoment wird der flachgedrückte Draht gemessen. Der Unterschied zwischen dem grössten und dem kleinsten Mass gibt die Unrundheit an. Je nach Erforderlichkeit ist die Kurbelwelle nachzuschleifen, so dass Untergrösse-Lagerschalen eingebaut werden können. Verlangen Sie Plastigage mit der Bezeichnung PG-1 (grün), welches sich zum Messen der in Frage kommenden Lagerspiele eignet.

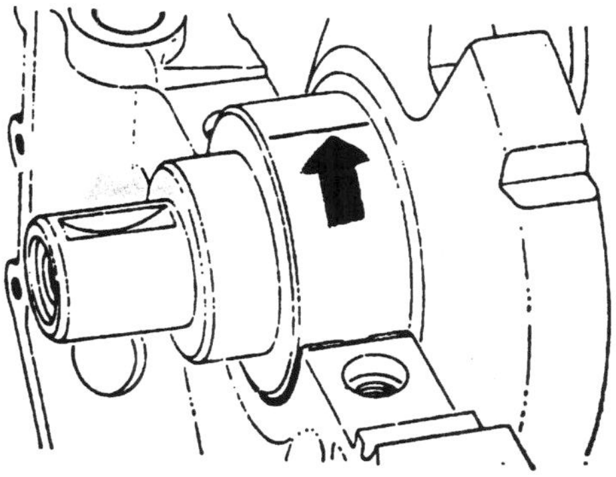

Bild 56
Ausmessen des Lagerlaufspiels (Hauptlager oder Pleuellager) mit Plastigage-Draht (Pfeil). Den Draht wie gezeigt einlegen und Lagerdeckel aufschrauben.

Bild 57
Nach Lösen des Lagerdeckels den breitgedrückten Draht mit der mitgelieferten Skala ausmessen, um das Lagerlaufspiel zu bestimmen.

2.7.3 Kurbelwellenaxialspiel ausmessen

Das Axialspiel der Kurbelwelle wird mit Hilfe der Anlaufscheiben am Bundlager bestimmt.

- Eine Messuhr so am Ende des Zylinderblocks anbringen, dass der Messstift auf dem Kurbelwellenflansch ansitzt. Falls das Steuerrad angebracht ist, kann man den Messstift auch auf dieses aufsetzen.
- Die Welle mit einem Schraubenzieher in eine Richtung drücken, so wie es in Bild 58 gezeigt ist.
- Die Messuhr auf «Null» stellen.

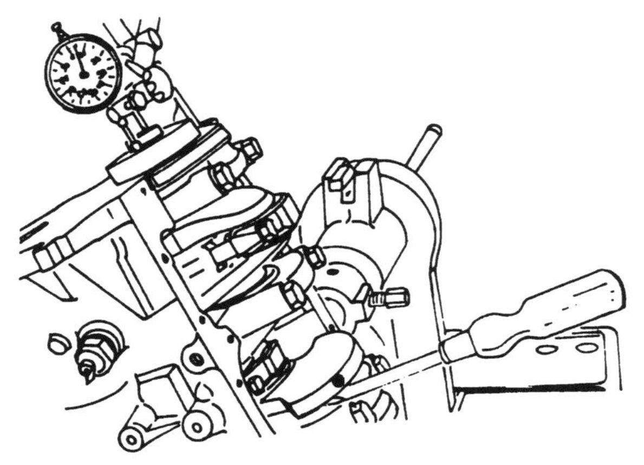

Bild 58
Axialspiel der Kurbelwelle messen

- Danach die Welle mit dem Schraubenzieher in die entgegengesetzte Richtung drücken. Der Wert des Axialspiels kann an der Messuhr abgelesen werden.

Falls Berichtigungen vorgenommen werden müssen, stehen Übergrösse-Anlaufscheiben zur Verfügung, die entsprechend zu verwenden sind. Beim Einbau der Scheiben darauf achten, dass die Ölnuten zur Seite der Kurbelwellenwangen weisen, d. h. nicht mit diesen gegen die Lagerdeckel anliegen.

2.7.4 Einbau der Kurbelwelle

- Motor so hinsetzen, dass die Kurbelgehäuseseite nach oben weist.
- Die oberen Hälften der Kurbelwellenlagerschalen trocken in die Lagerbohrungen einsetzen. Die Führungsansätze der Schalen müssen in die Aussparungen der Lagerbohrungen eingreifen.
- Laufflächen der Lagerschalen mit Öl einschmieren.
- Kurbelwelle vorsichtig in die Lager senken. Etwas dünnflüssige Dichtungsmasse an die in Bild 27 mit den Pfeilen gezeigten Stellen auftragen.
- Die Reihe nach die Hauptlagerdeckel auf den Zylinderblock aufsetzen und leicht festschlagen. Die Pfeile in den Hauptlagerdeckeln müssen zur Vorderseite des Motors weisen. Der hintere und der mittlere Hauptlagerdeckel werden durch zwei Passhülsen geführt (Bild 28). Ebenfalls auf die Numerierung der Deckel achten (1 bis 5). Die Anlaufscheiben für das Kurbelwellenaxialspiel am mittleren Lager einsetzen, wie es in Bild 25 gezeigt ist.
- Schrauben gleichmässig über Kreuz, von der Mitte nach aussen vorgehend, mit dem vorgeschriebenen Anzugsdrehmoment anziehen.
- Axialspiel der Kurbelwelle mit einer Messuhr kontrollieren, wie es in Kapitel 2.7.3 beschrieben wurde. Falls das Axialspiel nicht stimmt, müssen Übergrösse-Anlaufscheiben verwendet werden, um das Spiel zu berichtigen.
- Lippe eines neuen Öldichtringes mit Öl einschmieren und vorsichtig und gerade bis zum Anschlag in das hintere Lager einschlagen. Auf keinen Fall den Dichtring verkanten.
- Die keilförmigen Dichtungen am hinteren Hauptlagerdeckel mit einem stumpfen Schraubenzieher einschieben, wie es in Bild 29 gezeigt ist. Die abgerundete Fläche der Dichtungen hat eine rote Kennzeichnung und muss nach dem Einbau zum Lagerdeckel weisen.
- Einen neuen Öldichtring in den vorderen Deckel der Kurbelwelle einschlagen und den Deckel mit einer neuen Dichtung über die Kurbelwelle anbringen. Darauf achten, dass dabei der Dichtring nicht beschädigt wird. Den Deckel bündig mit der Fläche für die Ölwanne ausrichten und die Schrauben auf das vorgeschriebene Anzugsdrehmoment anziehen.
- Ölpumpenantriebswelle einsetzen und die Ölpumpe zusammen mit dem Saugrohr auf die Zentrierhülse aufsetzen. Auf das vorgeschriebene Anzugsdrehmoment anziehen.
- Gummidichtring auf den hinteren Öldichtringflansch auflegen. Dichtungsmasse auf die Flächen des Zylinderblocks und der Verbindung am Deckel auftragen (Bild 59). Die Öl-

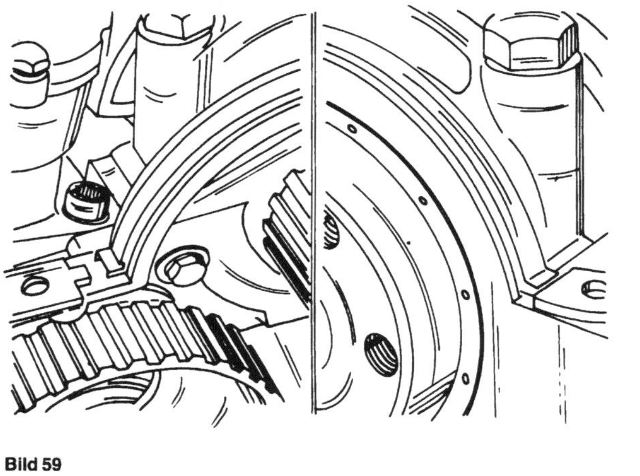

Bild 59
Vorschriftsmässiges Auflegen der Gummidichtungen an der Vorder- und Rückseite der Ölwannendichtung.

wannendichtung auflegen und die vorstehenden Enden der Korkdichtung unter die Ausschnitte in der Gummidichtung einschieben.

- Ölwanne aufsetzen. Darauf achten, dass sich dabei die Dichtungen nicht verschieben können. Die Schrauben sind auf das vorgeschriebene Anzugsdrehmoment anzuziehen, wobei jedoch die in Bild 32 gezeigte Reihenfolge zu beachten ist.
- Alle weiteren Arbeiten in umgekehrter Reihenfolge wie beim Ausbau durchführen.

2.8 Nockenwelle

2.8.1 Überprüfung der Nockenwelle

Leichte Schäden an Nocken oder Lagerzapfen können mit einem Ölstein geglättet werden. Kratzer oder gar Risse erfordern eine Erneuerung der Nockenwelle. Die Lagerzapfen der Nockenwelle sind mit einem Mikrometer auf ihren Durchmesser auszumessen, so dass Verschleiss oder Unrundheit bestimmt werden können.

Den Nockenhub ausmessen, indem man die Welle in zwei Lagerzapfen in zwei Prismen einlegt und die Messspitze einer Messuhr gegen die runde Seite der Nocken anlegt. Beim Durchdrehen der Nockenwelle arbeitet sich die Messspitze auf dem Nocken nach oben, bis der Nockenhub an der obersten Stelle angegeben wird. Falls die erhaltenen Werte nicht den Angaben in der Mass- und Einstelltabelle (Kapitel 18) entsprechen (durch Abnutzung), muss die Nockenwelle erneuert werden. Die Nockenwellenlager im Zylinderkopf können erneuert werden, jedoch sind Spezialwerkzeuge dazu erforderlich, um die alten Lager herauszuziehen und die neuen Lager einzuziehen. Am besten wäre es, wenn man diese Arbeit einer Ford-Werkstatt überlässt, da es sehr wichtig ist, dass die Ölbohrungen der Lager mit den Bohrungen im Block oder Kopf ausgerichtet sind.

2.8.2 Axialspiel der Nockenwelle ausmessen

Verschiedene Halteplatten stehen zur Verfügung. Falls erforderlich, ist die stärkere Platte zu verwenden, um das Axialspiel zu korrigieren. Bild 60 zeigt wo die Halteplatte die Nockenwelle befestigt.

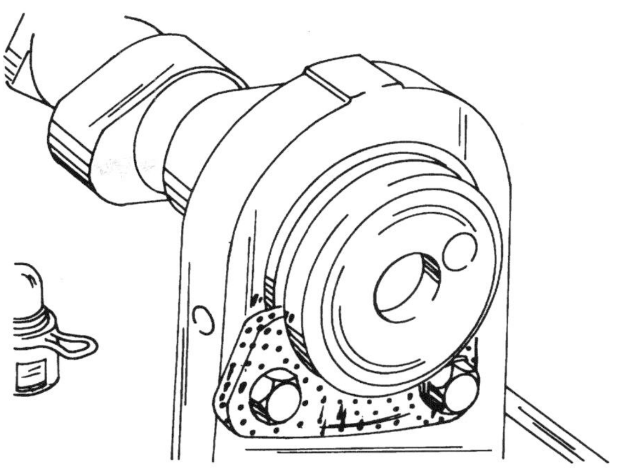

Bild 60
Die Halteplatte, welche auch das Axialspiel der Nockenwelle bestimmt, ist in die Rille der Welle eingesetzt und wird durch die beiden Schrauben gehalten.

- Eine Messuhr an der Vorderseite des Zylinderkopfes so anbringen, dass der Messstift gegen das Ende der Welle ansitzt.
- Nockenwelle mit einer Hand in eine Richtung drücken, die Messuhr auf Null stellen und die Welle in die andere Richtung drücken. Der angezeigte Wert ist das Axialspiel.
- Zum Berichtigen des Axialspiels die Halteplatte erneuern (Bild 60).

2.8.3 Nockenwelle einbauen

- Lagerbohrungen gut mit Öl einschmieren und die Nockenwelle vorsichtig in die Lager einschieben (von der in Bild 61 gezeigten Seite aus), ohne die Lager dabei zu beschädigen.

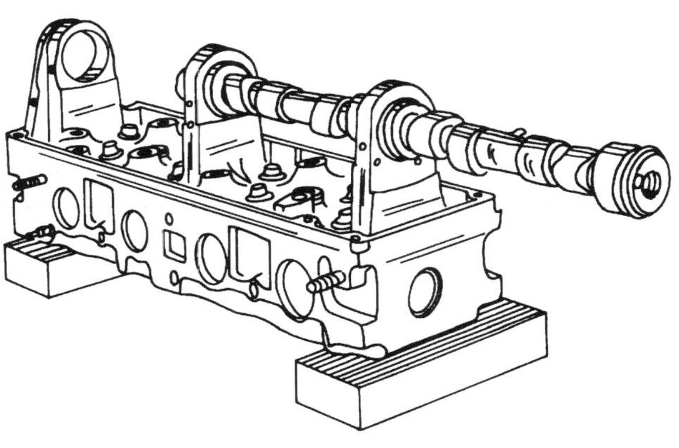

Bild 61
Einbau der Nockenwelle. Die Welle von dieser Seite aus einschieben.

- Die Halteplatte von der Unterseite einsetzen (Bild 60) und mit den beiden Schrauben befestigen.

- Axialspiel der Nockenwelle nachprüfen (Kapitel 2.8.2).
- Die Dichtlippen des Öldichtringes einölen und den Ring vorsichtig in die Lagerbohrung einschlagen. Die Anlaufscheibe des Steuerrades (mit der verstärkten Seite nach aussen weisend) auf die Welle setzen und die Schraube des Nockenwellenrades festziehen. Ein Gabelschlüssel ist in der Mitte zum Gegenhalten der Nockenwelle zu benutzen. Der weitere Einbau der Nockenwelle erfolgt im Zusammenhang mit dem Einbau des Zylinderkopfes (siehe Kapitel 2.4.1). Die Ölleitung wird an den beiden äusseren Lagerböcken und am mittleren Lagerbock angeschraubt, wie es in Bild 62 gezeigt ist.

Bild 62
Die Befestigung der Ölleitung

2.9 Die Motorsteuerung

2.9.1 Einstellen der Steuerzeiten

Nachdem die Nockenwelle oder der Zylinderkopf ausgebaut wurde, müssen die Steuerzeiten eingestellt werden. Der folgende Text gibt eine umfassende Beschreibung, welche zwar schon beim Zusammenbau des Motors erfolgte, jedoch seiner Wichtigkeit wegen nochmals angeführt werden soll. Die Steuerung unter Bezug auf Bild 33 folgendermassen einstellen:

- Motor durchdrehen, bis der Kolben des ersten Zylinders im OT-Verdichtungshub steht, d. h. die Ventile dieses Zylinders sind geschlossen (beide Ventile haben Ventilspiel). Ausserdem sind die Markierungen an Kurbelwellenriemenscheibe und Zündeinstellskala in einer Linie. Der Läuferarm des Zündverteilers (welcher in der Zwischenzeit einzubauen ist) zeigt zum Zündsegment und Zündkabel des ersten Zylinders.
- Nockenwelle durchdrehen, bis die Steuermarkierungen, wie im Bild 34 gezeigt, ausgerichtet sind.
- Steuerriemen vorsichtig auf die Steuerräder schieben.
- Spannrolle durch Lockern der Befestigungsschrauben zurücklassen.
- Motor zweimal durchdrehen.
- Spannrolle wieder lockern und erneut anziehen. Auf diese Weise wird der Zahnriemen einwandfrei gespannt.

2.10 Die Zwischenwelle

Da die Zwischenwelle bei eingebautem Motor aus- und eingebaut werden kann, sollen diese Arbeiten beschrieben werden.

2.10.1 Ausbau

- Batterie abklemmen.
- Obere Kühlerverkleidung lösen (vier Spangen).
- Lüfter abschrauben (siehe entsprechendes Kapitel).
- Untere Kühlerverkleidung ausbauen.
- Drehstomlichtmaschine lockern und den Keilriemen abnehmen.
- Die Schrauben des Riemenschutzes lösen und das Blech abnehmen (Bild 17).
- Motor durchdrehen, bis der Kolben des ersten Zylinders auf dem oberen Totpunkt steht.
- Schraube der Kurbelwellenriemenscheibe lösen und die Riemenscheibe mit der Anlaufscheibe abnehmen. Bei eingebautem Einspritzmotor muss der Schwingungsdämpfer mit einem Abzieher heruntergezogen werden, wie es Bild 18 zeigt.
- Eine Sechskantschraube und eine Spezialschraube des Zahnriemenspanners lockern (Bild 19) und den Spanner gegen die Federspannung drücken und wieder festziehen.
- Zahnriemen vorsichtig abstreifen.
- Schraube der Zahnriemenscheibe der Zwischenwelle lösen.
- Zündverteiler ausbauen (siehe Kapitel 7.1.1).

- Kraftstoffpumpe abschrauben (Bild 63). Dies ist bei eingebauter elektrischer Pumpe nicht erforderlich.

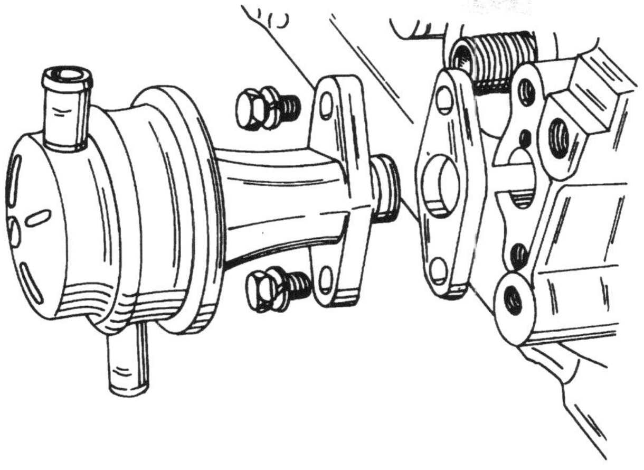

Bild 63
Die Befestigungsweise der Kraftstoffpumpe

- Stössel der Pumpe aus dem Zylinderbock herausziehen.
- Riemenscheibe der Zwischenwelle herunterziehen.
- Die drei Schrauben des vorderen Deckels der Welle sowie die beiden Schrauben der Halteplatte lösen.
- Die Welle vorsichtig herausziehen.
- Den Öldichtring mit einem Dorn von innen nach aussen aus dem Deckel herausschlagen.

2.10.2 Einbau

- Neuen Öldichtring bündig in den Deckel einschlagen.
- Die gut eingeölte Welle in den Motor einschieben und mit der Halteplatte befestigen.
- Axialspiel der Welle ausmessen. Falls es zu gross ist, eine neue Halteplatte oder in schlimmen Fällen eine neue Welle verwenden.
- Eine neue Dichtung für den Deckel auflegen.
- Deckel vorsichtig anbringen, ohne den Öldichtring dabei zu beschädigen. Überstehende Dichtung kann abgeschnitten werden.
- Zahnriemenrad der Zwischenwelle in der in Bild 64 gezeigten Weise auf die Welle schieben, d. h. die Verstärkungsrippen müssen zum Zylinderblock weisen.
- Schraube des Zahnriemenrades festziehen.
- Verbleibende Teile montieren.

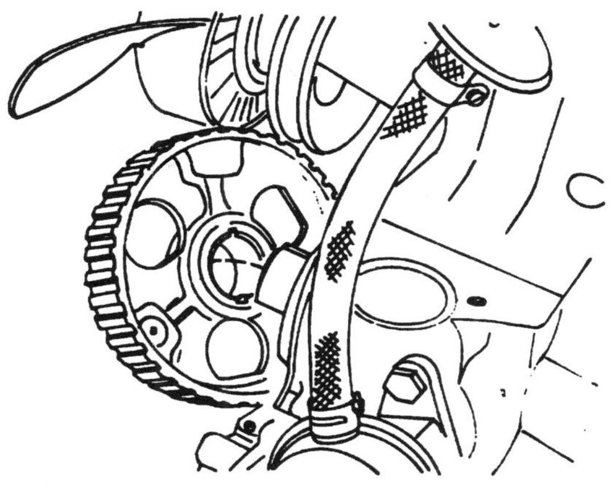

Bild 64
Zahnriemenscheibe der Zwischenwelle in der gezeigten Weise aufstecken.

- Steuerung einstellen, wie es in Kapitel 2.9.1 beschrieben wurde.

2.10.3 Öldichtring für Stirndeckel und Zwischenwelle erneuern

- Keilriemen der Lichtmaschine ausbauen.
- Schraube der Kurbelwellenriemenscheibe lösen und Riemenscheibe herunterziehen. Auf die untergelegte Scheibe achten.
- Zahnriemen ausbauen, wie es in Kapitel 2.10.1 beschrieben ist.
- Antriebsrad der Kurbelwelle und die Riemenführung von der Kurbelwelle herunterziehen. Falls notwendig muss ein Abzieher dazu verwendet werden.
- Öldichtring vorsichtig mit einem Schraubenzieher vom Ende der Kurbelwelle herausheben oder mit einem Abzieher herausziehen. Der Öldichtring der Zwischenwelle wird in gleicher Weise ausgebaut.
- Zum Einbau den neuen Dichtring sehr vorsichtig in die Bohrung schlagen. Die Innenseite des Dichtringes mit Fett einschmieren. Alle Arbeiten in umgekehrter Reihenfolge wie beim Ausbau durchführen. Steuerzahnriemen und Spannung des Keilriemens entsprechend einstellen.

2.11 Aus- und Einbau der Motoraufhängungen

2.11.1 Vordere Motoraufhängung

- Obere und untere Befestigungsmuttern oder -schrauben lösen.

- Motor mit einem Wagenheber anheben, bis die Lager frei sind.
- Gummilager entfernen.
- Falls erforderlich, kann der Tragbügel ebenfalls erneuert werden.

Motoraufhängungen in umgekehrter Reihenfolge wieder einbauen.

2.11.2 Hintere Motoraufhängung

- Einen Wagenheber unter das Getriebe fahren und dieses leicht anheben.
- Schraube des Gummilagers herausdrehen.
- Die vier Schrauben an den Ecken des Motorträgers entfernen.
- Getriebe ausreichend anheben, bis der Motorträger herausgenommen werden kann.
- Gummilager vom Motorträger abschrauben.

Der Einbau erfolgt in umgekehrter Reihenfolge.

2.12 Die Auspuffanlage

Bild 65 zeigt ein Bild der eingebauten Auspuffanlage. Das Bild zeigt ebenfalls, an welchen Stellen Abschnitte der Auspuffanlage abgesägt werden müssen, falls nur ein bestimmter Teil der Anlage erneuert werden muss.

2.12.1 Aus- und Einbau der kompletten Anlage

- Batterie abklemmen.
- Fahrzeug vorn und hinten auf sichere Unterstellböcke stellen.
- Die drei Muttern der Auspuffrohrverbindung am Krümmerflansch entfernen, die Gummiaufhängungen aushängen und die komplette Anlage herausheben. Bild 66 zeigt die Befestigungsstellen mit den Pfeilen.

Bild 66
Die Pfeile weisen auf die Befestigungsstellen der Auspuffanlage

- Etwas rostlösendes Mittel in die Rohrverbindung einsprühen und nach einer gewissen Wartezeit den hinteren Teil der Auspuffanlage durch Drehen nach links und rechts vom mittleren Teil abziehen.
- Vordere Auspuffschelle lösen und das vordere Auspuffrohr abschlagen.

Vor dem Einbau den Zustand der Gummiaufhängungen kontrollieren. Dazu die einzelnen Aufhängungen einhängen und nach unten ziehen. Beim Ausdehnen der Aufhängungen kann man Risse usw. leicht feststellen. Bild 67 zeigt, wie man die Aufhängungen kontrollieren kann.

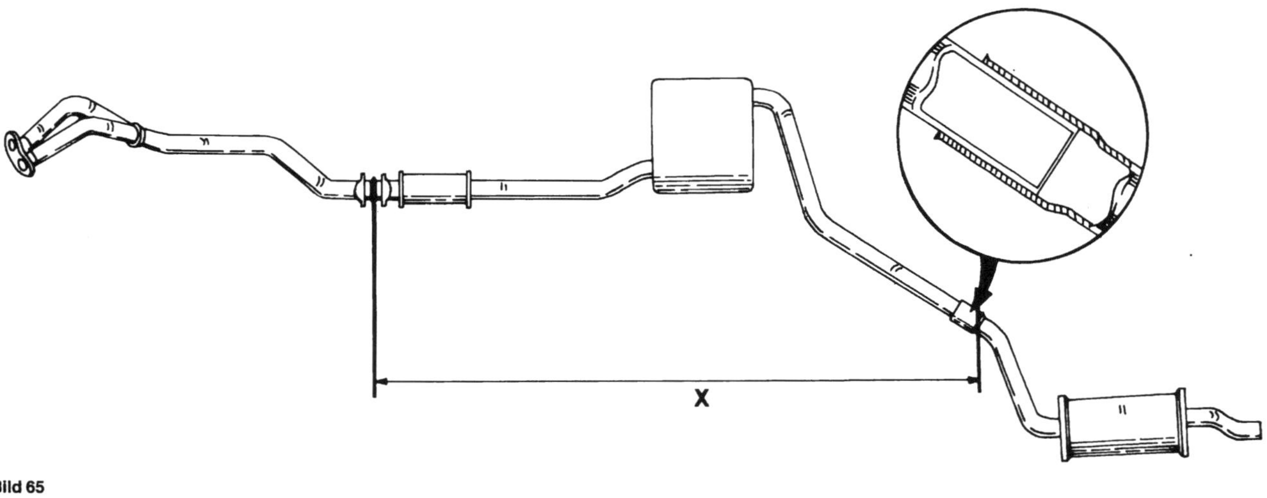

Bild 65
Ansicht der Auspuffanlage. Das Mass «X» muss nach Einbau dem ursprünglichen Mass entsprechen.

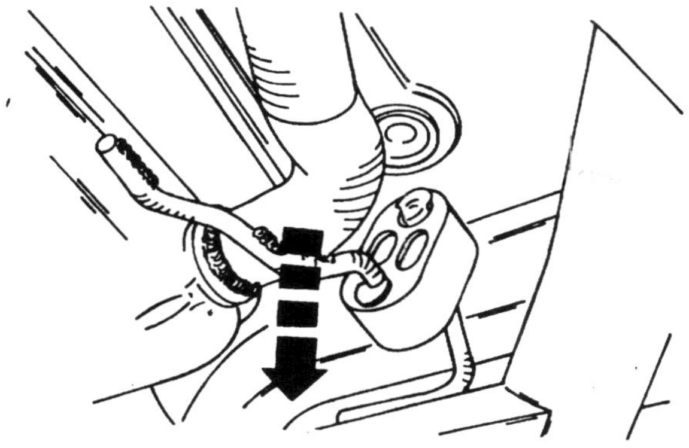

Bild 67
Kontrolle der Gummiaufhängungen. Bügel nach unten ziehen und die Gummiaufhängungen auf Risse, Porösität usw. überprüfen.

Der Einbau der Auspuffanlage geschieht in umgekehrter Reihenfolge wie der Ausbau. Die Verbindungsstellen der Rohre sollten mit Auspuffdichtungsmasse eingeschmiert werden, um eine gute Abdichtung zu erzielen. Die Auspuffanlage so ausrichten, dass ein Abstand von mindestens 25 mm zwischen jedem Rohrstück und der Karosserie (oder Hinterachse) vorhanden ist. Die Gummiaufhängungsringe dürfen nicht unter Spannung stehen, da sie sonst sehr bald abreissen. Die Muttern des Auspuffkrümmerflansches mit 35–40 Nm, die Muttern der Bügelschraube am hinteren Ende mit 35–40 Nm anziehen.

2.12.2 Erneuerung des vorderen Schalldämpfers

- Fahrzeug aufbocken und die Batterie abklemmen.
- Zwei Schrauben von der Flanschverbindung des vorderen Auspuffrohres entfernen.
- Die Muttern der Bügelschraube von der Rückseite des vorderen Schalldämpferabschnitts entfernen. Die Gummiaufhängungen aushängen und den vorderen Schalldämpferabschnitt von den vorderen Rohren und den hinteren Abschnitt vom vorderen Schalldämpfer trennen.

Vor dem Einbau den Zustand der Gummiaufhängungen kontrollieren. Dazu die einzelnen Aufhängungen einhängen und nach unten ziehen. Beim Ausdehnen der Aufhängungen kann man Risse usw. leicht feststellen. Bild 67 zeigt, wie man die Aufhängungen kontrollieren kann.
Der Einbau geschieht in umgekehrter Reihenfolge. Enden der Rohre reinigen und die Aufnahmebohrungen des Schalldämpfers mit Auspuffdichtmittel einschmieren. Den vorderen Abschnitt des Schalldämpfers in das vordere Rohr einschieben und die Schrauben in die Flanschverbindung einsetzen. Bügel in die Aufhängungen einschieben.
Die Anlage ausrichten und alle Bügelschrauben mit 38–45 Nm anziehen; die Flanschverbindung mit 35–40 Nm anziehen. Nach dem Einbau kontrollieren, dass mindestens 25 mm Abstand zwischen den Teilen der Auspuffanlage und anderen Teilen vorhanden ist.

2.12.3 Erneuerung des Nachschalldämpfers

Bei den folgenden Arbeiten wird angenommen, dass es sich um die ursprüngliche Auspuffanlage handelt. Wurde sie bereits erneuert, braucht man die Rohre nicht abzusägen.

- Fahrzeug auf Böcke setzen und Batterie abklemmen.
- Unter Bezug auf Bild 68 das im Bild gezeigte Mass abmessen und das Rohr mit einer Säge an der gezeigten Stelle abschneiden.

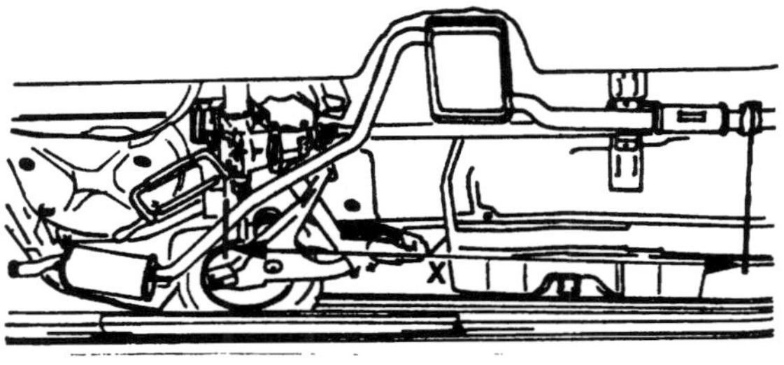

Bild 68
Messstelle zum Absägen der Rohre. Dies ist das Mass «X» in Bild 65, es muss 1681 mm betragen.

- Gummiaufhängung aushängen und den Schalldämpfer herausheben.

Der Einbau geschieht in umgekehrter Reihenfolge. Die Ansatzstellen der neuen Teile gut reinigen und mit Auspuffdichtmittel einschmieren. Die Auspuffanlage gut ausrichten, damit sie nicht anschlagen kann. Die Bügelschrauben mit 38–45 Nm anziehen.

2.12.4 Vorderes Auspuffrohr erneuern

Um nur das vordere Auspuffrohr zu erneuern, sind die in Kapitel 2.12.2 beschriebenen Arbeiten durchzuführen.

3 Motorschmierung

Eine Kreiselläuferpumpe wird im Druckschmierungssystem verwendet. Bild 69 zeigt eine Ansicht des Schmierungssystems der Motoren.

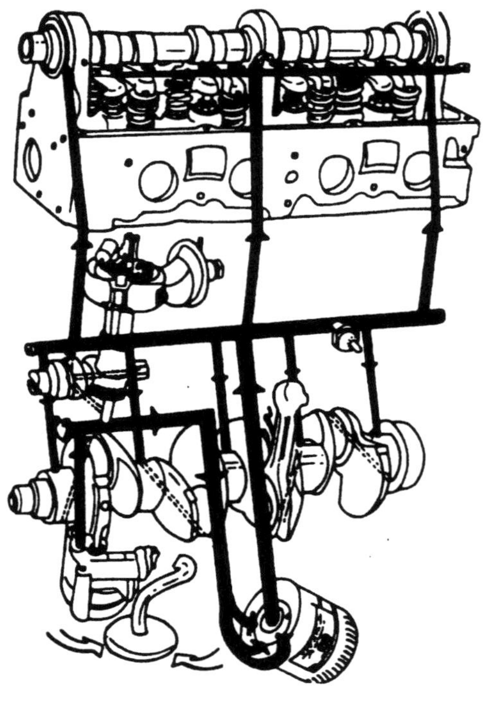

Bild 69
Ansicht des Motorschmierungssystems

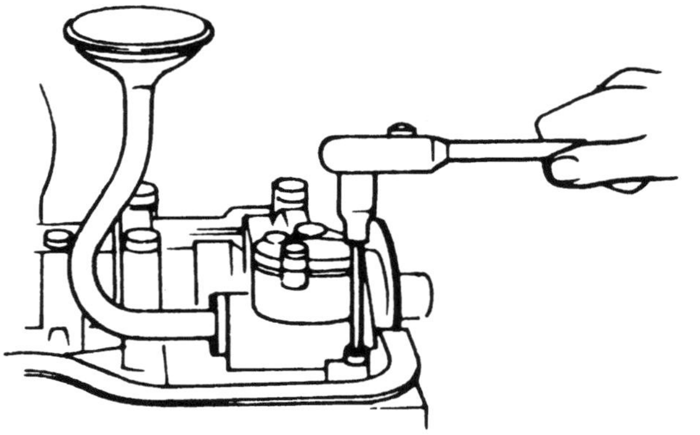

Bild 70
Befestigung der Ölpumpe. Die Pumpe ist mit Vielzahnkopfschrauben befestigt. Ein Spezialschlüssel (8 mm Polygon) ist zum Lösen erforderlich.

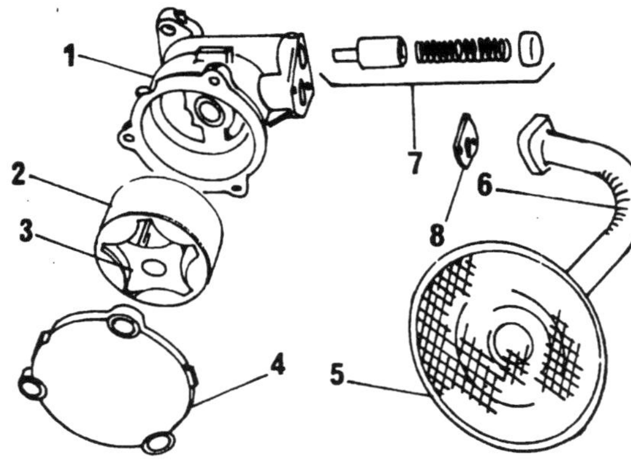

Bild 71
Montagebild der Ölpumpe

1 Ölpumpengehäuse
2 Äusserer Pumpenläufer
3 Innerer Pumpenläufer
4 Pumpengehäusedeckel
5 Ölansaugsieb
6 Ölansaugrohr
7 Dichtung
8 Überdruckventil

3.1 Die Ölpumpe

3.1.1 Aus- und Einbau der Pumpe

Die Ölpumpe wird durch die Zwischenwelle angetrieben. Zum Ausbau der Pumpe die Ölwanne abschrauben und die Pumpe von der Innenseite des Kurbelgehäuses zusammen mit dem Saugrohr entfernen. Zum Lösen der Ölpumpe ist jedoch der Spezialschlüssel 21-012 erforderlich, oder ein anderer, passender Schlüsseleinsatz, der sich in die Innenkerbverzahnungen der Ölpumpenschrauben einsetzen lässt (Bild 70).
Der Einbau der Pumpe erfolgt in umgekehrter Reihenfolge wie der Ausbau.

3.1.2 Ölpumpe überholen

- Pumpendeckel abschrauben.
- Ölsieb zusammen mit dem Saugrohr entfernen.
- Die Läufer aus dem Pumpengehäuse nehmen. Falls man beabsichtigt die Läufer wieder zu verwenden, ist die Oberfläche beider Läufer vor dem Herausnehmen mit einem Farbpunkt zu kennzeichnen, um sie wieder in der gleichen Weise einzusetzen.

Falls der Anlass zum Ausbau der Pumpe ein niedriger Öldruck war, sollte man eine neue Pumpe einbauen. Nach Reinigung der Teile wird man schnell feststellen, ob die Läufer abgenutzt sind. Da man ausser den Läufern auch meistens das Pumpengehäuse erneuern muss, lohnt sich der Einbau einer neuen Pumpe.

3.2 Ölfilter

Den Ölfilter entsprechend den Anweisungen in der Betriebsanleitung in den vorgeschriebenen Zeitabständen erneuern.

- Den alten Filter mit einem Spannband, wie in Bild 72 gezeigt, abschrauben.

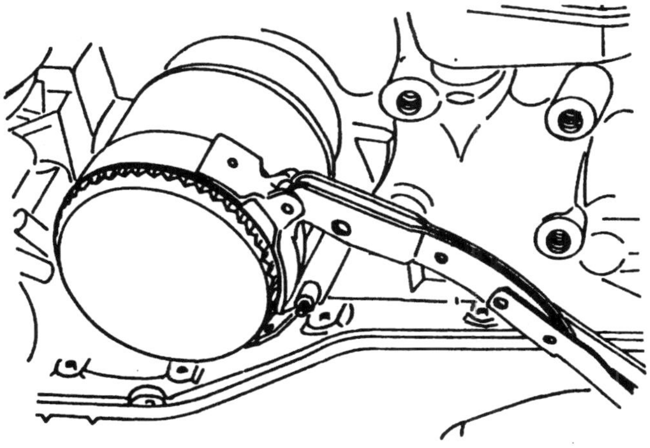

Bild 72
Ausbau der Ölfilterpatrone mit dem Spezialschlüssel

- Filter wegwerfen.
- Einen neuen Filter am Motor anbringen. Den Öldichtring vor dem Einbau leicht einölen und den Filter, wie in Bild 73 gezeigt, auf das Anschlussgewinde aufschrauben.

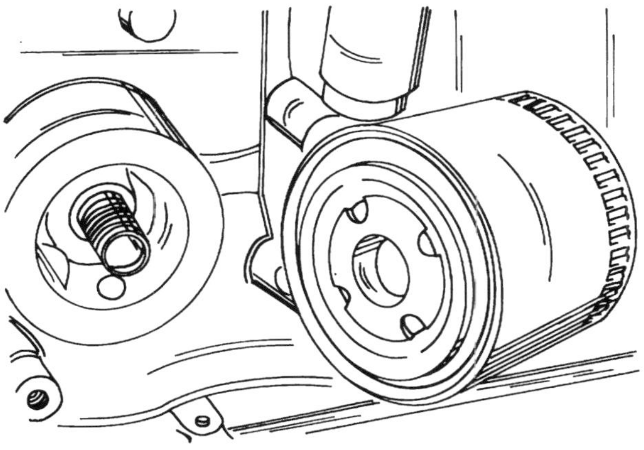

Bild 73
Einbau des Ölfilters

- Filter mit der Hand anziehen, bis er gegen den Dichtring anliegt und danach um eine weitere halbe bis dreiviertel Umdrehung, nur mit den Händen festziehen.
- Motorenölstand kontrollieren und ggf. berichtigen.
- Motor anlassen und kontrollieren, dass keine Leckstellen an der Filteranschlussstelle vorhanden sind.

3.3 Ölwanne aus- und einbauen

Die Ölwanne kann bei eingebautem Motor, zum Beispiel zum Erneuern der Ölwannendichtung ausgebaut werden. Folgendermassen vorgehen:

- Fahrzeug über eine Montagegrube oder auf Auffahrrampen fahren oder die Vorderseite des Fahrzeuges auf Böcke setzen.
- Unterschutzblech abmontieren (8 Clips).
- Massekabel der Batterie abklemmen.
- Ölablassstopfen aus der Ölwanne herausschrauben und das Öl in einen untergestellten Behälter ablaufen lassen.
- Leitungen des Anlassers abklemmen und Anlasser ausbauen (drei Schrauben). Ebenfalls die Stützstrebe zwischen Motor und Getriebe ausbauen.
- Beide Gummilager der Motoraufhängungen vom Querträger abschrauben (Bild 74).

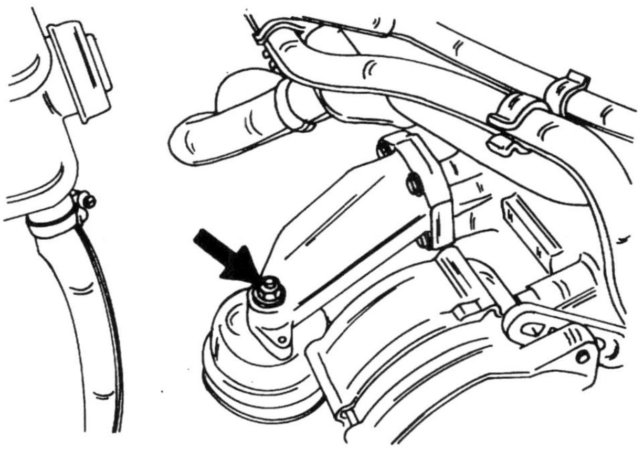

Bild 74
Die Befestigung der Motoraufhängungen

- Laschen des Sicherungsbleches der Lenkwelle zurückschlagen und die Schrauben lösen. Eine Schraube vollkommen herausdrehen und die Befestigungsplatte nach einer Seite schwingen. Bild 75 zeigt, welche Schraube zu lösen ist.

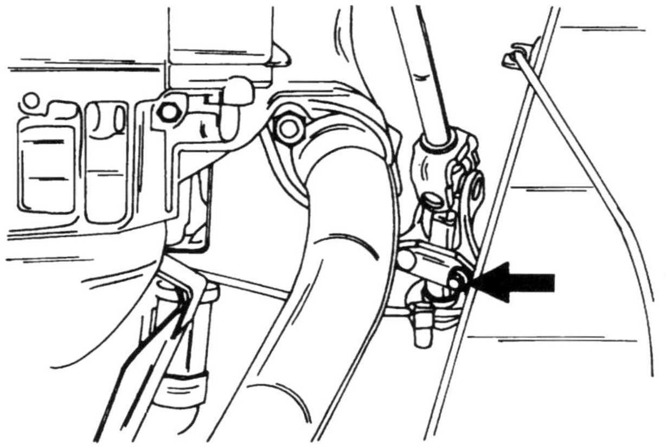

Bild 75
Nach Lösen der gezeigten Schraube die Lasche nach einer Seite schwingen, um die Lenksäulenverbindung zu trennen.

- Die Bremsleitungen auf der rechten und linken Seite vom Querträger lösen (Bild 76).
- Eine Seilschlinge um den Motor legen und den Motor mit einem Hebezeug leicht aus den Aufhängungen heben. Einen Wagenheber unter den Querträger untersetzen und den Wagenheber betätigen, bis er leicht unter Spannung steht. Die Schrauben (1) des Querträgers in Bild 76 lösen und den Querträger vorsichtig auf dem Wagenheber ablassen.

Bild 76
Lösen der Bremsleitungen und der Lager der Schrauben (1) des Querträgers.

- Ölwanne abschrauben. 23 Schrauben müssen gelöst werden. Falls die Ölwanne festsitzen sollte, kann ein Hebel zum Abdrücken benutzt werden, jedoch keinen Schraubenzieher zwischen die Dichtfläche und den Block einsetzen.
- Ölwanne nach unten absenken und herausnehmen. Der Querträger sollte nur ausreichend gesenkt werden, bis dies durchführbar ist.
- Alle Dichtungsreste entfernen, wobei besonders darauf zu achten ist, dass die Dichtungsrillen im vorderen und hinteren Hauptlagerdeckel einwandfrei gereinigt werden.

Die Dichtung besteht aus vier Teilen, d. h. zwei Seitendichtungen und je eine Gummidichtung für den vorderen und hinteren Lagerdeckel. Zuerst die beiden Gummidichtungen in die Rillen der Lagerdeckel einlegen und die Enden mit Dichtungsmasse einstreichen. Danach die seitlichen Korkdichtungen auflegen und die vorstehenden Nasen der Korkdichtungen an beiden Enden unter die Ausschnitte in den Gummidichtungen einschieben. Alle Enden nochmals mit Dichtungsmasse bestreichen (siehe ebenfalls Bild 31).

Der Einbau der Ölwanne geschieht in umgekehrter Reihenfolge wie der Ausbau. Die Ölwanne zuerst ansetzen und mit vier der Schrauben an den Ecken befestigen. Beim Anziehen der Ölwannenschrauben in drei Stufen vorgehen:

- Erste Stufe – Unter Bezug auf Bild 32 an der Schraube «A» beginnen und alle Schrauben anziehen.
- Zweite Stufe – An der Schraube «B» beginnen und alle Schrauben anziehen.
- Dritte Stufe – An der Schraube «A» beginnen und alle Schrauben anziehen.

Allen Drehmomenten in der Anzugsdrehmomenttabelle (Kapitel 19) folgen. Beim Anschliessen der Lenkwelle die Vorderräder in die Geradeausstellung bringen und die Lenkwelle in die Mittelstellung bringen. Die Laschen des Sicherungsbleches nach Anziehen der Schrauben über die Schraubenköpfe umschlagen.

3.4 Kontrolle des Öldrucks

Falls ein Öldruckmanometer zur Verfügung steht, kann man diesen anstelle des Öldruckschalters in den Motor schrauben, um den Öldruck zu kontrollieren. Den Motor mit 2000/min. laufen lassen. Die Anzeige sollte 2,4 kp/cm^2 betragen.

Falls dieser Wert nicht erhalten wird, kann der Fehler in der Ölpumpe liegen, das Überdruckventil öffnet nicht, das Ansaugsieb ist verstopft, das Ansaugrohr gebrochen, oder das Überdruckventil hängt im geöffneten Zustand (Öldruck zu niedrig).

4 Die Kühlanlage

Alle Motoren arbeiten mit einer Druckumlaufkühlung. Die Kühlanlage besteht aus einem Kühler ohne Kühlerverschlussdeckel, einer Wasserpumpe, einem Thermostaten und einem durch Flüssigkeitskupplung eingeschalteten Ventilator. Zusätzlich ist ein Druckgefäss mit Verschlusskappe eingebaut, welches gewährleistet, dass die Anlage auf dem richtigen Betriebsdruck gehalten wird. Das Druckgefäss wird mit zwei Schläuchen mit dem Kühlkreis verbunden.
Das Thermostat befindet sich an der Innenseite des Wasserauslassstutzens. Der obere Kühlmittelschlauch ist an diesem Stutzen angeschlossen. Die Öffnungstemperatur des Thermostaten beträgt 88° C.
Die Flüssigkeitskupplung mit dem Lüfter ist an der Nabe der Wasserpumpe montiert.

> *Hinweis:* Da die Kühlanlage unter Druck steht, muss der Druckverschluss des Ausgleichsbehälters vor dem Abschrauben bei heissem Motor vorher um 90° verdreht werden. Danach eine Weile warten, bis der Dampf abbläst und die Kappe vollständig abnehmen.

4.1 Ablassen und Auffüllen der Kühlanlage

- Batterie abklemmen.
- Den Druck in der Anlage entlasten, indem man den Verschlussdeckel des Überdruckbehälters um 90° verdreht. Eine Weile warten, bis der Dampf entwichen ist. Einen dicken Lappen dazu verwenden, um Verbrennungen zu vermeiden.
- Einen flachen Behälter unter den unteren Wasserschlauch untersetzen.
- Schlauchschelle des unteren Wasserschlauchs lösen und den Schlauch vom Kühlerstutzen ziehen.
- Einen zweiten Behälter unter die Ablassschraube des Zylinderblocks untersetzen und den Stopfen herausdrehen. Der Stopfen sitzt an der in Bild 77 gezeigten Stelle.

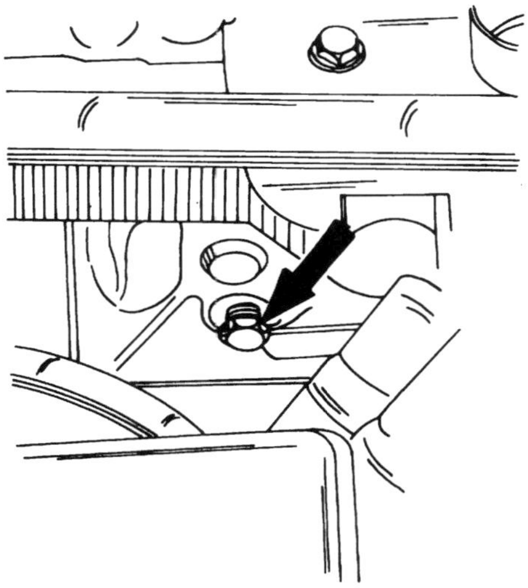

Bild 77
Die Lage des Ablassstopfens an der Unterseite des Kühlers.

- Stopfen sofort wieder einschrauben und den unteren Schlauch wieder anschliessen.
- Anlage durch den Druckbehälter mit der vorgeschriebenen Frostschutzmenge füllen. Flüssigkeit einfüllen, bis diese an der «Max.»-Markierung des Behälters steht.
- Verschlussdeckel aufschrauben.

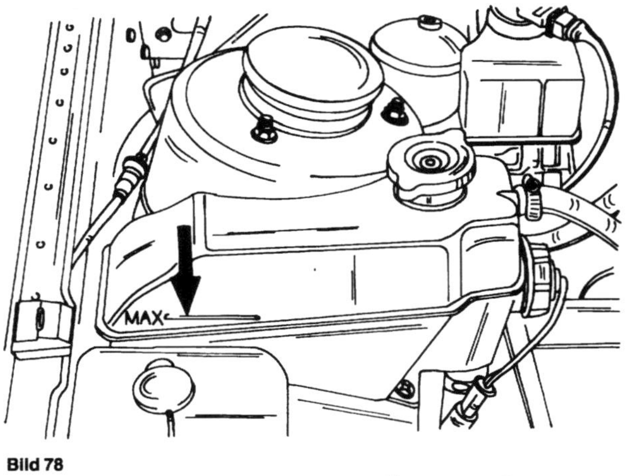

Bild 78
Der Pfeil weist auf die «Max.»-Markierung am Überdruckgefäss.

- Kühlmittelstand im Behälter kontrollieren und, falls erforderlich, den Behälter erneut bis zum «Max.»-Strich füllen. Den Behälterverschlussdeckel danach aufschrauben.
- Batterie wieder anschliessen und den Motor laufen lassen. Falls erforderlich weiteres Frostschutzmittel in den Druckbehälter einfüllen und die Kappe des Druckbehälters aufschrauben.

4.2 Die Wasserpumpe

4.2.1 Aus- und Einbau

- Batterie abklemmen.
- Deckel des Druckbehälters abschrauben. Falls der Motor heiss ist, den Deckel zuerst um 90° lockern und den Dampf entweichen lassen. Den Deckel mit einem dicken Lappen erfassen.
- Kühlwasser ablassen, wie es in Kapitel 4.1 beschrieben wurde.
- Ventilator und Riemenscheibe der Wasserpumpe ausbauen, wie es in Kapitel 4.5.1 beschrieben ist.
- Unteren Wasserschlauch und den Heizungsschlauch von der Wasserpumpe abschliessen. Bild 79 zeigt die beiden Anschlüsse.

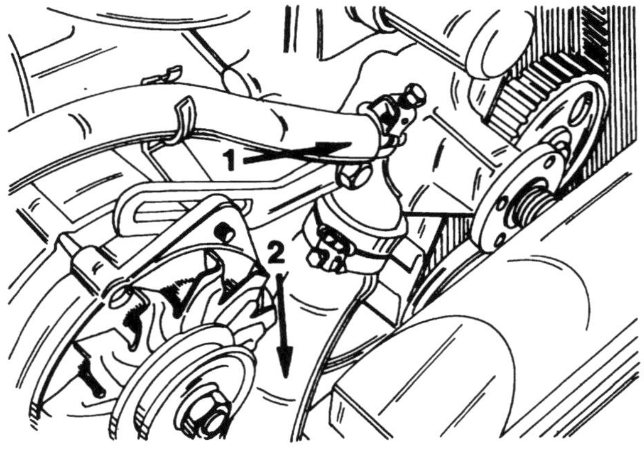

Bild 79
Die Schlauchanschlüsse an der Wasserpumpe

1 Heizungsschlauch 2 Unterer Kühlerschlauch

- Drei Schrauben des Steuerriemenschutzdeckels lösen und den Deckel abnehmen (Bild 17).
- Drei Schrauben lösen (Bild 80) und die Wasserpumpe abnehmen. Sofort die Fläche des Zylinderblocks reinigen; ebenfalls die Pumpenfläche, falls nur die Dichtung erneuert werden soll.

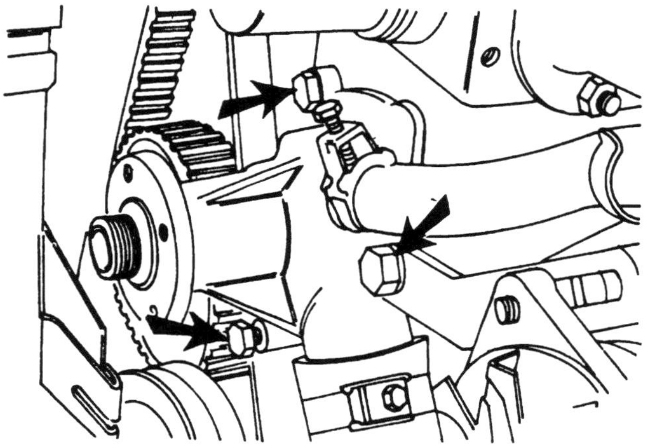

Bild 80
Die Befestigungsstellen der Wasserpumpe (Pfeile)

Der Einbau geschieht in umgekehrter Reihenfolge wie der Ausbau. Immer eine neue Dichtung verwenden. Alle ausgebauten Keilriemen spannen. Die Spannung des Wasserpumpenriemens wird in Kapitel 4.6 beschrieben. Falls eine Servolenkung eingebaut ist, im betreffenden Kapitel nachschlagen. Die Kühlanlage auffüllen, wie es in Kapitel 4.1 beschrieben wurde. Den Motor laufen lassen und auf Leckstellen kontrollieren.

4.2.2 Wasserpumpe überholen

Wasserpumpen sind heutzutage so gebaut, dass sie eine lange Lebensdauer haben. Falls eine Pumpe Schaden erlitten hat (z. B. Lagerbeschädigung), ist es besser, wenn man eine Austauschpumpe oder eine neue Pumpe montiert.

4.3 Thermostat

4.3.1 Aus- und Einbau

- Kühlanlage ablassen (Kapitel 4.1). Bei heissem Motor die Vorsichtsmassnahmen beachten.
- Oberen Wasserschlauch vom Wasserauslassstutzen und den Schlauch des Druckbehälters vom Wasserauslass abschliessen.

- Die beiden Schrauben des Thermostatgehäuses lösen.
- Sicherungsspange des Thermostaten entfernen und den Thermostaten herausziehen. Den Dichtring vom Gehäuse abnehmen.

Der Einbau des Thermostaten geschieht in umgekehrter Reihenfolge wie der Ausbau. Kontrollieren, dass alle alten Dichtungsreste entfernt wurden. Eine neue Dichtung verwenden. Nach Anschliessen des Wasserschlauchs die Kühlanlage auffüllen, wie es in Kapitel 4.1 beschrieben wurde.

4.3.2 Thermostat kontrollieren

Zur Prüfung der Arbeitsweise des Thermostaten diesen an ein Stück Draht binden und in einen mit Wasser gefüllten Behälter einhängen. Ein Thermometer in ähnlicher Weise in den Behälter einhängen. Darauf achten, dass weder Thermostat noch Thermometer den Boden oder die Seiten des Behälters berühren können. Die Anordnung ist aus Bild 81 ersichtlich.

Bild 81
Kontrolle eines Thermostaten

Das Wasser im Behälter jetzt allmählich erwärmen und am Thermometer kontrollieren, bei welcher Temperatur sich der Thermostat öffnet und wann er vollkommen geöffnet ist.
Diese Werte mit den Angaben in der Mass- und Einstelltabelle (Kapitel 18) vergleichen. Nach der Prüfung den Thermostaten (immer noch am Draht hängend) in kaltes Wasser hineinhalten und kontrollieren, ob er innerhalb 20 Sekunden geschlossen hat.

4.4 Aus- und Einbau des Kühlers

- Batterie abklemmen.
- Kühlanlage ablassen (Kapitel 4.1). Falls der Motor heiss ist, die Vorsichtsmassnahmen beachten.
- Den oberen und unteren Wasserschlauch nach Lösen der Schlauchschelle abziehen und den oberen Schlauch des Druckgefässes vom Kühlerwasserkasten entfernen. Bild 82 zeigt die Anschlüsse.

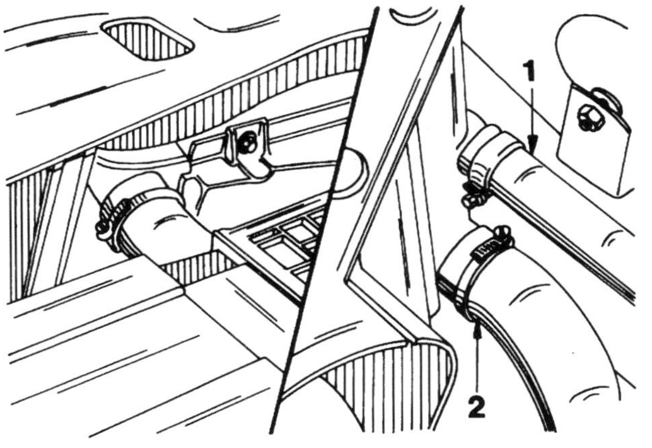

Bild 82
Der Schlauch (1) ist zwischen Kühler und Überdruckbehälter angeschlossen; der Schlauch (2) ist der untere Kühlerschlauch.

- Beim eingebauten automatischen Getriebe einen Ölfangbehälter unter den Kühler setzen und die beiden Ölleitungen des Ölkühlers vom unteren Wasserkasten abschliessen. Die Leitungsenden zustopfen, um weiteres Auslaufen der Getriebeflüssigkeit zu vermeiden.
- Die obere Kühlerverkleidung ausbauen. Diese ist mit zwei Schrauben und vier Clips befestigt, wie es aus Bild 83 ersichtlich ist.

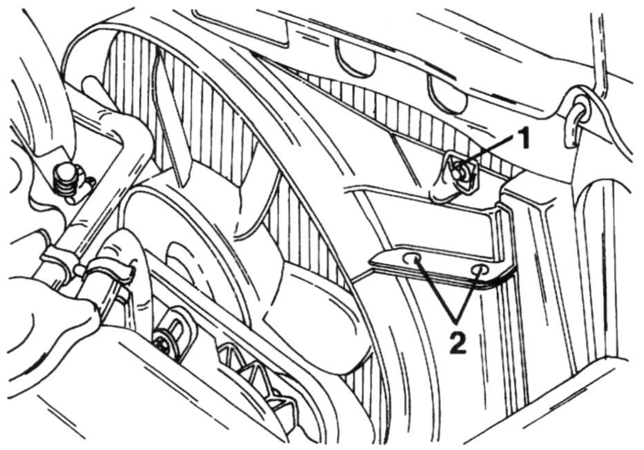

Bild 83
Die Kühlerverkleidung ist mit zwei Schrauben (1) und vier Clips (2) befestigt.

- Fahrzeug vorn auf Böcke setzen.
- Die beiden Befestigungsschrauben des Kühlers von unten lösen (Bild 84), die untere Verkleidung vom Kühler trennen und den Kühler nach unten herausheben. Die Clips und Gummilager aufbewahren.

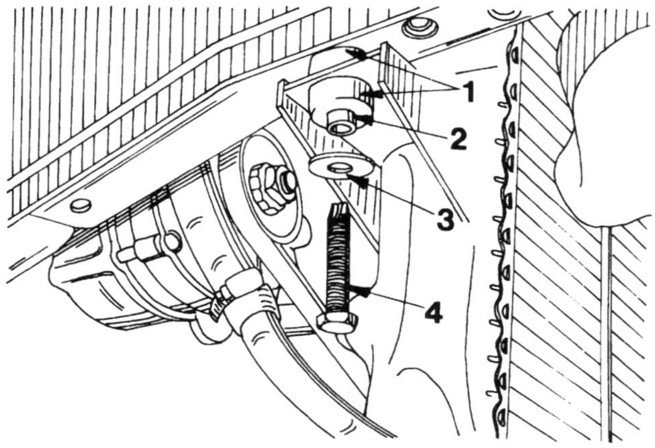

Bild 84
Die Kühlerbefestigung

1 Gummilager
2 Abstandshülse
3 Scheibe
4 Schraube

Der Einbau des Kühlers geschieht in umgekehrter Reihenfolge wie der Ausbau. Vor dem Anschliessen der Schläuche diese auf Beschädigung, Risse usw. kontrollieren. Die Kühlanlage mit der entsprechenden Kühlmittelmenge füllen. Bei eingebauter Getriebeautomatik die beiden Leitungen an der Unterseite des Kühlers anschliessen (Bild 85) und den Stand der Flüssigkeit im Getriebe kontrollieren.

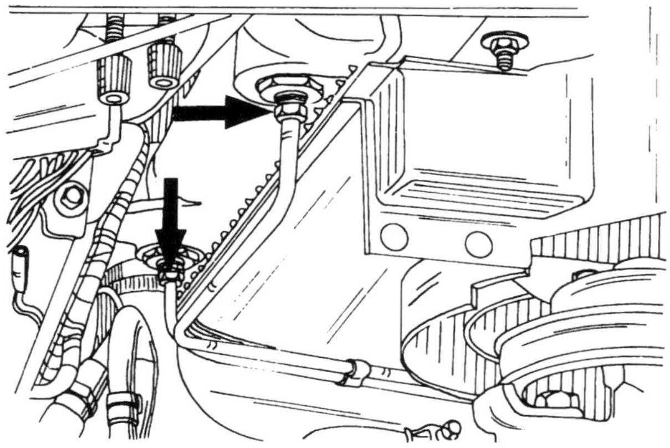

Bild 85
Die beiden Pfeile weisen auf die Ölleitungen des Ölkühlers bei eingebauter Getriebeautomatik.

4.5 Kühlerventilator

4.5.1 Aus- und Einbau

- Batterie abklemmen.
- Oberteil der Kühlerverkleidung ausbauen. Diese ist mit zwei Spangen und zwei Schrauben gehalten (Bild 83).
- Mit einem 32-mm-Gabelschlüssel den Ventilator und die Kupplung von der Wasserpumpe abschrauben. Der Schlüssel muss etwas abgekröpft sein, um an die Mutter zu kommen. Die Mutter hat ein Linksgewinde, muss also im Sinne des Anziehens gelöst werden. Die Riemenscheibe der Wasserpumpe dabei gegenhalten. Falls die Kupplung sehr fest sitzt, kann man den Schlüssel ansetzen und mit einem Gummihammer kurz auf den Schlüssel schlagen. Die vier Schrauben des Ventilators von der Kupplung lösen (am Aussenring) und den Flügel abnehmen.

Der Einbau geschieht in umgekehrter Reihenfolge wie der Ausbau. Die Befestigungsschrauben des Ventilators unter keinen Umständen zu fest anziehen, da die Kupplung aus Aluminium hergestellt ist. Die folgenden Punkte müssen beachtet werden:

- Den Ventilator an der Kupplung ansetzen und die Schrauben auf das vorgeschriebene Anzugsdrehmoment anziehen (Kapitel 19).
- Die Kupplung an der Pumpe anschrauben und im Sinne des Lösens bei gleichzeitigem Gegenhalten der Wasserpumpenriemenscheibe festziehen.
- Obere Kühlerverkleidung anbringen und mit den Spangen und Schrauben befestigen.
- Batterie wieder anklemmen.
- Keilriemenspannung einstellen, wie es in Kapitel 4.6 beschrieben ist.

4.5.2 Ventilatorriemenscheibe erneuern

Falls die Riemenscheibe des Ventilators ausgebaut werden soll, kann dies nach dem Ausbau des Ventilators mit der Kupplung durchgeführt werden. Die Drehstromlichtmaschine lockern und den Keilriemen abnehmen. Danach die vier Schrauben der Nabe lösen (Bild 86) und die Riemenscheibe abnehmen. Die Riemenscheibe muss beim Lösen gegengehalten werden.

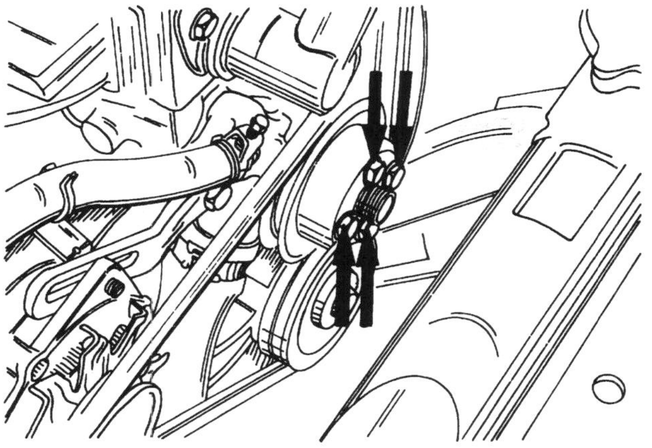

Bild 86
Die Pfeile weisen auf die Befestigungsschrauben der Ventilatorriemenscheibe.

4.6 Erneuerung und Einstellung des Keilriemens

- Batterie abklemmen.
- Vier Befestigungsschrauben lösen, die Drehstromlichtmaschine nach innen drücken und den Keilriemen abnehmen. Bei eingebauter Servolenkung und beim Einspritzmotor beide Keilriemen abnehmen.
- Neuen Keilriemen in die entsprechende Riemenscheibe einlegen. Beide Riemen erneuern, falls diese eingebaut sind.
- Drehstromlichtmaschine nach aussen drükken, um die Keilriemen zu spannen. Die Befestigung der Lichtmaschine ist in der folgenden Reihenfolge anzuziehen:
  - Unter Bezug auf Bild 87 zuerst die Schrauben (1) und (2) anziehen, dann die Schraube (3) und schliesslich die Schraube (4).
- Die Keilriemenspannung wird je nach Ausführung an unterschiedlichen Stellen kontrolliert. In allen Fällen muss sich der Keilriemen an der

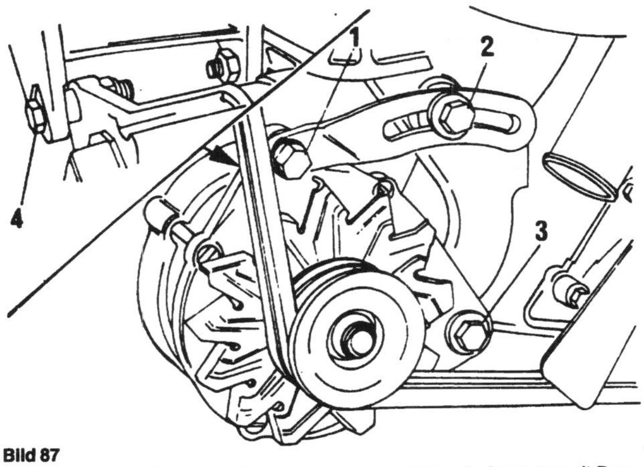

Bild 87
Einbauweise der Drehstromlichtmaschine beim Vierzylindermotor mit Doppelkeilriemen. Auf die Anzugsweise der Schrauben achten (Ziffern siehe Text).

in Bild 88 gezeigten Stelle ca. 10 mm hin- und herbewegen lassen, wenn man mit normalem Daumendruck auf den Riemen drückt. Bei Antrieb mit zwei Keilriemen (mit Servolenkung und Einspritzmotor) beide Riemen in der gezeigten Weise kontrollieren.

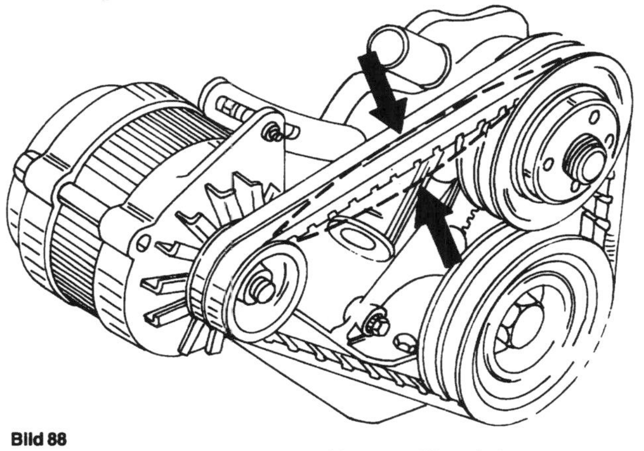

Bild 88
Einstellen des Keilriemens. Der Ausschlag muss 10 mm betragen.

- Befestigung der Drehstromlichtmaschine nach der Einstellung entsprechend der oben angeführten Reihenfolge anziehen.

4.7 Heizung und Belüftung

4.7.1 Aus- und Einbau der Heizung

Ehe man die Heizung ausbaut, sollte man den folgenden Text durchlesen. Der Aus- und Einbau der Heizung ist keine einfache Arbeit. Nur wenn man überzeugt ist, dass man keine Schwierigkeiten erwarten kann, sollte man mit der Arbeit beginnen.

- Batterie abklemmen.
- Die Schlauchschellen der beiden in Bild 89 gezeigten Schläuche lockern und die Schläuche

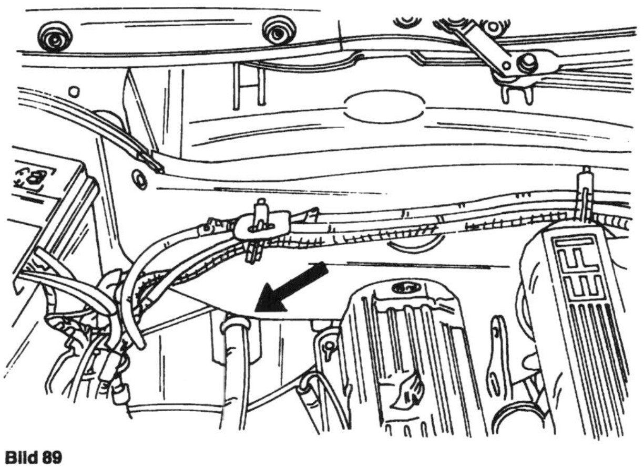

Bild 89
Der Schlauchanschluss (Pfeil) am Heizungskühler

vom Heizungskühler abziehen. Schläuche sofort in einen untergehaltenen Behälter leiten, damit das Kühlmittel ablaufen kann. Danach die Schläuche senkrecht nach oben stehend festbinden, um nicht die gesamte Anlage zu entleeren.

- Falls eine Luftleitung zur Verfügung steht, vorsichtig in die obere der beiden Leitungsenden blasen, um verbleibendes Kühlmittel zu entfernen.
- Die Platte abschrauben, an denen die beiden soeben abgeschlossenen Schläuche aufgesteckt waren. Die Dichtung abnehmen.
- Schalthebelknopf abschrauben und die Gummimanschette über dem Schalthebel entfernen.
- Die Abdeckung der Mittelkonsole entfernen und die Kabel der Schalter abschliessen (2 Schrauben hinten und vorn unter dem Rahmen).
- Die Mittelkonsole an der Rückseite abschrauben (2 Schrauben, 1 Knopf) und die Heizungsregulierung an der Rückseite lösen (2 Schrauben).
- 6 weitere Schrauben lösen und die Konsole aus dem Fahrzeug nehmen.
- Die Halterung der Konsole ausbauen (2 Schrauben, 6 Clips) und die innere Schalthebelmanschette entfernen. Diese ist nur festgeklemmt.
- Den Zierring der Frischluftdüse abziehen und die Einfassung der Instrumententafel abschrauben (4 Schrauben, siehe Bild 90).

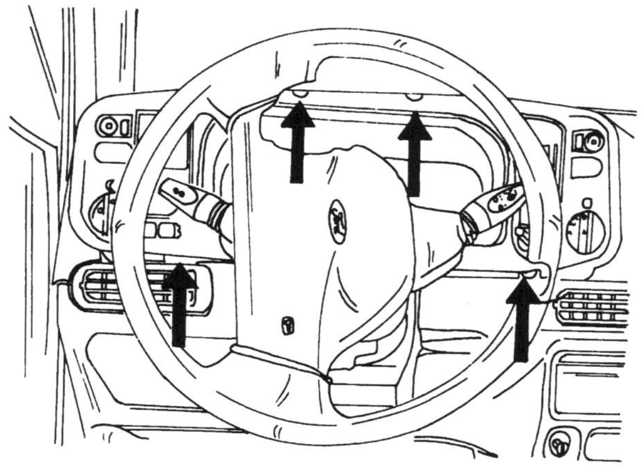

Bild 90
Die Pfeile weisen auf die Befestigung der Einfassung der Instrumententafel.

- Den Handschuhkasten ausbauen. Dieser wird an den Seiten geführt und an der Rückseite mit einem Stift gehalten. Den Aschenbecherhalter ausbauen (herausziehen).
- Radio ausbauen und alle Leitungen abklemmen.
- Das Steuergerät für die Motorregulierung und die ABS-Anlage auf der Beifahrerseite ausbauen (2 Schrauben).
- Die Abpolsterung an der Seite auf der Beifahrerseite ausbauen. 10 Schrauben und 2 Muttern müssen gefunden und gelöst werden.
- Die Schläuche der Defrosterdüsen und Frischluftdüsen vom Heizungsgehäuse abschliessen. Bild 91 zeigt wo sie angeschlossen sind.

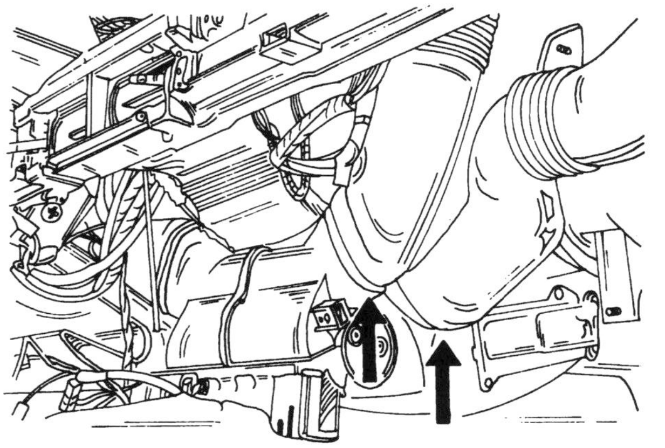

Bild 91
Die Pfeile weisen auf die angeschlossenen Schläuche auf einer Seite der Heizung.

- Die Schläuche des mittleren Luftauslasses trennen und die Bowdenzüge vom Heizungsgehäuse abschliessen.
- Die Verbindungsschläuche der hinteren Fussraumheizung vom Gehäuse abziehen. Diese werden mit zwei Spangen gehalten und können abgezogen werden.
- Das Heizungsgehäuse abschrauben (2 Muttern). Das Gehäuse in den Fahrzeuginnenraum ziehen, bis der Wasseranschluss des Heizungskühlers aus der Stirnwand herauskommt und danach die Heizung seitlich herausziehen.

Der Einbau der Heizung geschieht in umgekehrter Reihenfolge wie der Ausbau. Vor Anbringen des Heizungskastens kontrollieren, dass die Schaumgummiabdichtung in gutem Zustand ist und einwandfrei an der Stirnwand sitzt. Die beiden Steuergeräte der Motorregulierung und ABS-Anlage entsprechend Bild 92 montieren. Die Bedienungshebel einstellen, wie es in Kap. 4.7.4 beschrieben ist.

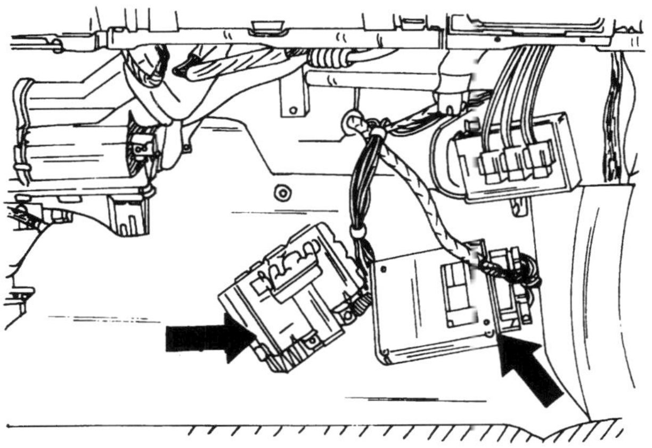

Bild 92
Die Lage der Steuergeräte für die Motorregulierung und die ABS-Anlage.

4.7.2 Zerlegung der Heizung

- Zwei Schrauben des Deckels mit den beiden Rohranschlüssen entfernen und den Kühler herausziehen (Bild 93).

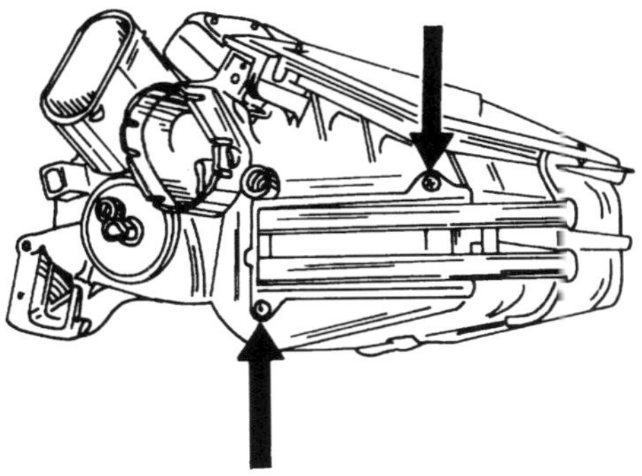

Bild 93
Nach Lösen der beiden gezeigten Schrauben kann der Heizungskühler herausgezogen werden.

- Die Sicherungsspangen mit einem Schraubenzieher entfernen und die beiden Gehäusehälften mit einem zweiten Schraubenzieher auseinanderdrücken. Danach die Gehäusehälften vorsichtig mit den Händen auseinanderziehen.
- Luftklappen heraushebeln und die Betätigungshebel vom Heizungsgehäuse abziehen.

4.7.3 Zusammenbau

- Die Hebel der Regelventile in die rechte Gehäusehälfte eindrücken und die Luftventile einbauen. Darauf achten, dass das Zahnsegment der Achse des Verteilerventiles mit dem Zahnsegment des Hebels in Eingriff kommt, d. h. die in Bild 94 gezeigten Fluchtzeichen müssen gegenüberliegen.

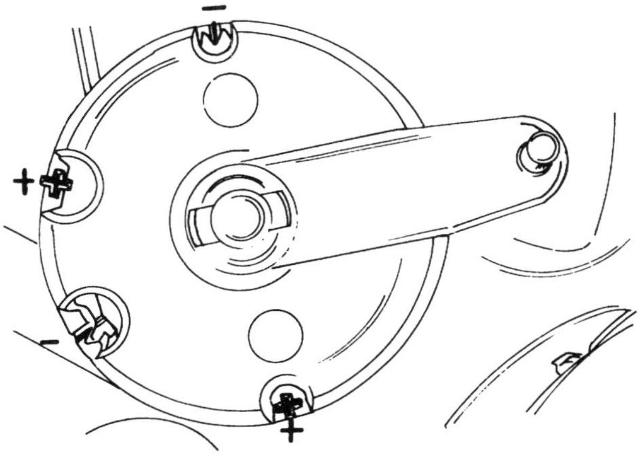

Bild 94
Beim Aufsetzen der Zahnsegmente müssen die mit «-» markierten Segmente ausgefluchtet sein.

- Die Regelhebel und die Luftklappen in das Gehäuse einsetzen.
- Die beiden Gehäusehälften zusammenbauen. Die Sicherungsspangen der Gehäuse müssen gut einschnappen. Zusätzliche Sicherungsspangen müssen immer verwendet werden, um die beiden Gehäusehälften nach einer Reparatur zusammenzuhalten. Diese sind bei Ihrem Händler zu beziehen.
- Heizungskühler einsetzen und mit den beiden Schrauben befestigen.

4.7.4 Heizungsbedienungen einstellen

- Untere Abdeckung an der Unterseite des rechten Fussraumes abschrauben (3 Schrauben).
- Die beiden Bedienungshebel für die Luftverteilung und die Temperaturregulierung nach oben bewegen.
- Die beiden Schrauben der Klemmschellen für die Bowdenzugseile lockern und die Hebel am Heizungsgehäuse bis zum Anschlag drücken.
- Schrauben der Klemmschellen in dieser Hebelstellung wieder anziehen.

- Kontrollieren, ob sich die Hebel einwandfrei in den Führungen verschieben können. Die Funktion der Heizungsverteilung und Temperaturregulierung bei betriebswarmem Motor kontrollieren.

4.7.5 Heizungsgebläsemotor

Der Heizungsgebläsemotor kann von der Innenseite des Motorraums aus der Stirnwand ausgebaut werden, wo er mit zwei Muttern befestigt ist. Zum Erneuern des Motors:

- Batterie abklemmen.
- Unter Bezug auf Bild 95 die mit den Pfeilen gezeigten Befestigungen lösen.

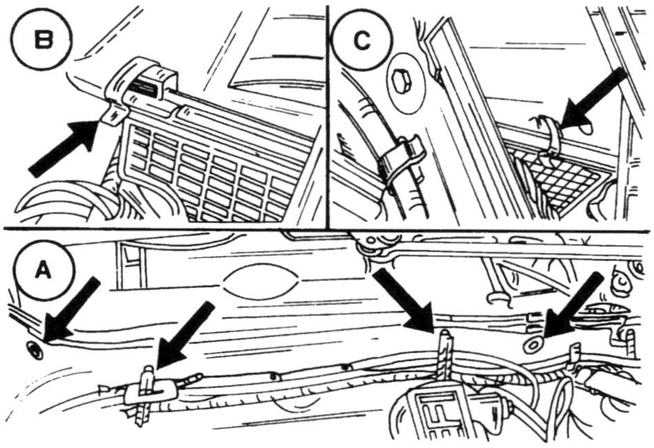

Bild 95
Einzelheiten zum Ausbau des Heizungsgebläses

A = Schrauben lösen und Kabel entfernen
B = Rechte Abdeckung entfernen
C = Linke Abdeckung entfernen

- Stecker des Heizungswiderstandes abziehen und das Gebläse zusammen mit dem Gehäuse herausheben.

Der Einbau geschieht in umgekehrter Reihenfolge wie der Ausbau. Bild 96 zeigt, wo das Gebläse zu befestigen ist.

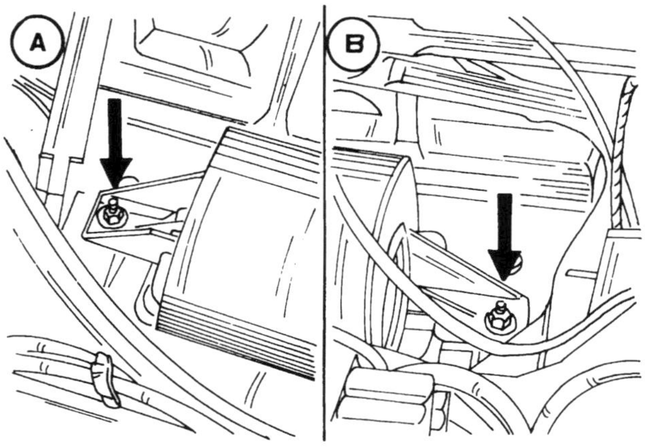

Bild 96
Die Befestigung des Heizungsgebläses

A = Links B = Rechts

Falls das Gebläse zerlegt werden soll, die Verklemmung öffnen, die elektrischen Kabel abklemmen und den Widerstand herausnehmen. Das Gebläse ist jetzt in die in Bild 97 gezeigten Teile zerlegt.

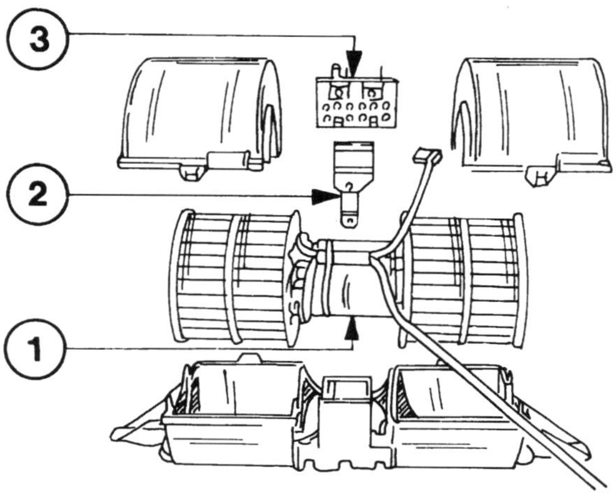

Bild 97
Zerlegtes Heizungsgebläse

1 Gebläsemotor
2 Heizungswiderstand
3 Steckdose

5 Die Kraftstoffanlage – Vergasermotoren

Zwei verschiedene Vergaser werden in die in dieser Ausgabe behandelten Motoren eingebaut.

- Der 1,8-Liter-Motor arbeitet mit einem von Pierburg hergestellten Vergaser.
- Der 2,0-Liter-Motor arbeitet mit einem Weber-Vergaser mit Leerlaufregulierung.

Ein Merkmal der verwendeten Vergaser ist die Plombierung der Gemischregulierschraube, die durch einen eingepressten Stopfen verschlossen ist und sich nur durch Verwendung eines Spezialwerkzeuges entfernen lässt. Da das Gemisch werksseitig eingestellt ist, sollte es nicht erforderlich sein, dass man eine Nachstellung der Kraftstoff- und Luftzusammenstellung vornehmen muss. Der Leerlauf des Pierburg-Vergasers wird nur durch Verstellen einer einzelnen Schraube eingestellt. Der Leerlauf eines Motors mit Weber-Vergaser darf nicht eingestellt werden, jedoch kann man bei diesem Vergaser das Kraftstoffgemisch, d. h. den CO-Anteil einstellen. Eine mechanische Kraftstoffpumpe wird bei allen Motoren verwendet. Mit Ausnahme der Reinigung des Filters kann die Pumpe nicht zerlegt werden.

5.1 Pierburg-Vergaser

5.1.1 Aus- und Einbau

Unter Bezug auf Bild 98:

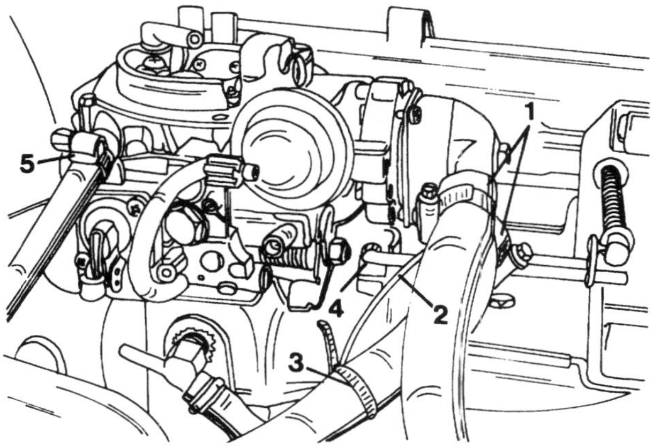

Bild 98
Einzelheiten zum Aus- und Einbau des Pierburg-Vergasers

1 Schläuche zur Startautomatik
2 Leitung zur Startautomatik
3 Kabelschelle
4 Spange des Drosselklappenhebels
5 Kraftstoffschlauch

- Massekabel der Batterie abklemmen.
- Luftfilter ausbauen (siehe Kapitel 5.4).
- Stecker der elektrischen Startvorrichtung (2) abziehen.
- Drosselklappengestänge vom Vergaser abschliessen. Dazu die Federspange (4) entfernen.
- Kraftstoffzufuhrschlauch (5) abschliessen. Dieser kann entweder festgeklemmt oder mit einer Schraubschelle befestigt sein. Falls die Schellen festgeklemmt sind, zerschneidet man sie und ersetzt sie durch eine Schraubschelle.
- Beide Schläuche von der Startautomatik (1) abschliessen. Die Kühlanlage muss vorher teilweise entleert werden, bis das Kühlmittel unter der Höhe des Vergasers steht.
- Die Kabelschelle (3) öffnen, um die Leitung der Startautomatik freizulegen.
- Die drei in Bild 99 gezeigten Schrauben lösen. Dazu muss ein sogenannter «Torx»-Schlüsseleinsatz (Grösse 30) benutzt werden.

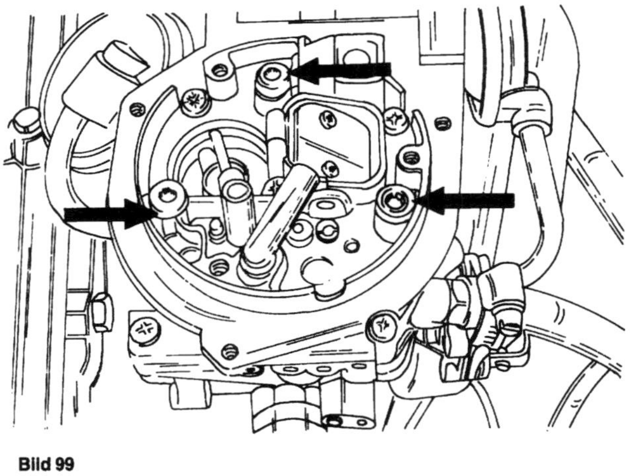

Bild 99
Die drei Schrauben halten den Vergaser am Ansaugkrümmer

- Vergaser abnehmen und die Dichtung entfernen. Sofort einen sauberen Lappen auf die Ansaugöffnung legen, damit keine Fremdkörper in den Motor fallen können.

Der Einbau des Vergasers geschieht in umgekehrter Reihenfolge wie der Ausbau. Die Dichtung immer erneuern, falls sie nicht in einwandfreiem Zustand ist, da der Vergaser andernfalls «falsche» Luft ansaugen kann, was zu einem schlechten Leerlauf führen würde. Die Schelle des Kraftstoffschlauches (Bild 100) erneuern, falls eine Klemmschelle eingebaut war.

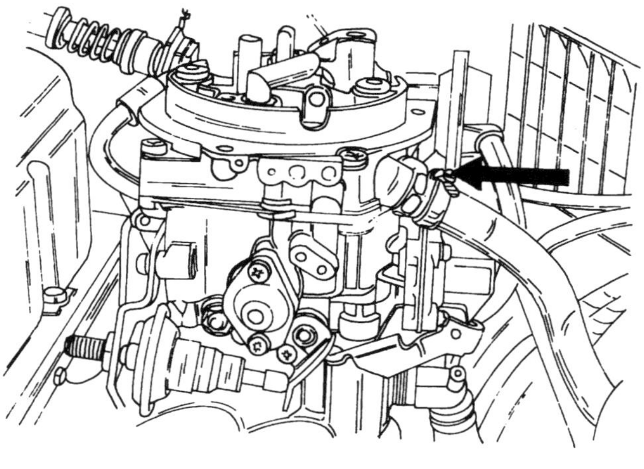

Bild 100
Der Pfeil weist auf die Schelle des Kraftstoffschlauchs am Vergaser.

5.1.2 Zerlegung, Reinigung, Überholung

Da der Vergaser sehr selten vollkommen zerlegt werden muss, beschränkt sich die folgende Beschreibung auf die Reinigung des Vergasers, zu welcher der Vergaser jedoch ausgebaut werden sollte (siehe Kapitel 5.1.1). Nach dem Ausbau die in Bild 101 gezeigten Schrauben (2) entfernen und den Vergaserdeckel vom Hauptgehäuse abheben. Ein Unterdruckschlauch zwischen den beiden Teilen muss vorher abgeschlossen werden. Weitere Arbeiten durchführen:

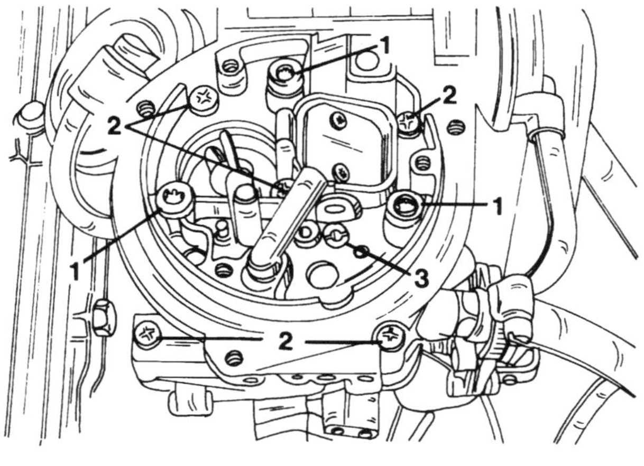

Bild 101
Ansicht des Vergasers von oben

1 Vergaserschrauben
2 Vergaserschrauben
3 Leerlaufdüse

- Verbleibenden Kraftstoff aus der Schwimmerkammer ausgiessen und die Düsen und das Kraftstoffeinlassrohr aus dem Vergaserdeckel entfernen. Beim Ausbau der Düse (3) in Bild 101 und der Düsen (2) und (3) in Bild 102 auf die entsprechende Lage achten. Alle anderen Düsen sollten nicht ausgebaut werden.

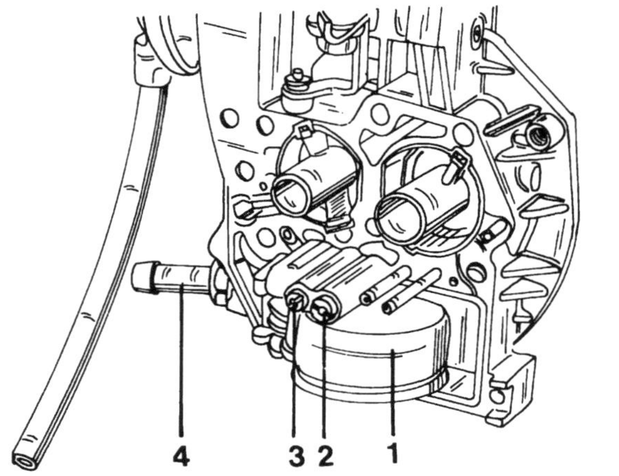

Bild 102
Ansicht des abgenommenen Vergaserdeckels

1 Schwimmer
2 Hauptdüse, 2. Stufe
3 Hauptdüse, 1. Stufe
4 Kraftstoffeinlassrohr

- Vier Schrauben lösen und den Deckel der Beschleunigungspumpe abnehmen. Beim Abnehmen des Deckels darauf achten, dass die Feder nicht herausspringen kann. Bild 103 zeigt, wo die Pumpe am Vergaser sitzt.

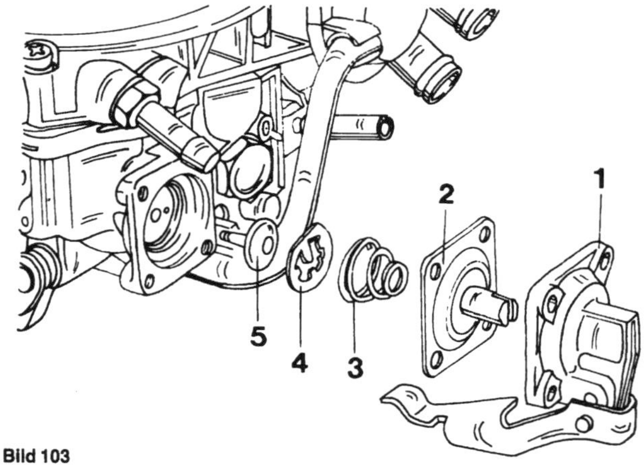

Bild 103
Die Teile der Beschleunigungspumpe

1 Deckel
2 Pumpenmembrane
3 Rückholfeder
4 Sicherungsclip
5 Dichtpilz

- Die Gemischregulierschraube wird durch einen Stopfen verschlossen und sollte nicht herausgedrückt werden, falls man dazu keinen Grund hat. Zum Entfernen des Stopfens kann dieser mit einem spitzen Gegenstand herausgedrückt werden. Bild 104 zeigt die Lage der Schraube.

- Die vier Schrauben der in Bild 105 gezeigten Vorrichtung am Vergaser lösen. Bei dieser handelt es sich um das Hochleistungsventil. Diese Membrane wird in ähnlicher Weise wie die Beschleunigungspumpe ausgebaut. Wiederum auf die Feder achten.

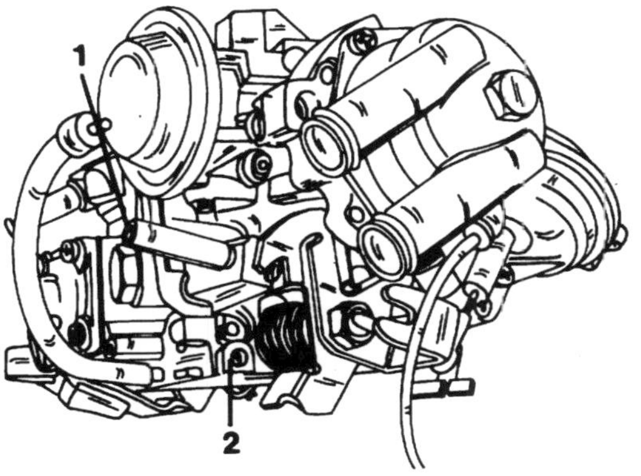

Bild 104
Die Lage der Leerlaufeinstellschraube (1) und der Gemischregulierschraube (2).

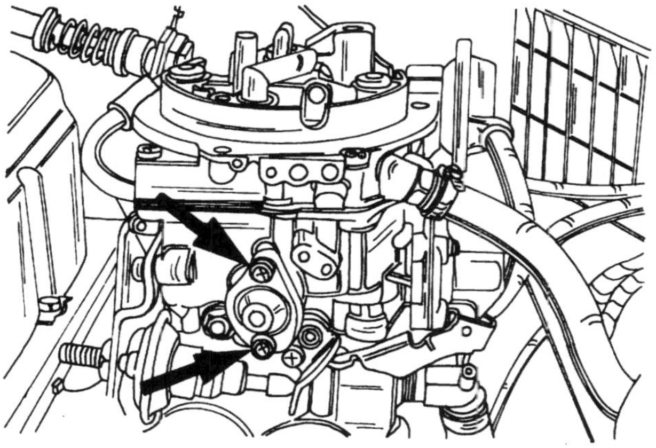

Bild 105
Die Lage des Hochleistungsventils am Vergaser

- Eine Kontermutter lösen und den Drosselklappendämpfer von der Seite des Vergasers abschrauben (drei Schrauben).

Falls weitere Zerlegungen erforderlich sind, ist unter der entsprechenden Überschrift in diesem Kapitel nachzulesen. Alle Vergaserteile einwandfrei reinigen. Falls Pressluft zur Verfügung steht, durch alle Bohrungen und Düsen blasen. Keinen Draht oder Nadeln zum Durchstechen von Düsen verwenden, da sonst die Kalibrierung der Düsen verändert wird. Die Vergasergehäuseteile auf Beschädigung kontrollieren. Falls die Luftklappe oder die Drosselklappen zu viel Spiel aufweisen sollte, ist es besser, dass man einen neuen oder einen Austausch-Vergaser einbaut, da andere Teile ebenfalls abgenutzt sind. Schwimmer in heisses Wasser tauchen und kontrollieren, dass keine Luftblasen aufsteigen. Falls dies der Fall ist, den Schwimmer erneuern. Messingstelle an der Berührungsstelle der Schwimmernadel, falls ausgeschlagen, glatt polieren oder in schlimmen Fällen den Schwimmer erneuern. Alle im Dichtungssatz befindlichen Teile bei der Montage verwenden.

Hinweis: Falls der Vergaser nur gereinigt werden soll, kann man den Vergaserdeckel abschrauben, worauf Zugang zu den Düsen möglich ist. Dazu das Benzin mit einem sauberen Lappen heraussaugen und die Düsen entfernen.

5.1.3 Zusammenbau des Vergasers

Der Zusammenbau des Vergasers erfolgt in umgekehrter Reihenfolge wie die Zerlegung, unter Bezug auf Bild 106 und mit Beachtung der folgenden Besonderheiten:

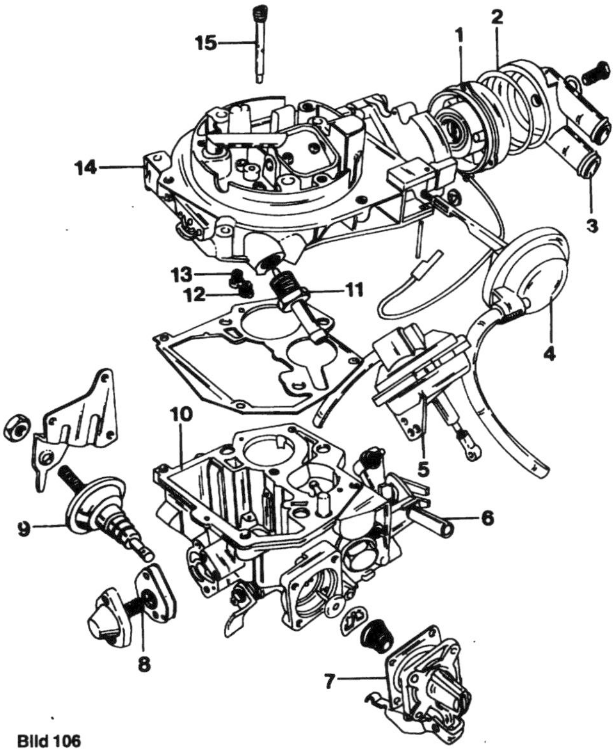

Bild 106
Montagebild des Pierburg-Vergasers

1 Bimetallgehäuse
2 «O»-Dichtring
3 Kühlmittelgehäuse
4 Pull-down-Membrane
5 Membrane, 2. Stufe
6 Leerlaufeinstellschraube
7 Beschleunigungspumpe
8 Hochleistungsventil
9 Drosselklappendämpfer
10 Hauptgehäuse
11 Kraftstoffeinlassrohr
12 Hauptdüse, 1. Stufe
13 Hauptdüse, 2. Stufe
14 Vergaserdeckel
15 Leerlaufdüse

- Beim Auflegen der Membrane für die Beschleunigungspumpe darauf achten, dass die Feder der Pumpe mit dem grösseren Durchmesser nach innen kommt, und dass die Membrane flach aufliegt, ehe der Deckel angezogen wird.
- Beim Einbau des Hochleistungsventils unter Bezug auf Bild 107 die Feder zwischen Membrane und Deckel einlegen und die Teile zusammendrücken, bis die beiden Nylonclips in die Membrane einklinken.

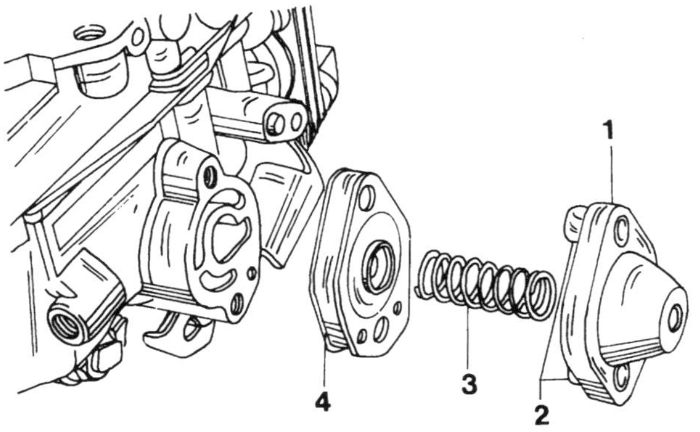

Bild 107
Die Teile des Hochleistungsventils

1 Deckel	3 Rückholfeder
2 Nylonclips	4 Membrane

- Alle Düsen entsprechend ihrer ursprünglichen Lage einschrauben.
- Drosselklappendämpfer anbringen, ohne die Kontermutter anzuziehen. Der Dämpfer muss später eingestellt werden.
- Beim Aufsetzen des Vergaserdeckels darauf achten, dass das Steigrohr (Pfeil) in Bild 108 in die Bohrung des Vergasergehäuses eingreift, ehe der Deckel vollkommen angedrückt wird.

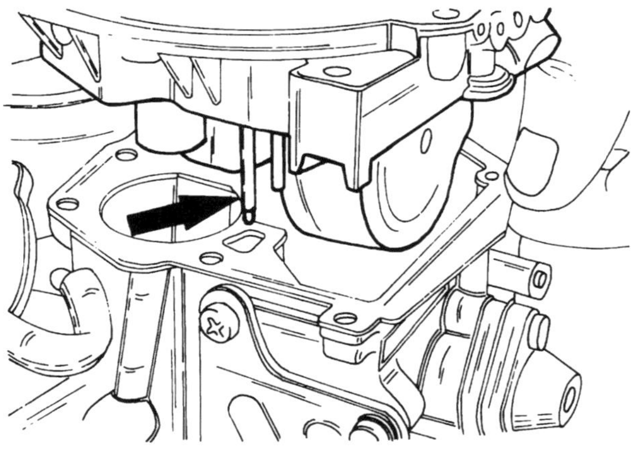

Bild 108
Steigrohr richtig einführen

5.1.4 Einstellen des Vergasers

5.1.4.1 Leerlauf und CO-Anteil

Die folgenden Voraussetzungen müssen geschaffen sein, ehe man den Leerlauf einstellen kann:

- Ein CO-Anteilmesser muss vorhanden sein.
- Der Luftfilter muss eingebaut sein. Die Unterdruckschläuche dürfen nicht geknickt oder eingeklemmt sein.
- Der Motor muss seine normale Betriebstemperatur haben.
- Einen Drehzahlmesser sowie einen CO-Anteilmesser entsprechend den Anweisungen der Hersteller anschliessen.
- Motor ca. 30 sec. lang mit einer Drehzahl von 3000 U/min. laufen lassen. Danach den Motor in den Leerlauf zurückbringen. Auf diese Weise wird das Leerlaufsystem stabilisiert.
- Leerlauf und CO-Anteil von den Instrumenten ablesen.
- Falls eine Einstellung erforderlich ist, die Leerlaufeinstellschraube (1) in Bild 104 verstellen, bis der Motor mit 800 ± 20 min. läuft.
- Falls die Gemischeinstellung nicht stimmt, nachdem der Leerlauf eingestellt wurde, den Motor abstellen und die Verplombung der Einstellschraube (2) in Bild 104 entfernen. Den Stopfen mit einem spitzen Gegenstand herausheben. Die Schraube verstellen, bis die CO-Anzeige 1,3% beträgt.
- Motor wieder anlassen und die Motordrehzahl wieder stabilisieren, wie es oben erwähnt wurde. Die Gemisch- und Leerlaufeinstellschrauben verstellen, bis der CO-Anteil sowie der Leerlauf stimmen.
- Instrumente entfernen und neuen Verschlussstopfen einsetzen.

5.1.4.2 Beschleunigter Leerlauf

- Einen Drehzahlmesser entsprechend den Anweisungen des Herstellers anschliessen.
- Leerlauf und CO-Anteil einstellen, wie es im letzten Kapitel beschrieben wurde.
- Luftfilter ausbauen und auf eine Seite legen.
- Den Unterdruckschlauchanschluss am Ansaugkrümmer in geeigneter Weise zustopfen.
- Motor auf Betriebstemperatur bringen und bei laufendem Motor die Schnellerlaufeinstellschraube auf die zweite Stufe des Stufennockens setzen, wie es Bild 109 zeigt.

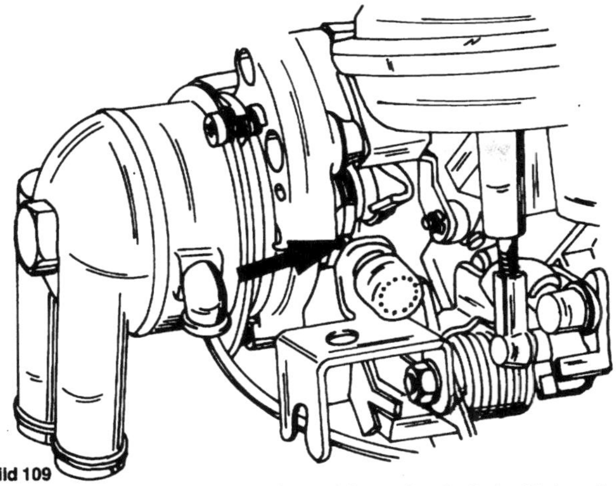

Bild 109
Der Pfeil zeigt, wo die Schraubenspitze auf der zweiten Stufe des Stufennokkens aufsitzen muss.

- Kontrollieren, dass der Motor mit 1800 ± 100/min. läuft.
- Falls erforderlich die Plombenkappe von der Schraube entfernen und die Schraube verstellen, bis der beschleunigte Leerlauf stimmt. Zum Einstellen den Motor abstellen und die Drosselklappe so öffnen, dass man einen kleinen Schraubenzieher von unten in die Schraube einsetzen kann. Danach den Motor anlassen und die Einstellung erneut kontrollieren. Unbedingt darauf achten, dass die Schraubenspitze nicht von der zweiten Stufe des Nockens rutschen kann.
- Abschliessend Luftfilter wieder montieren.

5.1.4.3 Drosselklappendämpfer einstellen

Unter Bezug auf Bild 110:

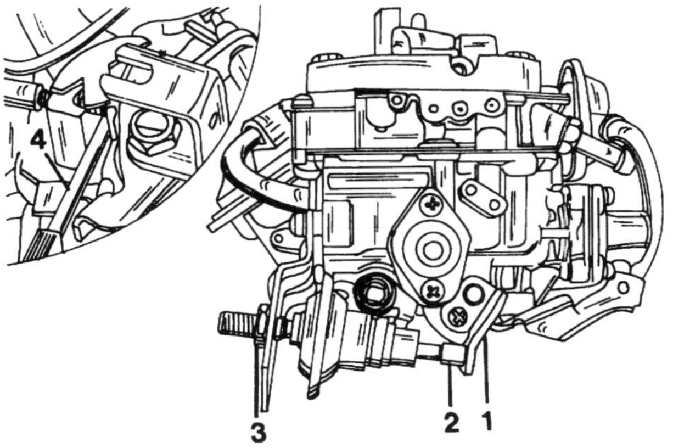

Bild 110
Einzelheiten zum Einstellen des Dämpfers

1 Betätigungshebel
2 Dämpferstössel
3 Kontermutter
4 2-mm-Fühlerlehre

- Motor auf Betriebstemperatur bringen und den Leerlauf einstellen, wie es in Kapitel 5.1.4.1 beschrieben ist.
- Bei abgestelltem Motor eine Fühlerlehre von 0,2 mm Stärke zwischen die Leerlaufeinstellschraube und den Drosselklappenhebel einschieben.
- Kontermutter (3) lockern und den Dämpfer verstellen, bis der Stössel (2) den Betätigungshebel (1) berührt, ohne dass der Dämpfer dabei zusammengepresst wird.
- Die Kontermutter (3) anziehen, ohne dabei den Dämpfer zu verstellen.
- Kontrollieren, dass der Dämpfer nicht hängenbleibt und dass die Leerlaufeinstellschraube gegen den Anschlag anliegt.
- Luftfilter montieren.

5.1.4.4 Startautomatik (Starterklappenspalt)

Falls die Startautomatik nicht einwandfrei arbeitet, den Luftfilter ausbauen und die drei Schrauben des Deckels der Startautomatik abschrauben. Die Unterdruckdose und das Gestänge können jetzt folgendermassen eingestellt werden:

- Luftklappe vollkommen schliessen, indem man den Starterklappenhebel vollkommen nach rechts bewegt und in seiner Endstellung mit einem Gummiband festspannt.
- Den Pull-down-Arm zur Membrane drücken, indem man mit einem kleinen Schraubenzieher auf die Einstellschraube in Bild 111 drückt.

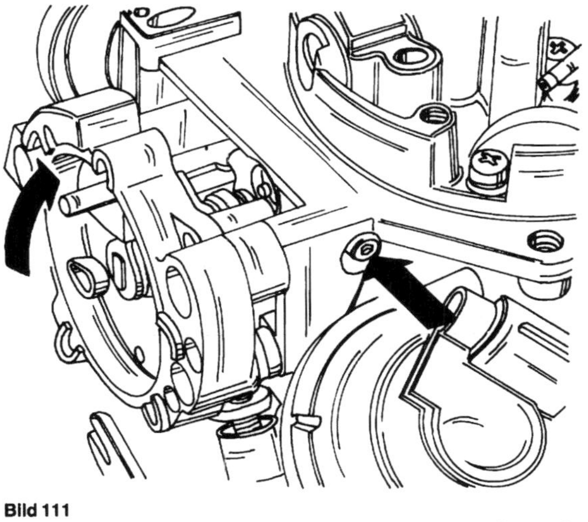

Bild 111
Den Hebel wie mit dem linken Pfeil gezeigt nach rechts drehen und mit dem Gummiband festspannen. Danach auf die Schraube in Richtung des rechten Pfeils drücken, ehe der Starterklappenspalt ausgemessen wird.

- Einen Spiralbohrerschaft von 3,0 mm zwischen die Starterklappe und die Vergaserbohrung einschieben, wie es in Bild 112 gezeigt ist.

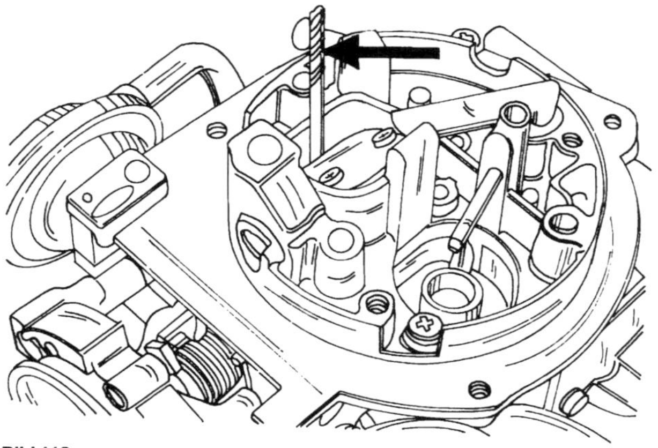

Bild 112
Kontrolle des Starterklappenspalts

- Falls erforderlich, einen 2-mm-Innensechskantschlüssel in die Schraube in Bild 111 einsetzen und die Schraube verstellen, bis der Spalt erhalten wurde.
- Bimetallfedergehäuse wieder montieren. Dabei den Arm des Starterklappenhebels mit der Bimetallfeder in Eingriff bringen. Das Gehäuse verdrehen, bis die beiden Markierungen in Bild 113 in einer Linie liegen und die Schrauben gleichmässig anziehen.

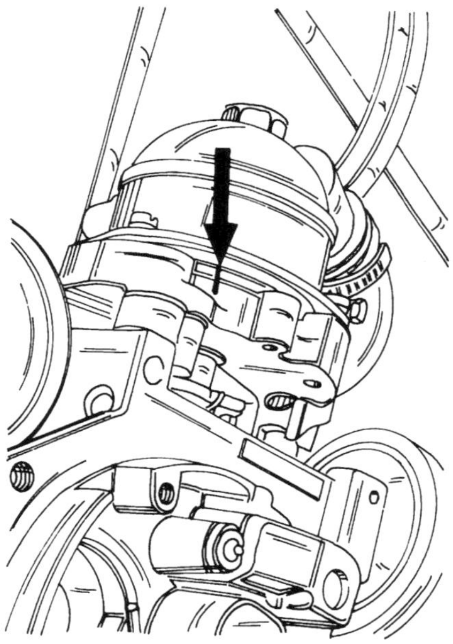

Bild 113
Ausfluchtung des Deckels der Startautomatik

5.2 Weber-Vergaser (2,0 Liter)

5.2.1 Aus- und Einbau

- Batterie abklemmen.
- Luftfilter ausbauen.
- Das elektrische Kabel der Startautomatik abschliessen.
- Die Sicherungsspange des Mehrpolsteckers am Vergaserregelmotor zusammendrücken und den Stecker abziehen. Nur am Stecker ziehen, nicht an den Kabeln.
- Drosselklappengestänge abschliessen und das Seil entfernen.
- Kraftstoffleitung vom Vergaser abschliessen. Falls Klemmschellen verwendet werden, diese zerschneiden.
- Unterdruckschlauch abziehen.
- Die vier Muttern lösen. Den Vergaser und die Dichtung abnehmen. Ein Tuch über die Ansaugöffnung legen.

Der Einbau geschieht in umgekehrter Reihenfolge. Die Vergaserdichtung immer erneuern.

5.2.2 Zerlegung, Überholung, Zusammenbau

- Aussenseite des Vergasers einwandfrei reinigen, die vier Schrauben entfernen und den Vergaserregelmotor abnehmen.
- Sechs Schrauben lösen und den Vergaserdeckel abheben (Bild 114).

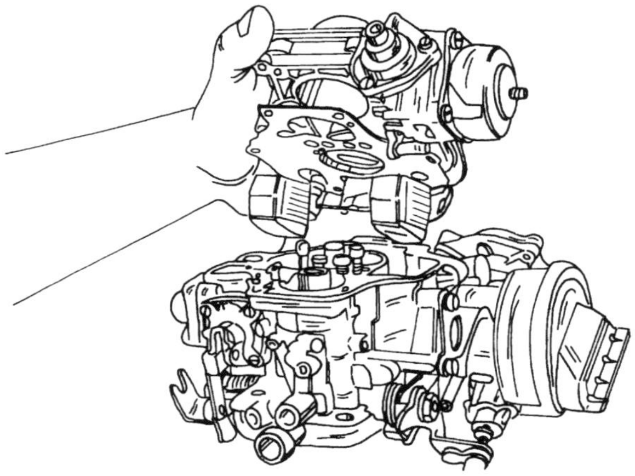

Bild 114
Abheben des Vergaserdeckels

- Vergaserdeckel zerlegen. Dazu die Messingmutter lösen und den Filter herausnehmen. Den Schwimmerstift vorsichtig herausschlagen und den Schwimmer abnehmen. Das Nadelventil herausziehen und den Ventilsitz ausschrauben. Die drei Schrauben des Bimetallfedergehäuses lösen und das Gehäuse abnehmen. Danach die Startautomatik abschrauben.

- Düsen und Düsenstopfen aus dem Vergasergehäuse herausschrauben. Bild 115 zeigt die Lage einiger Düsen. Die Mischrohre nach Herausschrauben getrennt halten, damit sie wieder in die ursprüngliche Lage kommen können.

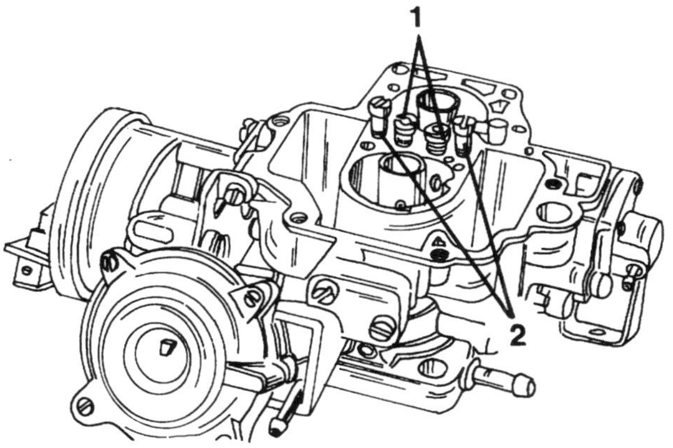

Bild 115
Die Lage der Mischrohre (1) und Leerlaufdüsen (2)

- Vier Schrauben der Beschleunigungspumpe lösen und den Deckel, die Membrane und die Feder abnehmen.
- Die Unterdruckdose zur Betätigung der zweiten Vergaserstufe abschrauben und das Gestänge aushängen.
- An der Seite des Vergasers vier Schrauben lösen und die Anreicherungsmembrane ausbauen. Darauf achten, dass man die Feder nicht verliert. In der gleichen Weise das Hochleistungsventil ausbauen. Bild 116 zeigt die Einzelteile der beiden Teile.

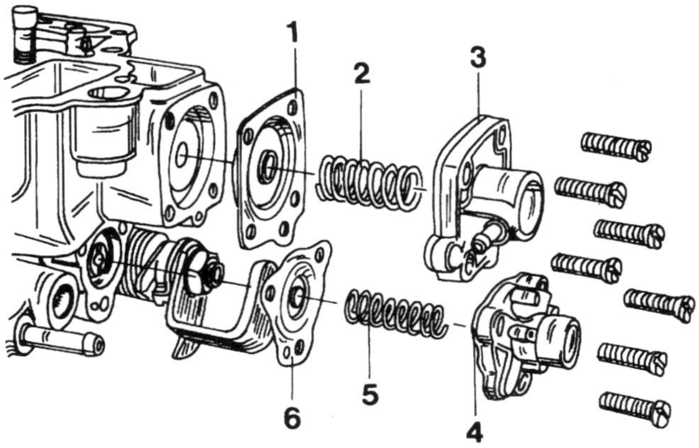

Bild 116
Die Teile der Anreicherungsmembrane und der Hochleistungsmembrane.

1 Membrane, Anreicherungsmembrane
2 Rückholfeder
3 Deckel, Anreicherungsmembrane
4 Deckel, Hochleistungsmembrane
5 Rückholfeder
6 Membrane, Hochleistungsmembrane

Alle Teile in ähnlicher Weise kontrollieren und reinigen, wie es beim Pierburg-Vergaser beschrieben wurde.

Der Zusammenbau des Vergasers geschieht in umgekehrter Reihenfolge wie das Zerlegen, jedoch sind während des Zusammenbaus einige Einstellungen durchzuführen, die nachstehend beschrieben werden sollen.

- Beim Anbringen des Hochleistungsventiles und Anreicherungsventiles die Teile entsprechend Bild 116 zusammensetzen. Darauf achten, dass die Membranen nicht geknickt werden.
- Schwimmer montieren und den Schwimmerstand ausmessen. Dazu den Deckel mit Dichtung in der in Bild 117 gezeigten Lage halten

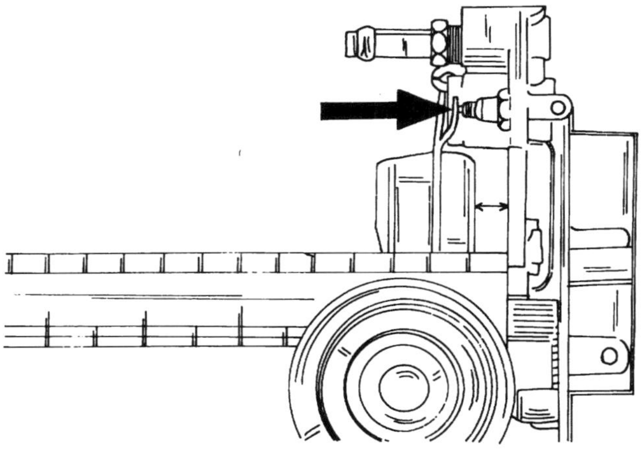

Bild 117
Kontrolle des Schwimmerstandes. An der Pfeilstelle korrigieren.

und mit einem Messlineal das Mass zwischen dem Ende des Schwimmers und der Deckelfläche ausmessen. Das Mass zwischen den Pfeilen muss 7,5–8,5 mm betragen. Eine Einstellung findet durch Verbiegen der Zunge am Schwimmer (Pfeil) statt.

- Vergaserdeckel anbringen (neue Dichtung). Darauf achten, dass das Starterklappengestänge richtig durch die Staubschutzabdichtung im Deckel geführt wird.

5.2.3 Einstellungen

5.2.3.1 Leerlauf und CO-Anteil

Der Leerlauf dieser Motoren kann nicht eingestellt werden, da er automatisch durch den am Vergaser angebrachten Regelmotor gesteuert wird. Falls der Leerlauf unregelmässig ist, muss man sich an einen Ford-Händler wenden, welcher die erforderlichen Prüfungen am gesamten Motor durchführen muss. Der CO-Anteil lässt sich einstellen, wenn man einen CO-Messer zur Verfügung hat.

- Motor auf Betriebstemperatur bringen. Bei einem Motor mit Pulse-Air-System den Ansaugschlauch an der Oberseite des Luftfilters abschliessen und zustopfen, wie es in Bild 118 gezeigt ist, ehe der Motor angelassen wird.

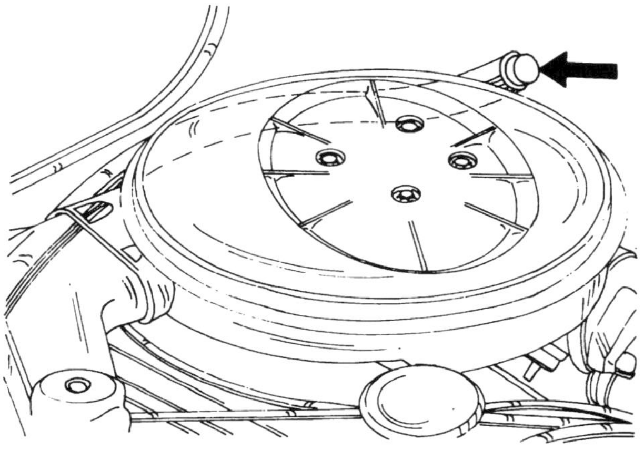

Bild 118
Schlauch an der gezeigten Stelle bei eingebautem Pulse-Air-System verschliessen.

- CO-Messer und Drehzahlmesser entsprechend der Anweisungen des Herstellers anschliessen.
- Motor ca. 30 Sekunden mit einer Drehzahl von 3000/min. laufen lassen, damit sich die Drehzahl stabilisieren kann. Die Einstellungen müssen innerhalb 10–30 Sekunden durchgeführt werden. Andernfalls den Leerlauf erneut stabilisieren.
- Leerlaufdrehzahl und CO-Anteil ablesen.
- Die Plombenkappe von der Schraube in Bild 119 abziehen und die Schraube mit einem

Bild 119
Die Lage der CO-Einstellschraube beim Weber-Vergaser

1 Betätigungsgestänge 2 Gummiband 3 Schraubenzieher

Schraubenzieher verstellen, bis der CO-Anteil 0,75–1,25% bei einem Motor ohne Pulse-Air-System oder 1,0–1,5% bei einem Motor mit Pulse-Air-System beträgt. Wie bereits erwähnt, unter keinen Umständen den Leerlauf verstellen.

- Neue Plombenkappe auf die Schraube aufstecken.

5.2.3.2 Schnelleerlauf

Der Schnelleerlauf muss eingestellt werden, wenn die Einstellschraube auf der höchsten Stufe des Stufennockens steht. Der Leerlauf und CO-Anteil müssen einwandfrei eingestellt und der Motor abgestellt sein.

- Luftfilter ausbauen.
- Kabel von der Startautomatik abziehen.
- Die drei Schrauben des Deckels der Startautomatik lösen und das Spulengehäuse ausbauen.
- Ein Gummiband, wie in Bild 120 gezeigt, an dem kleinen Hebel anbringen und das Band spannen, damit die Luftklappe geschlossen bleibt.

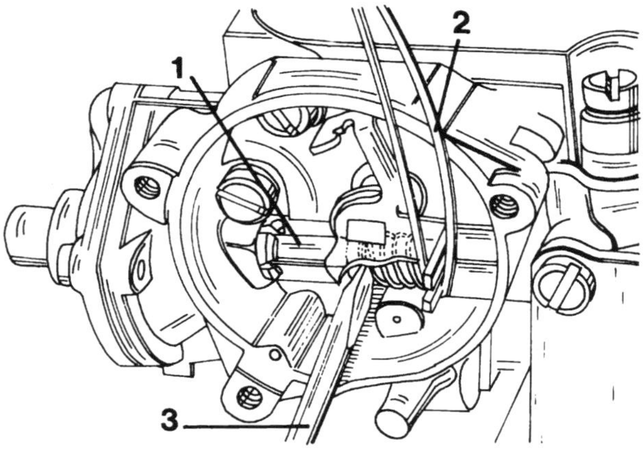

Bild 120
Zur Einstellung des Schnelleerlaufs

1 Betätigungsgestänge 2 Gummiband 3 Schraubenzieher

- Mit einem Schraubenzieher die Membrane bis zum Anschlag drücken, wie es Bild 120 zeigt und mit einem Spiralbohrer der angegebenen Grösse (je nach eingebautem Vergaser) zwischen der Starterklappe der ersten Stufe und der Wandung der Vergaserbohrung messen. Falls das Mass nicht stimmt, die Schraube in der Membrane mit einem Schraubenzieher verstellen, wie es Bild 121 zeigt.

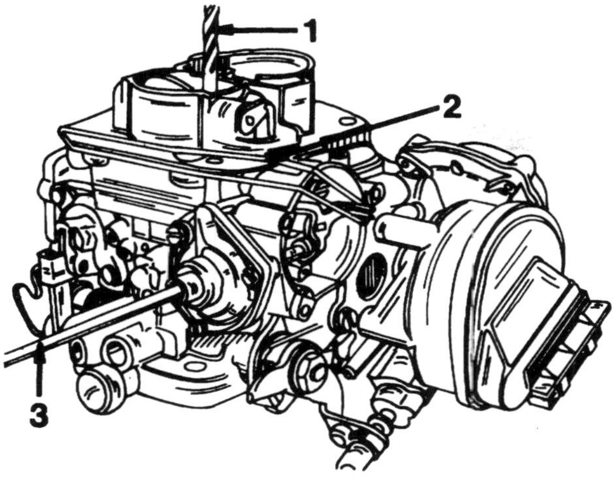

Bild 121
Einstellen des Schnelleerlaufs

1 Spiralbohrer 2 Gummiband 3 Schraubenzieher

- Teile wieder in umgekehrter Reihenfolge montieren. Beim Aufsetzen des Deckels der Startautomatik auf die Ausfluchtung der Markierungen achten. Die Marke am Deckel muss mit der mittleren Marke am Gehäuse fluchten (Bild 122).
- Abschliessend Luftfilter wieder montieren.

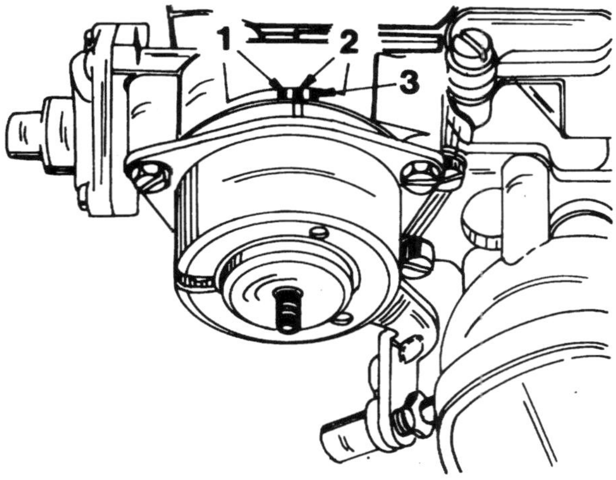

Bild 122
Ausfluchtung der Teile der Startautomatik

1 Für fetteres Gemisch 2 Normale Einstellung 3 Für mageres Gemisch

5.3 Kraftstoffpumpe

Die Kraftstoffpumpe kann nicht zerlegt werden. Nur der Pumpendeckel lässt sich abschrauben, um das darunterliegende Sieb zu reinigen.
Der Aus- und Einbau der Pumpe bringt keine Schwierigkeiten mit sich. Zu beachten ist, dass die Kraftstoffschläuche durch Klemmschellen befestigt sein können. In diesem Fall diese zerschneiden und beim Einbau der Pumpe Schraubschellen verwenden. Die Pumpe wird durch zwei Schrauben gehalten, der Pumpendeckel durch eine Schraube.

5.4 Luftfilter

Der Einsatz des Filters sollte entsprechend den Anweisungen in der Betriebsanleitung erneuert werden. Falls das Fahrzeug häufig unter staubigen Verhältnissen gefahren wird, muss man den Filterwechsel früher vornehmen.
Durch Schütteln oder Ausblasen mit einer Luftleitung werden lose Teile vom Filtereinsatz gelöst, jedoch sollte man dies nur als Notlösung betrachten, wenn der Filter gewechselt werden sollte. Auf keinen Fall den Filtereinsatz in irgendwelchen Reinigungsflüssigkeiten säubern.
Beim Ausbau des Filters folgendermassen vorgehen:

- Die vier Schrauben lösen (Bild 123).

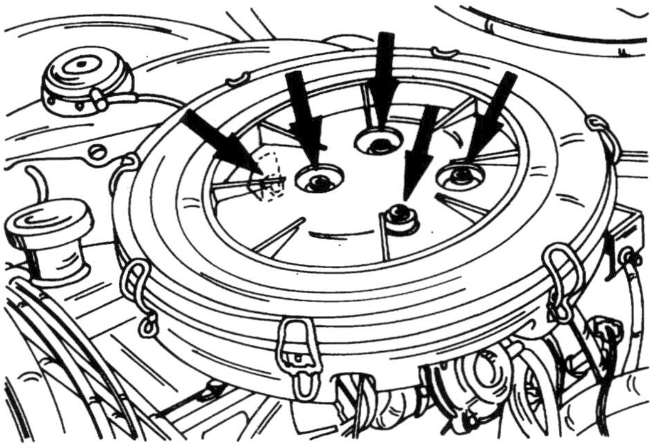

Bild 123
Die Befestigung eines Luftfilters (gezeigt beim Weber-Vergaser).

- Alle angeschlossenen Unterdruckschläuche abschliessen.
- Filter herunternehmen. Um den Filtereinsatz zu erneuern, muss der Filter ausgebaut werden. Nach Ausbau die Spangen lösen, den Deckel herunternehmen und den Einsatz herausheben.

Der Einbau geschieht in umgekehrter Reihenfolge.

5.5 Erneuerung des Drosselklappenseils

- Batterie abklemmen.
- Von der Innenseite des Fahrzeuges die untere Verkleidung des Armaturenbretts ausbauen. Dazu drei Druckknöpfe herausziehen und die Verkleidung abnehmen.
- Gaszug am Gaspedal lösen, indem man die Federspange am Hebelende des Pedals in Richtung Seil drückt und gleichzeitig nach oben hebt. Die Spange von hinten herausnehmen und das Seil aus dem Schlitz des Hebels aushängen.
- Seilaussenhülle an der Spritzwand abschrauben.
- Luftfilter ausbauen (Kapitel 5.4).
- Seilhalterung abschrauben und den Sicherungsring des Seilzugs aus der Halterung herausdrücken. Das Seil durchziehen.
- Neues Seil verlegen und am Gashebel befestigen. Dazu das Seil oben in den Ausschnitt einlegen und die Spange zurückdrücken.
- Seil in umgekehrter Reihenfolge am Vergaserhebel anschliessen.

6 Die Kraftstoffanlage – Einspritzmotoren

Eine von Bosch hergestellte «L Jetronic»-Kraftstoffanlage ist eingebaut. Der Kraftstoff in der Anlage steht ständig unter Druck. Aus diesem Grund empfehlen wir, dass man keine Leitungen abschliesst, um ein Ausspritzen von Kraftstoff zu vermeiden. Ihre Ford-Werkstatt ist mit den notwendigen Vorsichtsmassnahmen vertraut und Ihr Fahrzeug ist in den besten Händen, falls Einspritzventile, Druckregler, der Luftströmungsmesser oder das Leerlaufregelventil erneuert werden müssen.
Da der Leerlauf automatisch von der eingebauten Elektronik gesteuert wird, werden kaum Arbeiten an der Anlage erforderlich sein. Nur der CO-Anteil lässt sich mit den üblichen Geräten einstellen.

6.1 CO-Anteil (Kraftstoffgemisch) einstellen

Zum Einstellen muss der Motor seine Betriebstemperatur haben. Voraussetzung zum Einstellen ist eine einwandfrei eingestellte Zündung. Bei der Einstellung folgendermassen vorgehen:

- Motor auf Betriebstemperatur bringen.
- Bei eingebauter «Pulse-Air»-Anlage den Luftansaugschlauch vom Ventil abziehen und verschliessen, ehe der Motor angelassen wird (siehe Bild 124).

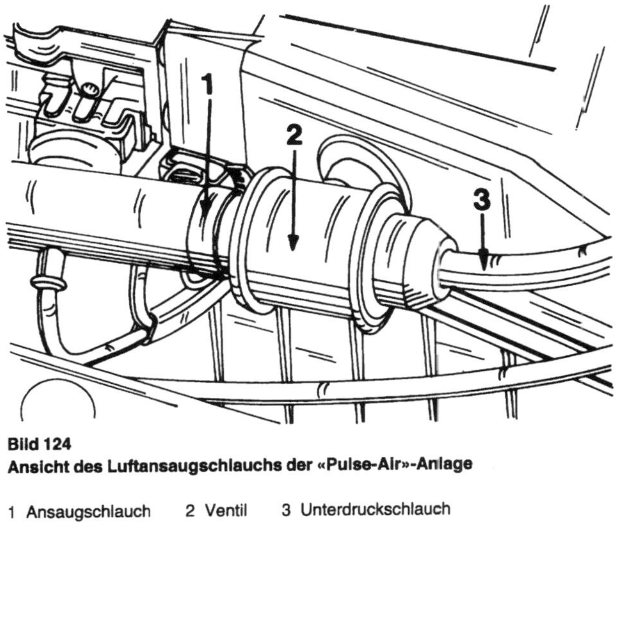

Bild 124
Ansicht des Luftansaugschlauchs der «Pulse-Air»-Anlage

1 Ansaugschlauch 2 Ventil 3 Unterdruckschlauch

- Einen CO-Anteilmesser und einen Drehzahlmesser entsprechend den Anweisungen des Herstellers anschliessen.
- Motor 30 Sekunden lang mit einer Drehzahl von 3000/min. laufen lassen, damit sich die Einspritzanlage stabilisieren kann, und danach in den Leerlauf zurückkehren lassen.
- Abwarten, bis sich die Messgeräte stabilisiert haben und den CO-Anteil sowie den Leerlauf ablesen. Falls die CO-Anzeige höher als 2,0% oder niedriger als 0,35% beträgt, stimmt etwas an der Anlage nicht. Eine Ford-Werkstatt sollte um Rat gefragt werden.
- Falls der CO-Anteil nicht stimmt, den Stopfen aus der Bohrung der Einstellschraube herausdrücken. Dieser sitzt an der Stelle, wo später der Schlüssel zum Verstellen des CO-Anteils eingesetzt wird (siehe Bild 125).

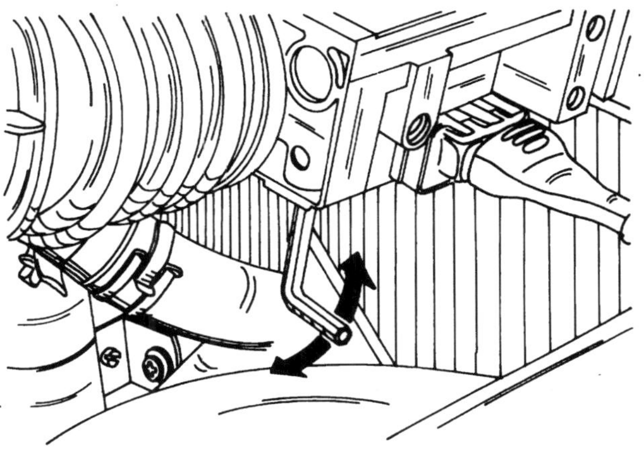

Bild 125
Die Lage der Einstellschraube für den CO-Anteil

- Motor wieder 30 Sekunden lang mit 3000/min. laufen lassen und in den Leerlauf zurückbringen.
- Mit einem 3-mm-Inbusschlüssel die CO-Anteil-Einstellschraube, wie in Bild 125 gezeigt, verstellen, bis der CO-Anteil einen Wert von

0,5–1,5% hat. Die Einstellung muss innerhalb 10 bis 30 Sekunden erfolgen. Andernfalls den Motor erneut stabilisieren, wie es oben erwähnt wurde.

- Nach der Einstellung eine neue Plombe in die Bohrung einsetzen.

6.2 Aus- und Einbau des Luftfilters

- Batterie abklemmen.
- Luftansaugschlauch vom Filter abschliessen.
- Den Stecker vom Luftströmungsmesser abziehen. Dies ist nicht so einfach und Bild 126

Bild 126
Trennen des Steckers des Luftströmungsmessers. Der Pfeil weist auf die Sicherungsspange.

muss betrachtet werden. An der Unterseite des Steckers befindet sich eine Sicherungsspange, welche man wie im Bild gezeigt, zusammendrücken muss. Dann am Stecker ziehen, um ihn vom Strömungsmesser zu lösen. Nicht an den Kabeln ziehen.

- Die Schelle lösen und den grossen Luftansaugschlauch vom Luftströmungsmesser abziehen.
- Federspangen des Luftfilteroberteils zurückschnappen und dieses und den Strömungsmesser herausheben. Vier Schrauben lösen und den Luftströmungsmesser vom Luftfilter abnehmen. Bild 127 zeigt wo die Teile sitzen.

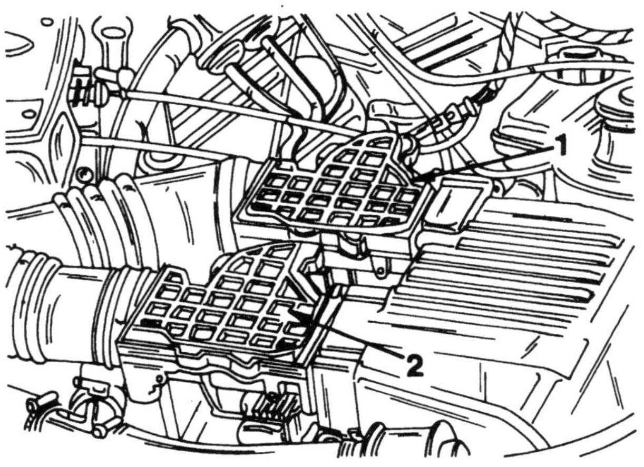

Bild 127
Die Lage des Luftfilters (1) und Luftströmungsmessers (2).

- Das Abdeckblech aus dem linken, inneren Radkasten abmontieren, die Befestigungsschrauben des Filters durch die Öffnung lösen und den Luftfilter herausziehen, wobei gleichzeitig das Ansaugrohr aus dem Eingriff zu bringen ist.

Der Einbau geschieht in umgekehrter Reihenfolge wie der Ausbau. Vor Anschrauben des Luftströmungsmessers kontrollieren, dass die Dichtung einwandfrei ist und gut abdichtet. 8 Schrauben werden zur Befestigung benötigt.

7 Die Zündanlage

Man unterscheidet zwischen Motoren mit einer normalen Zündanlage und Motoren mit einem sogenannten «Engine Management System», d. h. eine Anlage mit einem Steuergerät, welches alle Funktionen des Motors reguliert. Auf diese Anlage wird in Kapitel 8 eingegangen.
Die Zündanlage von Motoren ohne dem genannten System arbeitet mit einem Zündverteiler ohne Unterbrecherkontakte. Eine sogenannte TFI-Anlage wird eingebaut, bei welcher es sich um die bereits beim Taunus und Granada eingebaute Anlage handelt. Das Zündsteuergerät ist in den Niederspannungskreis zwischen dem Zündverteiler und der Zündspule eingeschlossen und wird für Vergasermotoren von Bosch und für den Einspritzmotor von Ford hergestellt. Der Verteiler wird mit der Hälfte der Motordrehzahl von der Zwischenwelle aus angetrieben und dreht sich, von oben gesehen, im Uhrzeigersinn.
Nur die Verteilerkappe und der Verteilerläufer kann bei diesen Verteilern erneuert werden.

7.1 Zündverteiler

Der Zündverteiler verrichtet drei Funktionen:

1. Er erzeugt den Impuls zum elektronischen Steuergerät, welches wiederum die Zündung auslöst.
2. Er verändert die Steuerung der elektrischen Impulse entsprechend der Motordrehzahl und -belastung.
3. Er verteilt die in der Zündspule erzeugte Hochspannung an die betreffenden Zylinder.

Die Verstellung des Zündzeitpunktes wird automatisch durch das Motorregelsystem vorgenommen.

7.1.1 Aus- und Einbau des Verteilers

Während der Produktion wird der Zündzeitpunkt mit Hilfe von Mikrowellen auf den genauen Wert gebracht. Nach der Einstellung wird die Verteilerwelle und die Klemmschraube versiegelt. Der Zündverteiler sollte aus diesem Grund nicht unnötigerweise ausgebaut werden. Das gleiche gilt für die Verstellung des Zündzeitpunktes, welche aus dem gleichen Grund nicht verstellt werden sollte.

- Massekabel der Batterie abklemmen.
- Zündkerzenkabel abziehen, die Verteilerkappe abnehmen und auf eine Seite legen.
- Motor durchdrehen, bis die Kerbe in der Kurbelwellenriemenscheibe in einer Linie mit der Zündzeitpunktmarke am Zündeinstellblech steht. Der Zündzeitpunkt ist verschieden und muss der Mass- und Einstelltabelle (Kapitel 18) entnommen werden. Kontrollieren, ob die Spitze des Verteilerläufers gegenüber dem Ausschnitt im Rande des Verteilergehäuses steht, wie es aus den Bildern 128 und 129 ersichtlich ist.

A

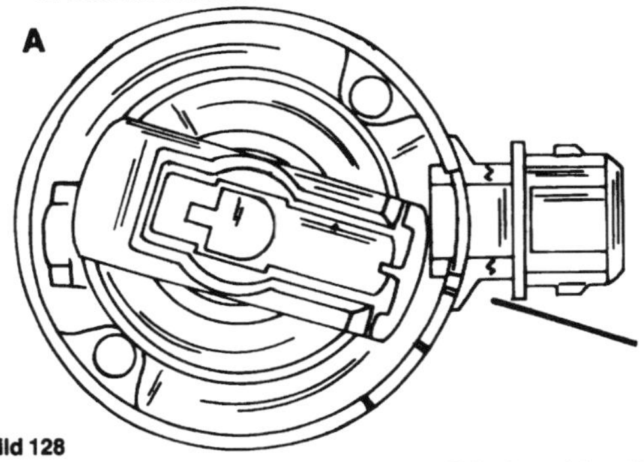

Bild 128
Stellung des Verteilerläufers, wenn der erste Zylinder auf dem Zündzeitpunkt steht (Vergasermotor).

B

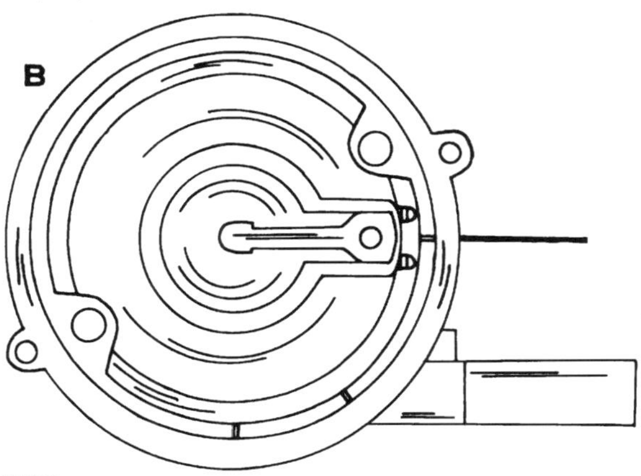

Bild 129
Stellung des Verteilerläufers, wenn der erste Zylinder auf dem Zündzeitpunkt steht (Einspritzmotor).

- Den Stecker von der Seite des Verteilers abziehen. Die Sicherungsspange dazu zusammendrücken und am Stecker, nicht an den Kabeln ziehen.
- Die Versieglung von der Klemmschraube des Verteilers abkratzen und die Schraube am Fuss des Verteilers lösen. Den Verteiler herausziehen, jedoch vorher eine Linie gegenüber der Verteilerspitze in das Verteilergehäuse anreissen, um den Einbau zu erleichtern.

Der Einbau des Verteilers geschieht in umgekehrter Reihenfolge wie der Ausbau, jedoch müssen die folgenden Punkte beachtet werden:

- Aufgrund des Eingriffs der Schraubenräder für den Antrieb muss man den Verteilerläufer vor dem Einbau des Verteilers in eine bestimmte Stellung setzen:
  - Die Verteilerwelle verdrehen, bis sich der Läufer, verglichen mit Bildern 128 und 129, ca. in der 5-Uhr-Stellung befindet. Genau gesagt bedeutet dies, dass der Läufer 20° vor der in den Bildern gezeigten Stellung stehen muss.
- Verteiler in den Motor einsetzen und kontrollieren, dass das Verteilergehäuse richtig im Verhältnis zum Motor ausgerichtet ist (siehe Bilder 128 und 129).
- Nachdem der Verteiler einwandfrei sitzt, verdreht sich die Verteilerwelle durch den Eingriff des Schraubenrades. Folgendermassen kontrollieren, ob der Eingriff einwandfrei zustandegekommen ist:
  - Bei einem Vergasermotor muss der Läufer auf die eingezeichnete Linie (Bild 128) am Verteilergehäuse weisen.
  - Bei einem Einspritzmotor muss der Verteilerläufer auf die eingezeichnete Linie im Verteilergehäuse weisen (Bild 129).
- Klemmschraube in dieser Verteilerstellung anziehen.
- Verteilerkappe anbringen und Hochspannungskabel aufstecken. Falls die Zündkabel abgezogen wurden, können sie wieder anhand von Bild 36 aufgeschoben werden.
- Den Mehrfachstecker mit Lithiumfett füllen und wieder zusammenschieben.
- Batterie anklemmen und die Zündung einstellen, wie es unten beschrieben ist.

7.2 Zündung einstellen

Wie bereits erwähnt, sollte die Zündung nicht eingestellt werden, wenn es nicht unbedingt erforderlich ist. Um die Klemmschraube des Verteilers zu lockern, muss die harte Versiegelung der Klemmschraube und Verteilerwelle abgekratzt werden.

Falls der Zündverteiler aus- und eingebaut wurde, muss die Zündung immer in der beschriebenen Weise eingestellt werden.

- Motor durchdrehen, bis die Kerbe in der Riemenscheibe gegenüber der betreffenden Zündeinstellmarke am Einstellblech steht. Mit einem Stück Kreide die Kerbe gut anzeichnen.
- Eine Lichtblitzlampe entsprechend den Anweisungen des Herstellers anschliessen und den Motor mit der vorgeschriebenen Drehzahl laufen lassen.
- Bei einem Vergasermotor die Unterdruckleitung vom Ansaugkrümmer abschliessen und zustopfen.
- Kontrollieren, dass sich die beiden Bezugsstellen der Zündeinstellung gegenüberstehen. Falls dies nicht der Fall ist, die Verteilerbefestigung lockern und den Verteiler verdrehen. Der Motor muss dazu abgestellt werden.
- Klemmschraube festziehen, Motor wieder anlassen und die Zündung erneut kontrollieren.

7.3 Zündspule

Die eingebaute Spule hat eine höhere Leistung als eine mit einem herkömmlichen Verteiler verwendete Spule. Die Spule ist ansonsten von normaler Bauweise, darf aber nur zusammen mit dieser Zündanlage eingebaut werden.

Die Zündspule erfordert keinerlei Wartung, ausser dass die Klemmen sauber gehalten werden müssen und dass keine Kabel lose sein dürfen. Schadhafte Spulen müssen erneuert werden.

Falls ein Ohmmeter zur Verfügung steht, kann man den Primär- und Sekundärwiderstand folgendermassen kontrollieren:

- Zur Kontrolle des Primärwiderstandes das Ohmmeter zwischen die beiden kleinen Klemmen der Zündspule anschliessen, nachdem die beiden schwachen Leitungen und die mittlere (stärkere) Leitung der Spule abgeklemmt wurden. Die Anzeige sollte zwischen 0,72 und 0,88 Ohm liegen.

- Zur Kontrolle des Sekundärwiderstandes wie bei der obigen Prüfung vorgehen, mit dem Unterschied, dass das Ohmmeter zwischen der mittleren Anschlussklemme der Spule und einer der beiden Klemmen abgeschlossen werden muss. Die Anzeige muss in diesem Fall zwischen 4500 und 7000 Ohm liegen.

Hinweis: Das Massekabel der Batterie muss bei beiden Prüfungen abgeklemmt sein und das Ohmmeter muss seine eigene Stromquelle besitzen.

7.4 Zündsteuergerät erneuern

Das Steuergerät sitzt bei einem Einspritzmotor an der Unterseite des Zündverteilers und die Erneuerung soll erwähnt werden. Bei den anderen Motoren ist es am Seitenteil des Kotflügels montiert. Die Erneuerung ist entsprechend einfacher.

- Batterie abklemmen.
- Den Kabelstecker vom Steuergerät trennen. Dabei nur am Stecker ziehen, nicht an den Leitungen, nachdem die Sicherungsspange zusammengedrückt wird.
- Zwei Schrauben lösen und das Teil abnehmen.

Der Einbau geschieht in umgekehrter Reihenfolge wie der Ausbau. Dabei keine übermässige Kraft aufwenden, um die Kontakte nicht zu beschädigen. Bild 130 zeigt wo das Steuerteil sitzt.

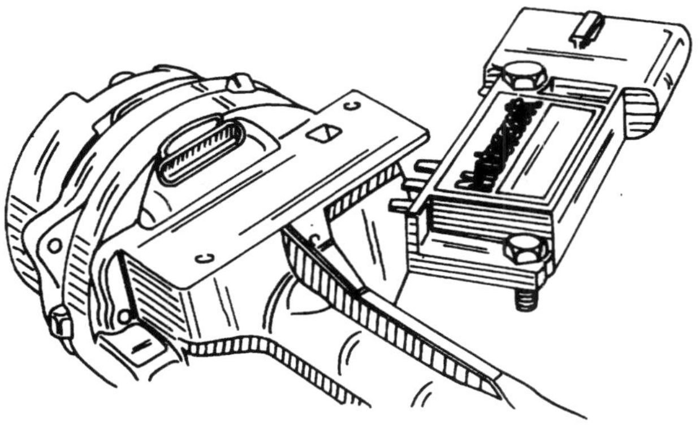

Bild 130
Das Zündsteuergerät wird an der gezeigten Stelle montiert (Einspritzmotor).

7.5 Zündkerzen

Die Zündkerzen haben einen Gewindedurchmesser von 14 mm. Vom Herstellerwerk werden die in der Mass- und Einstelltabelle angegebenen Kerzentypen empfohlen, wobei zu beachten ist, dass unterschiedliche Kerzen für die verschiedenen Motoren verwendet werden. Der Elektrodenabstand der Kerzen beträgt 0,75 mm. Zündkerzen sollten mindestens alle 10 000 km mit einem Sandstrahlgebläse gereinigt werden. Dabei den Elektrodenabstand auf den entsprechenden Wert stellen. Beim Einstellen des Abstandes niemals die mittlere Elektrode verbiegen, da dadurch der Porzellanisolator platzen kann.

Vor dem Ausschrauben der Kerzen kontrollieren, ob sich keine Fremdkörper in den Kerzenaufnahmevertiefungen befinden. Eine beim Ausschrauben der Kerze in die Kerzenbohrung fallende Scheibe, Schraube, ein Stein oder ähnliches können Ventile, Ventilsitze oder den Zylinderkopf beim ersten Lauf des Motors zerstören.

Aus dem Kerzengesicht lassen sich Schlüsse auf Eignung und einwandfreies Arbeiten der Kerzen, auf die Vergasereinstellung, den Gemischzustand und den Zustand des Motors (Kolben, Kolbenringe, etc.) ziehen. Allgemein gilt dafür:

Isolator	Mittelbraun
Elektroden	Schwarz oder verrusst
Betriebszustand	Kerze, Vergaser, Motor in Ordnung
Isolator	Schwarz oder verrust
Elektroden	Schwarz oder verrust
Betriebszustand	Gemisch zu fett, zu grosser Elektrodenabstand
Isolator	Hellgrau, weiss
Elektroden	Grau, feine Schmelzperlen
Betriebszustand	Gemisch zu mager, Kerzen undicht oder lose, Ventile schliessen nicht einwandfrei
Isolator	Verölt
Elektroden	Verölt
Betriebszustand	Undichter Kolben, undichte Kolbenringe, Kerze setzt aus

Da die Lebensdauer der Kerzen normalerweise bei mindestens 15 000 km liegt, reicht eine Reinigung alle 8 000 km aus. Beim Einschrauben der Kerzen darauf achten, dass diese nicht zu übermässig angezogen werden, da dadurch nur die Dichtscheibe beschädigt wird. Ein Anzugsdrehmoment von 15 bis 20 Nm sollte nicht überschritten werden.

8 Motorregulierung und Abgasregulierung (Motor Management System)

Bild 131 zeigt eine Ansicht des Motorraums bei Motoren mit Vergaser mit Lage der einzelnen Teile, welche bestimmte Funktionen in der Anlage übernehmen. Nachfolgend sind die wichtigsten Arbeiten beschrieben, welche man durchführen kann, ohne dabei die elektronische Anlage zu zerstören, solange man sich an bestimmte Vorsichtsmassregeln hält:

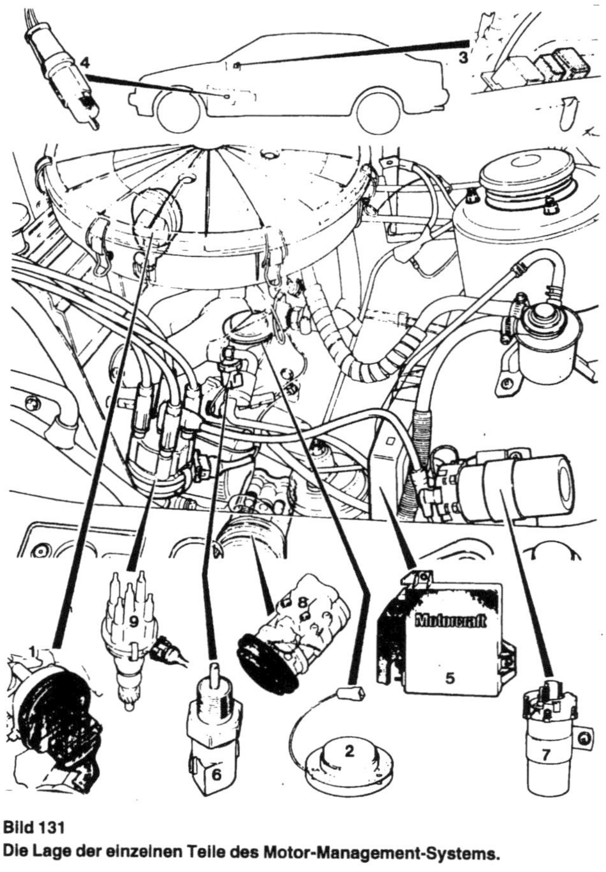

Bild 131
Die Lage der einzelnen Teile des Motor-Management-Systems.

1 Vergaserregelmotor (nur 2,0 Liter)
2 Ansaugheizung
3 Relaiseinbaulage
4 Neutral/Fahrschalter
5 Zündsteuergerät
6 Fühler, Motorkühlmitteltemperatur
7 Zündspule
8 Kompressor (Klimaanlage)
9 Zündverteiler

- Kabel nur abschliessen, wenn die Zündung ausgeschaltet ist.
- Auf die genannten Unterschiede zwischen Vergaser- und Einspritzmotor achten.
- Unter allen Umständen Kurzschlüsse vermeiden.

8.1 Aus- und Einbau des Zylinderverteilers

Während der Produktion wird der Zündzeitpunkt mit Hilfe von Mikrowellen auf den genauen Wert gebracht (innerhalb einer Abweichung von ½°). Nach der Einstellung wird die Verteilerwelle und die Klemmschraube versiegelt. Der Zündverteiler sollte aus diesem Grund nicht unnötigerweise ausgebaut werden. Das gleiche gilt für die Verstellung des Zündzeitpunktes, welche aus dem gleichen Grund nicht verstellt werden sollte.

- Massekabel der Batterie abklemmen.
- Zündkerzenkabel abziehen, die Verteilerkappe abnehmen und auf eine Seite legen.
- Motor durchdrehen, bis die Kerbe in der Kurbelwellenriemenscheibe in einer Linie mit der Zündzeitpunktmarke am Zündeinstellblech steht. Der Zündzeitpunkt beträgt bei beiden Vergasermotoren 10° und beim Einspritzmotor 12°. Kontrollieren, ob die Spitze des Verteilerläufers gegenüber der Kennzeichnung im Rande des Verteilergehäuses steht, wie es aus Bild 132 für die Vergasermotoren ersichtlich ist. Beim Einspritzmotor ist die Form des Läufers unterschiedlich und der Läufer muss die in Bild 133 gezeigte Lage einnehmen.

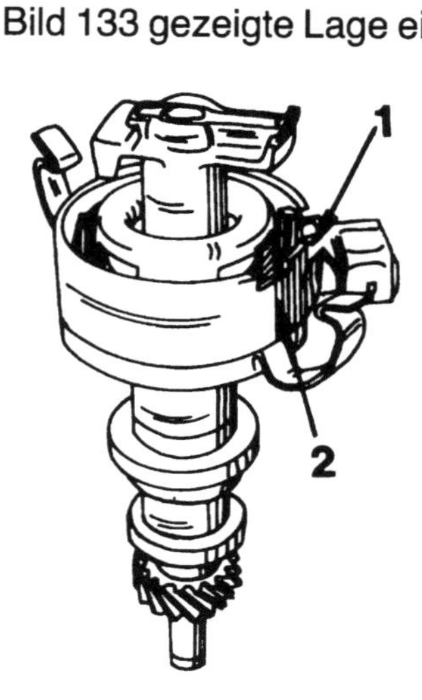

Bild 132
Einzelheiten zum Aus- und Einbau des Zündverteilers (Vergasermotor).

1 Stellung vor dem Ausbau 2 Stellung vor dem Einbau

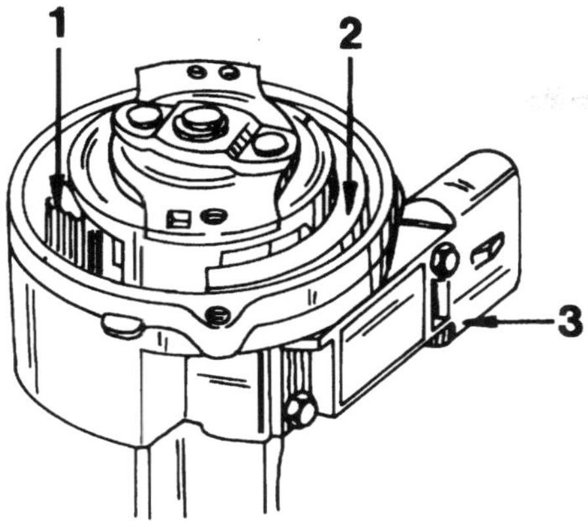

Bild 133
Ansicht des Verteilers eines Einspritzmotors

1 Hall-Effekt-Schalter   2 Flügel   3 Zündungssteuergerät

- Den Stecker von der Seite des Verteilers abziehen. Die Sicherungsspange dazu zusammendrücken und am Stecker, nicht an den Kabeln ziehen.
- Die Versieglung von der Klemmschraube des Verteilers abkratzen und die Schraube des Verteilers lösen. Den Verteiler herausziehen.

Der Einbau des Verteilers geschieht in umgekehrter Reihenfolge wie der Ausbau, jedoch müssen die folgenden Punkte beachtet werden:

- Aufgrund des Eingriffs der Schraubenräder für den Antrieb muss man den Verteilerläufer vor dem Einbau des Verteilers in eine bestimmte Stellung setzen:
  - Die Verteilerwelle eines Vergasermotors verdrehen, bis der Läufer mit der Spitze auf die Kante des Ausschnitts (2) in Bild 132 weist.
  - Die Verteilerwelle eines Einspritzmotors verdrehen, dass die Spitze des Verteilerläufers nach dem Einbau auf die Elektrode des ersten Zylinders in der Verteilerkappe weist.
- Verteiler in den Motor einsetzen und kontrollieren, dass das Verteilergehäuse richtig im Verhältnis zum Motor ausgerichtet ist (siehe Bilder 132 und 133).
- Nachdem der Verteiler einwandfrei sitzt, verdreht sich die Verteilerwelle durch den Eingriff des Schraubenrades. Folgendermassen kontrollieren, ob der Eingriff einwandfrei zustandegekommen ist:
  - Bei einem Vergasermotor muss der Läufer auf die eingezeichnete Linie (Bild 132) am Verteilergehäuse weisen.
  - Bei einem Einspritzmotor muss der Verteilerläufer mit der in Bild 133 gezeigten Seite im Verhältnis zum Zündsteuergerät stehen.
- Klemmschraube in dieser Verteilerstellung anziehen.
- Verteilerkappe anbringen und Hochspannungskabel aufstecken. Falls die Zündkabel abgezogen wurden, können sie wieder anhand von Bild 36 aufgeschoben werden.
- Den Mehrfachstecker mit Lithiumfett füllen und wieder zusammenschieben.
- Batterie anklemmen und die Zündung einstellen, wie es unten beschrieben ist.

8.2 Zündung einstellen

Die Einstellung der Zündung erfolgt in gleicher Weise wie es in Kapitel 7.2 beschrieben wurde. Die oben angegebenen Zündzeitpunkte sind gültig. Folgendes beachten:

- Beim Vergasermotor die Unterdruckleitung am Ansaugkrümmer abschliessen und zustopfen, um den Unterdruck ausser Betrieb zu bringen.
- Bei einem Einspritzmotor ist ein Oktanversteller eingebaut, dessen Kabel vor dem Einstellen des Zündzeitpunktes abgeklemmt werden müssen.

8.3 Zündspule

Die eingebaute Spule hat eine höhere Leistung als eine mit einem herkömmlichen Verteiler verwendete Spule. Die Spule ist ansonsten von normaler Bauweise, darf aber nur zusammen mit dieser Zündanlage eingebaut werden. Spulen können von Bosch, Femsa oder Polmot hergestellt sein. Die Zündspule sitzt beim Vergasermotor an der in Bild 134 gezeigten Stelle, neben dem Steuergerät für den Motorbetrieb. Beim Einspritzmotor ist sie allein angeordnet (das letztere befindet sich unter dem Armaturenbrett).

Die Zündspule erfordert keinerlei Wartung, ausser dass die Klemmen sauber gehalten werden müssen und dass keine Kabel lose sein dürfen. Schadhafte Spulen müssen erneuert werden.

Falls ein Ohmmeter zur Verfügung steht, kann man den Primär- und Sekundärwiderstand in gleicher Weise kontrollieren, wie es in Kapitel 7.3 beschrieben wurde. Die gleichen Werte gelten.

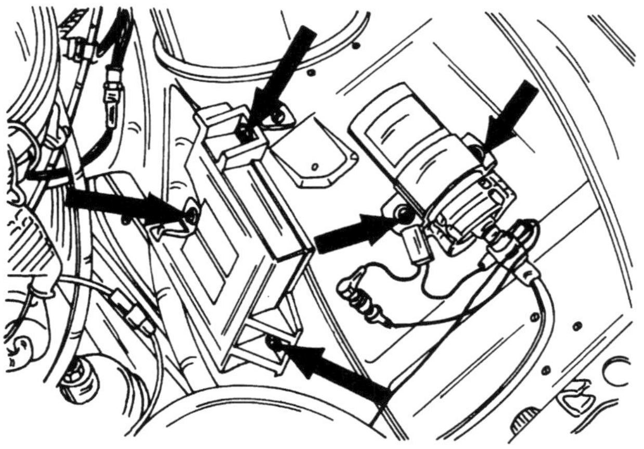

Bild 134
Die Pfeile weisen auf die Befestigungsstellen des Zündungssteuergeräts eines Vergasermotors (links) und der Zündspule (rechts).

8.4 Motorsteuergerät erneuern

Das Steuergerät für die Zündung sitzt bei einem Einspritzmotor an der Unterseite des Zündverteilers. Die Erneuerung geschieht in gleicher Weise wie es in Kapitel 7.4 beschrieben wurde. Das Steuergerät für den Betrieb des Motors sitzt unter der Armaturenbrettabpolsterung auf der Beifahrerseite des Fahrzeuges. Bei den anderen Motoren sitzt ein Steuergerät für den gesamten Motorbetrieb neben der Zündspule, wie es in Bild 134 gezeigt ist. Bei der Erneuerung eines Vergasermodells folgendermassen vorgehen:

- Massekabel der Batterie abklemmen.
- Unterdruckleitung abschliessen.
- Den Mehrfachstecker abziehen. Dazu, wie in Bild 135 gezeigt, die Sicherungsspange mit dem Daumen in Pfeilrichtung drücken und den Stecker mit der anderen Hand nach oben abziehen und an der Oberseite aushängen.

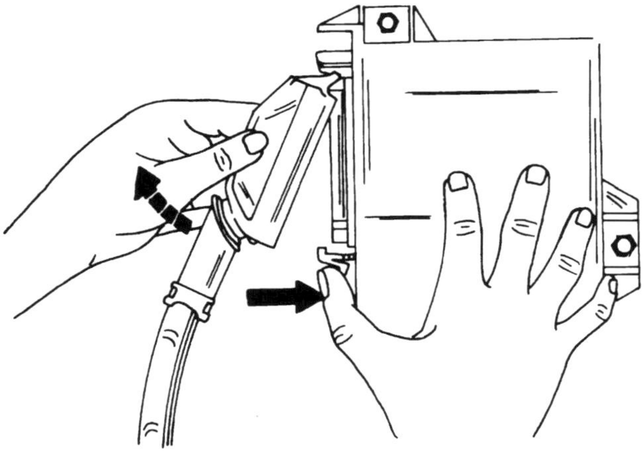

Bild 135
Trennen des Mehrfachsteckers des Steuergeräts für den Motorbetrieb (siehe Text).

- Die in Bild 134 mit den Pfeilen gezeigten Schrauben lösen und das Gerät herausheben.

Der Einbau geschieht in umgekehrter Reihenfolge wie der Ausbau. Beim Einstecken des Steckers diesen zuerst oben in Eingriff bringen und danach hineindrücken, bis die Sicherungsspange einschnappt.
Bei der Erneuerung in einem Einspritzmodell die Verkleidung unter dem Armaturenbrett ausbauen, die Befestigung des Geräts lösen und das Gerät nach unten senken. Eine Schraube lösen und den Mehrfachstecker abziehen.
Beim Einschieben des Steckers auf die Führung auf einer Seite achten und die Schraube anziehen. Beim Einbau das Gerät in die richtige Lage bringen, die Sicherung einrasten und kontrollieren, dass sie einwandfrei in Eingriff kommt.

8.5 Temperaturfühler für Motorkühlmittel erneuern

Der Temperaturfühler, welcher dem Steuergerät Angaben über die Temperatur des Kühlmittels zuführt, sitzt an der Unterseite des Ansaugkrümmers. Das Kühlmittel muss teilweise abgelassen

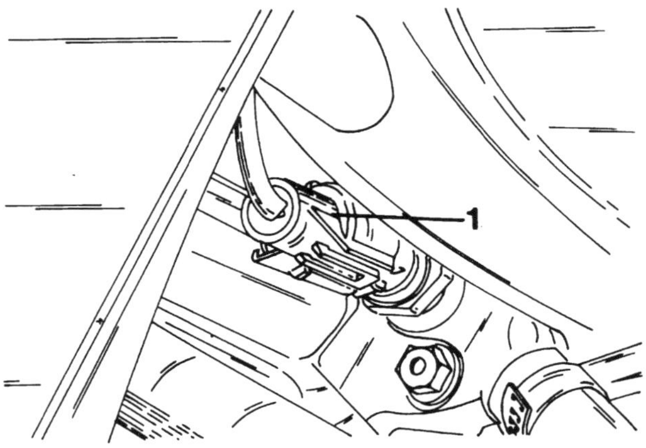

Bild 136
Der Temperaturfühler (1) sitzt versteckt unter dem Ansaugkrümmer (Einspritzmotor gezeigt).

werden, um den Fühler herauszudrehen. Den Mehrfachstecker abziehen (nicht an den Kabeln ziehen) und den Fühler aus dem Krümmer schrauben.
Beim Aufstecken des Steckers darauf achten, dass die Sicherungszungen eingreifen.

9 Die Kupplung

Die Kupplung ist eine Einscheibentrockenkupplung mit einer Tellerfederdruckplatte. Die Betätigung der Kupplung erfolgt über ein Kupplungsseil zwischen dem Kupplungspedal und dem Ausrückhebel am Getriebe. Die Kupplung ist mit einer Selbstnachstellvorrichtung am Kupplungspedal versehen, so dass eine Nachstellung des Kupplungsspiels nicht länger erforderlich ist.
Der Durchmesser der Kupplung ist bei allen Vergasermotoren gleich.

9.1 Kupplung ausbauen

Die Kupplung kann ohne Ausbau des Motors aus dem Fahrzeug ausgebaut werden.

- Getriebe ausbauen (Kapitel 10.1)
- Einbaulage der Kupplung im Verhältnis zum Schwungrad kennzeichnen. Dazu verwendet man einen Körner, mit welchem man in den Kupplungsdeckel und in die Aussenseite des Schwungrades schlägt.
- Kupplungsschrauben gleichmässig über Kreuz lösen, bis der Federdruck entlastet ist.
- Kupplungsdeckel abnehmen und die Mitnehmerscheibe herausnehmen. Da die Druckplatte mit Passstiften geführt ist, kann es manchmal vorkommen, dass man einen Schraubenzieher zwischen Schwungrad und Druckplatte einsetzen muss, um die Teile auseinander zu drücken.
- Mit einem Lappen sofort die Innenseite des Schwungrades auswischen und die Reibfläche des Schwungrades überprüfen. Falls die Mitnehmerscheibe bis auf die Nietenköpfe abgenutzt ist, könnte es sein, dass sich die Niete in die Schwungradfläche eingearbeitet haben.

Falls der Motor oder das Getriebe ausgebaut werden müssen, sollte die Kupplung immer abgeschraubt werden, so dass man sie kontrollieren kann.

9.2 Kupplung überholen

Druckplatte und Deckel auf Beschädigung oder Verzug kontrollieren. Bei Schäden beide Teile im Satz erneuern.

Kontrollieren, ob die Federn der Mitnehmerscheibe noch einwandfrei sind und dass die Keilverzahnungen der Scheibe nicht übermässig ausgeschlagen sind.

Da verölte Kupplungsbeläge nicht gereinigt werden können, ist die Mitnehmerscheibe in derartigen Fällen zu erneuern.

Kupplungsbeläge auf Wiederverwendbarkeit kontrollieren, indem man mit einer Tiefenlehre von der Oberfläche der Beläge bis auf die Oberseite der Nietenköpfe ausmisst. Falls das Mass weniger als 0,30 mm beträgt, muss die Scheibe erneuert werden. Die Scheibe ebenfalls erneuern, falls das Mass bald erreicht ist.

Um Mitnehmerscheiben auf Schlag zu kontrollieren, spannt man sie auf einem passenden Dorn oder einer Kupplungswelle zwischen die Spitzen einer Drehbank. Eine Messuhr mit einem geeigneten Halter neben der Scheibe so aufsetzen, dass der Messfinger gegen den Rand der Scheibe anliegt, und zwar an der Aussenkante der Scheibe. Die Scheibe langsam durchdrehen und die Anzeige der Messuhr ablesen. Falls die Anzeige grösser als 0,8 mm ist, kann man die Scheibe, falls erwünscht, vorsichtig mit einer Zange richten. Andernfalls die Scheibe erneuern.

Die Gleitpassung der Mitnehmerscheibennabe auf den Keilverzahnungen der Kupplungswelle kontrollieren. Dazu die Scheibe aufstecken und an der Aussenkante zwischen Daumen und Zeigefinger erfassen. Scheibe im Drehsinn hin- und herbewegen. Falls ein Spiel von mehr als 0,4 mm festgestellt werden kann, liegt Verschleiss in den Keilverzahnungen vor. Die Ursache dafür ist meistens bei der Mitnehmerscheibe zu finden.

Die inneren Enden der Tellerfeder auf Abnutzung hin kontrollieren. Falls tiefe Einlaufstellen festgestellt werden, muss man die komplette Kupplung erneuern.
Kupplungsdruckplatte kontrollieren. Die am meisten vom Verschleiss angegriffenen Stellen sind die Innenkanten der Reibflächen und die Enden der Finger der Tellerfeder. Der Verschleiss an den Enden der Ausrückfinger darf nicht tiefer als 0,3 mm sein und ist normalerweise sichtbar, falls dies der Fall ist. Zur Kontrolle der Reibfläche ein Messlineal über die Fläche legen und mit einer Fühlerlehre an der in Bild 137 gezeigten Stelle an mehreren Stellen des Umfanges messen. Falls ein Spalt von mehr als 0,08 mm an diesen Stellen erhalten wird, muss die Druckplatte erneuert werden.

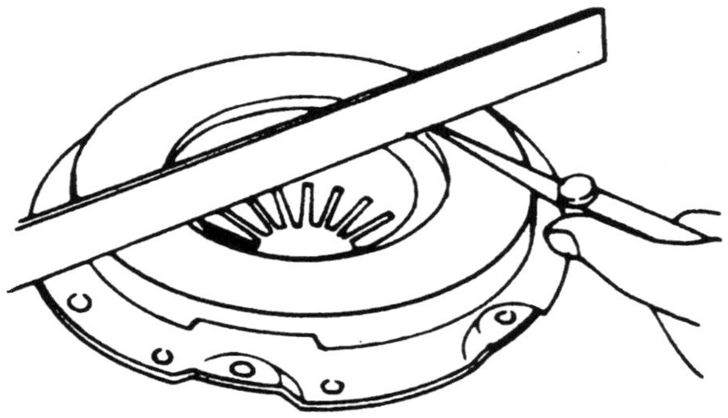

Bild 137
Kontrolle der Kupplungsdruckplatte auf Abnutzung oder Verzug an der Innenkante.

Führungslager der Kupplungswelle im Ende der Kurbelwelle auf rauhe Stellen oder Geräusche kontrollieren und, falls erforderlich, erneuern.
Die Reibfläche des Schwungrades auf tiefe Riefen kontrollieren. Falls Störungen in der Funktion die Ursache des Ausbaus waren, ist es manchmal möglich,dass dies aufgrund eines schlagenden Schwungrades zustandegekommen ist. Das Schwungrad kann mit einer Messuhr, entweder bei ein- oder ausgebautem Motor, ausgemessen werden.
Dazu eine Messuhr am Zylinderblock anbringen und den Messfinger auf die Reibfläche aufsetzen. Die Messuhr auf Null stellen und das Schwungrad einige Male nach rechts durchdrehen. Den Ausschlag der Nadel beobachten. Das Schwungrad sollte nicht mehr als 0,10 mm schlagen.

9.3 Kupplung einbauen

Der Einbau der Kupplung geschieht in umgekehrter Reihenfolge wie der Ausbau. Die folgenden Punkte sollten besonders beachtet werden:

- Zum Zentrieren der Mitnehmerscheibe ist normalerweise ein Zentrierdorn erforderlich (Nr. 21-044). Falls kein Dorn vorhanden ist, kann eine zur Verfügung stehende Kupplungswelle benutzt werden. Falls keine der beiden Möglichkeiten ausgenutzt werden kann, ist es möglich, dass man die Mitnehmerscheibe mit einem Dorn ausrichtet, dessen Aussendurchmesser dem Innendurchmesser der Keilverzahnungen entspricht. An diesen Dorn einen Zapfen andrehen lassen, der den gleichen Innendurchmesser wie das Führungslager in der Kurbelwelle hat. Geschickte Hände können die Scheibe auch nach Augenmass ausrichten. Beim Einsetzen der Mitnehmerscheibe die längere Seite der Kupplungsscheibennabe nach aussen, d. h. zum Getriebe, bringen.
- Vor Montage der Kupplung die Keilverzahnungen der Kupplungswelle mit etwas Fett einschmieren.
- Falls die ursprüngliche Kupplung wieder montiert wird, den Kupplungskörper entsprechend der Kennzeichnungen am Schwungrad montieren. Die Kupplung am Schwungrad ansetzen und mit einem Hammer den Deckel über die Passstifte im Schwungrad schlagen.
- Kupplungsschrauben über Kreuz in mehreren Durchgängen auf das endgültige Anzugsdrehmoment von 22–33 Nm anziehen. Dabei wird der Zentrierdorn (oder die Welle) häufig herausgezogen und hineingeschoben, um zu kontrollieren, ob die Flucht noch stimmt. Das Schwungrad muss in geeigneter Weise gegengehalten werden, während man die Kupplungsschrauben anzieht.
- Getriebe wieder einbauen.

9.4 Kupplungsseil erneuern

- Fahrzeug auf eine Hebebühne oder über eine Grube fahren oder vorn genügend weit aufbocken, damit man an das Kupplungsseil gelangen kann.

- Gummiabdeckung des Kupplungsausrückhebels zurückziehen und das Seil aus dem Hebel aushängen. Dazu das Seil nach unten ziehen, mit einer Zange in dieser Stellung festhalten und Seil aus dem Hebel aushängen (Bild 138).

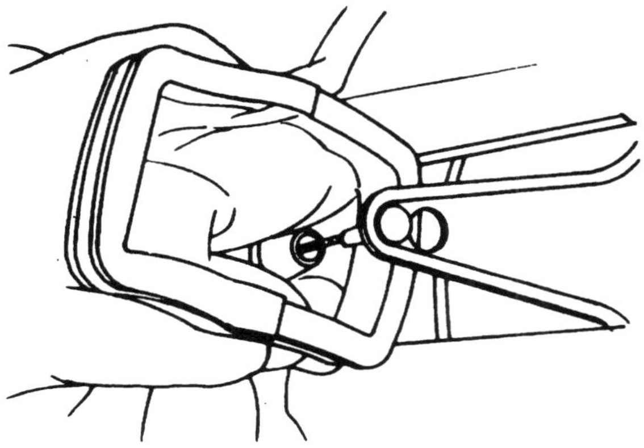

Bild 138
Aushängen des Kupplungsseils aus dem Ausrückhebel

- Auf der Fahrerseite die untere Verkleidung des Armaturenbretts ausbauen.
- Seil aus dem Segment der Nachstellvorrichtung aushängen (Bild 139) und durch den Raum zwischen Pedal und Segment herausziehen.

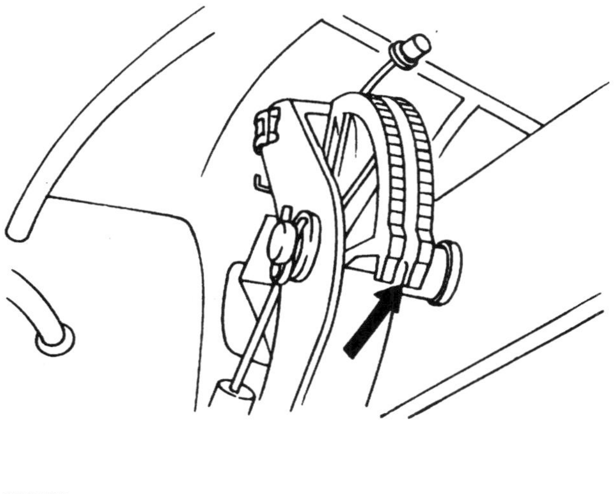

Bild 139
Aushängen des Kupplungsseils vom Kupplungshebel

- Kupplungsseil in den Motorraum ziehen.
- Neues Kupplungsseil durch die Stirnwand schieben und durch den Raum zwischen Kupplungspedal und Segment einführen, bis das Seilende im Segment eingehängt werden kann.
- Von der Unterseite des Fahrzeuges den Seilzug aus der Aussenhülle herausziehen, durch das Kupplungsgehäuse und die Gummiabdeckung führen und mit einer Zange stramm ziehen. Das Seil in den Hebel einhängen. Die Gummiabdeckung und Befestigungsspangen in das Kupplungsgehäuse eindrücken.

9.5 Kupplungsausrücklager und Ausrückgabel

Ausrücklager und Ausrückgabel können bei ausgebautem Getriebe erneuert werden. Die folgende Beschreibung zeigt den Aus- und Einbau des Ausrücklagers und der Gabel.

- Gummimanschette von der Oberseite des Getriebes entfernen.
- Ausrückgabel aus dem Getriebegehäuse ziehen und das Ausrücklager von der Kupplungswelle herunterziehen.

Ausrücklager auf möglichen Verschleiss kontrollieren. Das Lager mit beiden Händen fest gegeneinander drücken und hin- und herdrehen, um festzustellen, ob Geräusche gehört werden können oder ob es schwere Stellen hat. Das Lager unter keinen Umständen in Reinigungsflüssigkeit auswaschen, da es andernfalls seine Schmierung verliert.
Falls erforderlich das alte Lager mit einem geeigneten Dorn aus der Muffe schlagen. Diese dazu auf einem teilweise geöffneten Schraubstock auflegen. Das neue Lager so aufpressen, dass es gerade auf die Nabe kommt.
Zum Einbau das Ausrücklager über die Welle stecken und den Ausrückhebel von der Seite in das Getriebe stecken. Das Lager wieder befestigen. und die Gummimanschette am Getriebe anbringen.

10 Das Fünfgang-Schaltgetriebe

10.1 Aus- und Einbau des Getriebes

Der Ausbau des Getriebes ist ziemlich aufwendig, da die Konsole ausgebaut werden muss.

- Batterie abklemmen.
- Fahrzeug auf eine Hebebühne oder über eine Grube fahren oder die Vorderseite auf sichere Böcke setzen.
- Schalthebelknopf abdrehen und die äussere Gummiabdeckung über den Schalthebel ziehen.
- Schaltkonsole jetzt mit der Halterung ausbauen. 10 Schrauben müssen gelöst werden.
- Schalthebel ausbauen. Dazu die drei in Bild 140 gezeigten Schrauben lösen und den Hebel vom Schaltgehäuse abziehen. Dazu wird ein »Torx-Schlüsseleinsatz gebraucht.

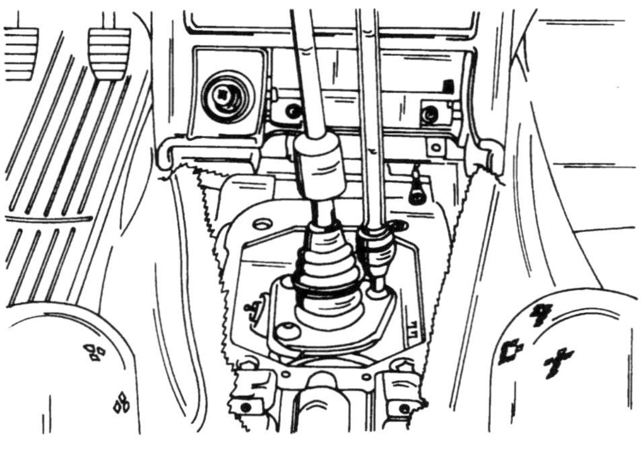

Bild 140
Befestigung des Schalthebels am Schaltgehäuse

- Kurvenstabilisator von den Seitenträgern abschrauben. Die Montageschellen abnehmen.
- Auspuffanlage von den Gummiaufhängungen an der Rückseite freimachen und mit Draht an der Karosserie festbinden. Auf keinen Fall den Auspuff frei herunterhängen lassen.
- Gelenkwelle vom Flansch der Hinterachse abschrauben, Befestigungsschrauben des mittleren Stützlagers lösen und die Gelenkwelle aus der Rückseite des Getriebes herausziehen. Eine Plastiktüte um das Ende des Getriebes befestigen, damit kein Öl herauslaufen und den Arbeitsplatz beschmutzen kann.
- Getriebe von der hinteren Aufhängung lösen (1 Schraube) und den Träger von der Karosserie abschrauben (4 Schrauben). Die Befestigung ist in Bild 141 gezeigt.

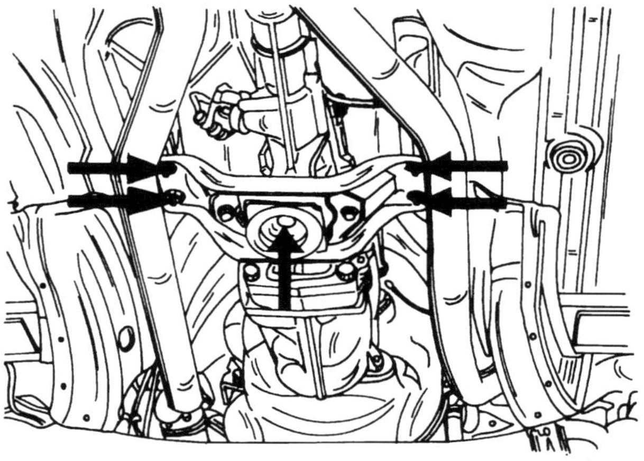

Bild 141
Befestigung der hinteren Getriebeaufhängung

- Dem Verlauf der Tachometerspirale verfolgen und mit einer Sprengringzange den Sprengring im Getriebe entfernen. Die Tachometerspirale herausziehen und zur Seite drücken.
- Anlasserkabel abklemmen und den Anlasser abschrauben (3 Schrauben).
- Gummiabdeckung der Kupplungsausrückung abziehen und das Kupplungsseil aus dem Ausrückhebel aushängen (Bild 138).
- Schutzblech unter dem Schwungradgehäuse abschrauben.
- Die Stütze zwischen Motor und Getriebe ausbauen.
- Einen Wagenheber unter den Motor setzen (mit einem Holzklotz zwischen Wagenheber und Ölwanne) und den Wagenheber leicht anheben.

- 6 Verbindungsschrauben zwischen Motor und Getriebe und das Getriebe vom Motor abheben.
- Das Getriebe vom Motor abdrücken, bis es von den Passhülsen frei kommt. Falls der Wagenheber weggenommen wird, ein Stück Holz zwischen Ölwanne und vorderen Motorträger einlegen, um die Ölwanne nicht zu beschädigen.

> *Achtung:* Auf keinen Fall darf das Gewicht des Getriebes beim Herausheben auf der Kupplungswelle oder auf der Nabe der Mitnehmerscheibe ruhen, da sonst Schäden verursacht werden können.

Der Einbau des Getriebes geschieht in umgekehrter Reihenfolge wie der Ausbau. Die Keilverzahnungen der Kupplungswelle, das Drehlager des Ausrückhebels und das Kupplungsseil leicht mit Fett einschmieren. Nach dem Einbau die Kupplung einstellen, wie es in Kapitel 9.4 beschrieben wurde. Abschliessend das Getriebe mit der vorgeschriebenen Ölmenge füllen.

10.2 Zerlegung des Getriebes

- Kupplungsausrücklager und Ausrückhebel ausbauen (Kapitel 9.5).
- Kupplungsgehäuse abschrauben (4 Schrauben).
- Vorderen Deckel vom Getriebe abschrauben (4 Schrauben).
- Den kleinen Sprengring vor dem Lager der Kupplungswelle entfernen und das Lager mit einem Abzieher herausziehen, welcher sich in den inneren Lagerring einstzen lässt. Den äusseren, grossen Lagersprengring entfernen.
- Deckel des Getriebes von der Unterseite abschrauben und das Getriebeöl ablassen.
- Öldichtring und Büchse aus dem Schaltgehäuse herausziehen. Normalerweise werden Spezialauszieher dazu verwendet. Falls diese nicht zur Verfügung stehen, muss man sich anderweitig helfen.

- Sperre des fünften Ganges von der Seite des Getriebes abschrauben (Bild 142) und den daruntersitzenden Sperrstift sowie die Feder herausnehmen.

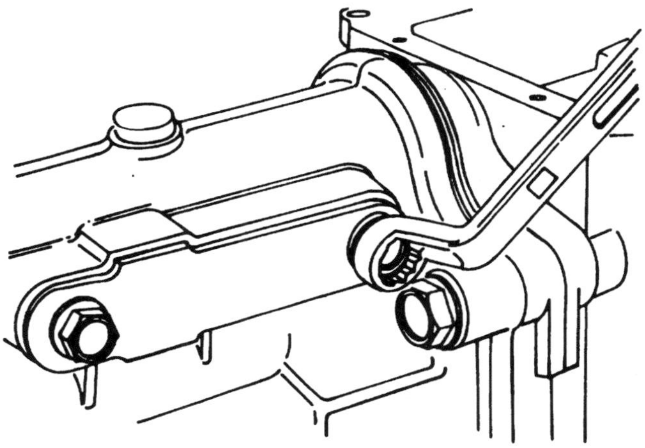

Bild 142
Abschrauben der Sperre für den 5. Gang. Der Sperrstift und eine Feder sitzen unter der Platte.

- Schaltstange nach hinten in den Rückwärtsgang ziehen und mit einem passenden Dorn den Sicherungsstift des Schalthebelansatzes herausschlagen. Bild 143 zeigt wie die Schaltstange stehen muss, um die Verbindung zu lösen.

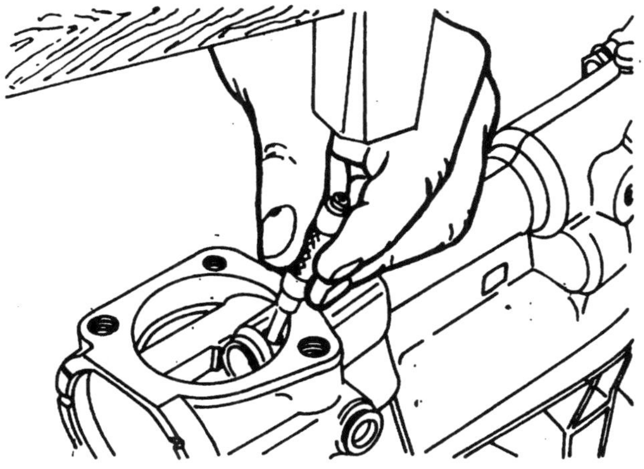

Bild 143
Ausschlagen des Schaltansatzes von der Schaltwelle

- Aus einer Seite den Schraubstopfen für die Schaltsperren mit einem Inbusschlüssel herausdrehen und die Feder sowie den Sperrstift mit einem Stabmagneten herausziehen.
- Federspannstift aus dem Schaltfinger und der Schaltwelle herausschlagen (Bild 144).

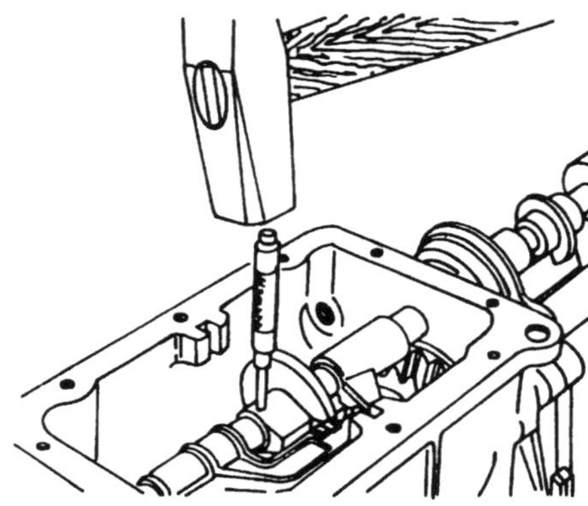

Bild 144
Ausschlagen der Sicherungsstifte aus den Schaltgabeln und -schienen.

Bei der weiteren Zerlegung Bezug auf Bild 145 nehmen:

- Einen Sprengring (2) entfernen und den Synchronkörper für den 5. Gang (16) auf der Hauptwelle nach hinten schieben.
- Zwei Gänge einschalten, um das Getriebe zu blockieren und die Mutter des fünften Gangrades (25) von der Vorgelegewelle lösen. Bei dieser handelt es sich um eine 12-Kant-Mutter.
- Vorgelegwelle (26) aus dem Getriebe ausschlagen.
- Zum Abziehen des Gangrades für den fünften Gang auf dem Vorgelege (24) wird ein Spezialwerkzeug gebraucht. Das Werkzeug wie in Bild 146 gezeigt ansetzen und das Gangrad

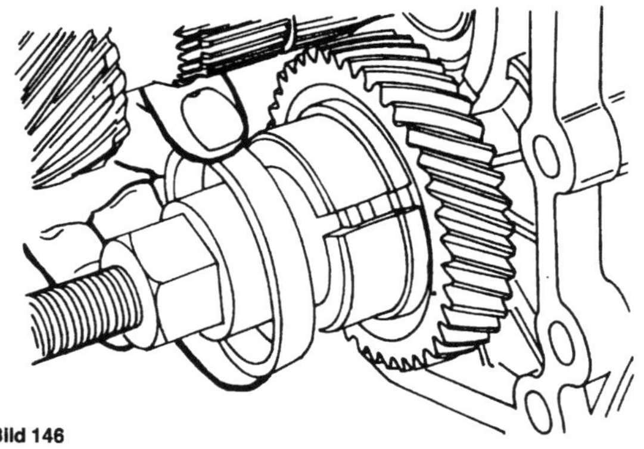

Bild 146
Verwendung des Spezialwerkzeuges zum Abziehen des Gangrades für den 5. Gang.

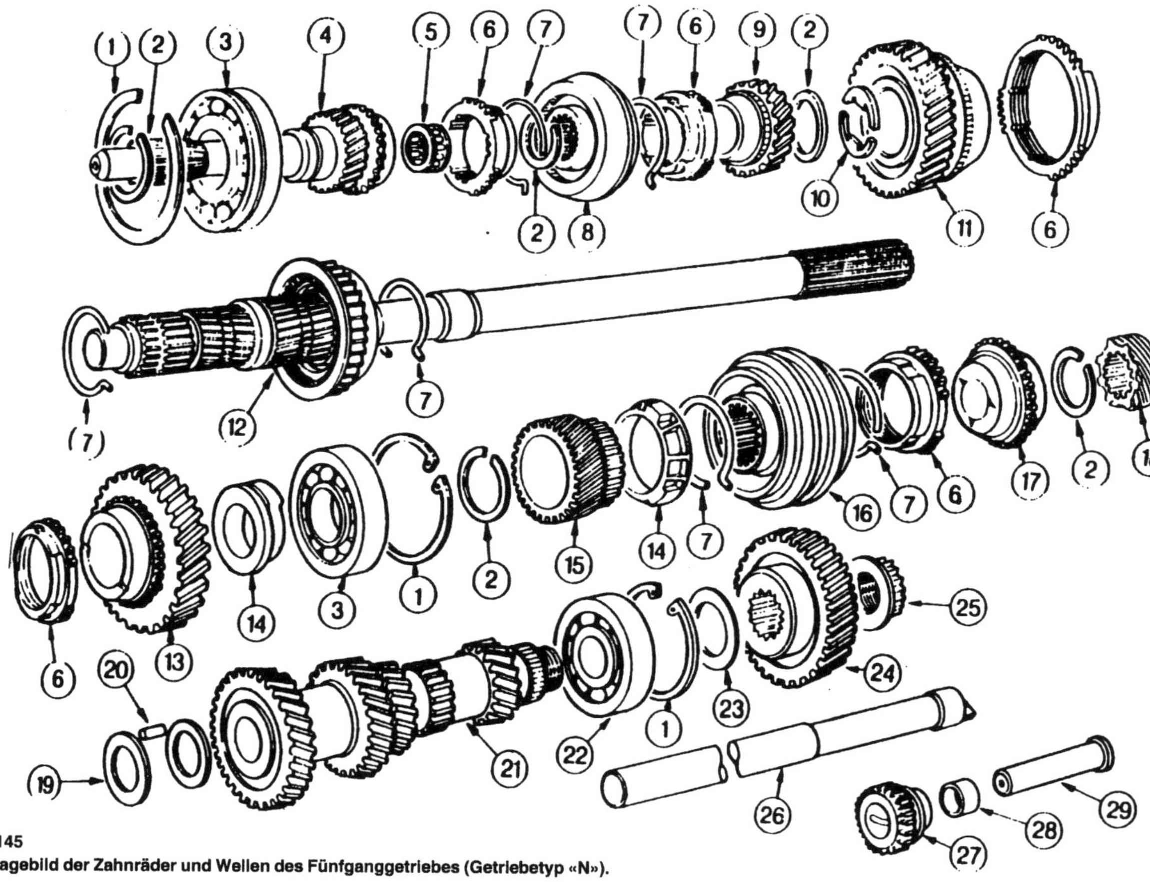

Bild 145
Montagebild der Zahnräder und Wellen des Fünfganggetriebes (Getriebetyp «N»).

1 Lagersicherungsring
2 Sprengring
3 Kugellager
4 Antriebswelle
5 Nadelrollenlager
6 Synchronisierring
7 Synchronkörperfeder
8 Synchronkörper, 3./4. Gang
9 Zahnrad, 3. Gang
10 Anlaufhalbscheiben
11 Gangrad, 2. Gang
12 Hauptwelle mit Synchronkörper, 1./2. Gang
13 Gangrad, 1. Gang
14 Ölabweisring
15 Gangrad, 5. Gang
16 Synchronkörper, 5. Gang
17 Schaltnabe, 5. Gang
18 Tachometerschnecke
19 Distanzscheibe
20 Nadelrollen
21 Vorgelegezahnradblock
22 Rollenlager
23 Scheibe
24 Gangrad, 5. Gang auf Vorgelege
25 12-seitige Mutter
26 Vorgelegewelle
27 Rücklaufrad
28 Büchse
29 Rücklaufwelle

herunterziehen. Den Abstandsring (23) abnehmen.

- Sprengring (1) des Vorgelegewellenlagers (22) entfernen.
- Das Zwischengehäuse mit einem Kunststoffhammer losschlagen und das Lager von der Rückseite mit einem Schraubenzieher abdrücken.
- Antriebswelle (4) und Hauptwelle (12) zusammen mit dem Zwischengehäuse herausnehmen.
- Eine M8 × 60-Schraube verwenden und die Rücklaufwelle herausziehen, wie es in Bild 147 gezeigt ist.

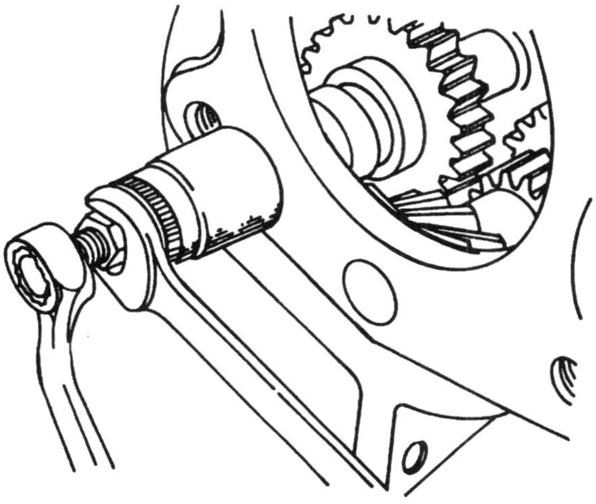

Bild 147
Ausbau der Rücklaufwelle

- Sprengring vom Schalthebel des Rückwärtsganges entfernen und den Hebel abnehmen. Das Rücklaufrad herausnehmen.
- Magnetische Scheibe abnehmen und reinigen.
- Sprengring vor dem Synchronkörper des 3./4. Ganges entfernen (am Ende der Welle) und den Synchronkörper (8) zusammen mit dem Gangrad (9) mit der Hand von der Welle ziehen.
- Sicherungsring (2) und die geteilten Scheiben (10) von der Welle entfernen (Bild 148) und das Gangrad des zweiten Ganges (11) mit der Hand herunterziehen.
- Schiebemuffe des Synchronkörpers für den 1./2. Gang von der Welle ziehen und die Teile abnehmen. Die Schaltnabe ist in die Welle eingegossen.

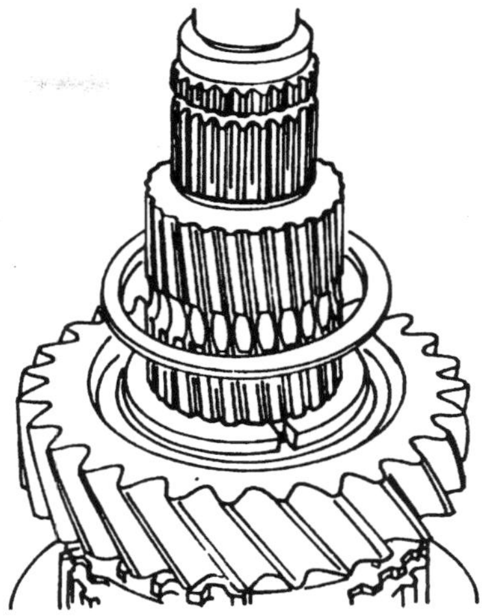

Bild 148
Sicherungsring und die beiden Halbscheiben des 2. Ganges auf der Hauptwelle.

- Tachometerschnecke von der Welle pressen.
- Sprengring entfernen und den Synchronkörper des fünften Ganges (16) zusammen mit dem Gangrad (15) herausziehen.
- Einen Sprengring entfernen und das Zwischengehäuse von der Hauptwelle entfernen.
- Ölleitring (14), Gangrad des ersten Ganges (13) und den Synchronisierring von der Welle ziehen.
- Sprengring (1) vom Kugellager der Hauptwelle (3) abnehmen und das Lager aus dem Zwischengehäuse auspressen.
- Lager (22) vom Vorgelege (21) abpressen.
- Synchronkörper zerlegen.

10.3 Zusammenbau des Getriebes

Der Zusammenbau des Getriebes efolgt unter Bezug auf Bild 145 in umgekehrter Reihenfolge, unter Beachtung der folgenden Punkte:

- Synchronkörper zusammenbauen. Dazu Bezug auf Bild 149 nehmen.

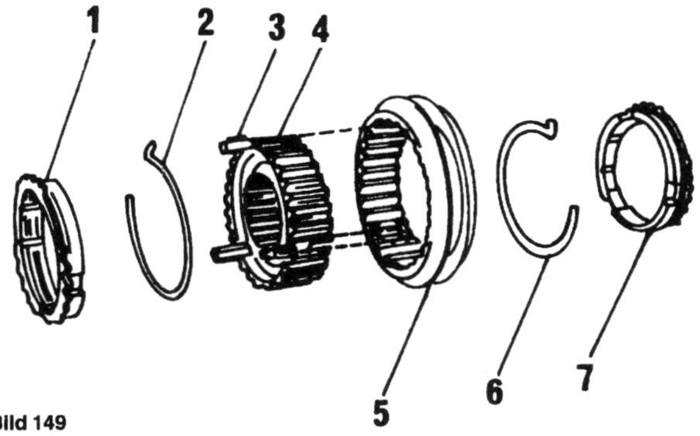

Bild 149
Montagebild eines Synchronkörpers

1 Synchronisierring
2 Synchronkörperfeder
3 Schaltriegel
4 Synchronschaltnabe
5 Schiebemuffe
6 Synchronkörperfeder
7 Synchronisierring

- Kugellager der Hauptwelle in das Zwischengehäuse einschlagen und mit dem Sprengring befestigen.
- Die Teile auf die Hauptwelle schieben, wie es Bild 150 zeigt. Der Ölleitring (1) wird mit der glatten Seite gegen das Lager im Zwischengehäuse weisend aufgesetzt.

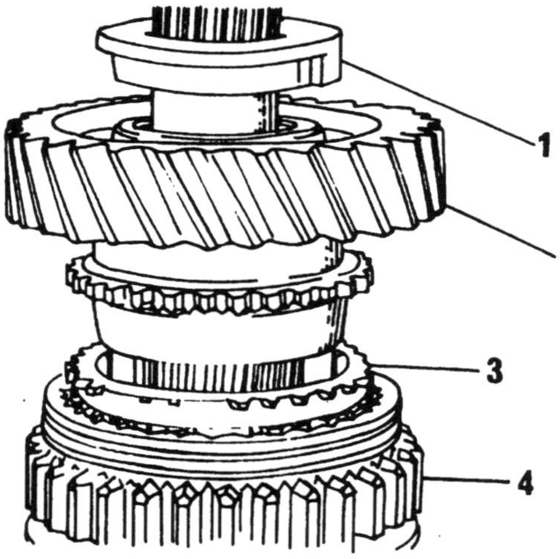

Bild 150
Die Teile auf dem Ende der Hauptwelle

1 Ölabweisring
2 Gangrad, 1. Gang
3 Synchronisierring
4 Schiebemuffe, 1./2. Gang

- Zwischengehäuse und Lager an der Hauptwelle montieren und befestigen.
- Gangrad des fünften Ganges (15) mit der Schrägverzahnung zum Lager weisend aufschieben, den Ölleitring (14) aufsetzen und den Synchronkörper (16) darübersetzen. Bild 151 zeigt, wie die Teile zusammengebaut sind.

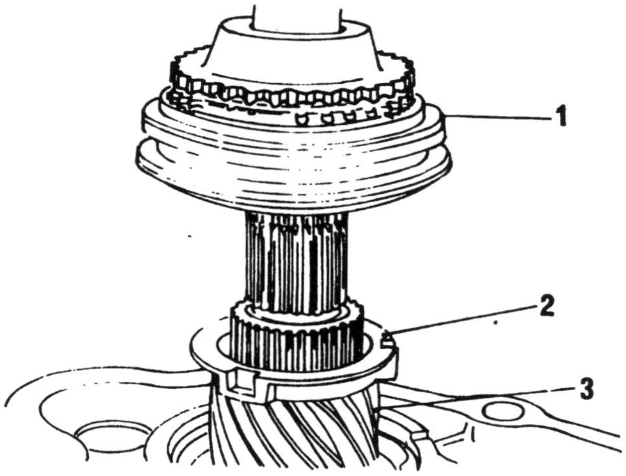

Bild 151
Aufbringen des Gangrades für den 5. Gang

1 Synchronkörper 2 Schaltsteinsicherung 3 Gangrad

- Tachometerschnecke aufpressen. Dabei ist ein Mass von 122,0 mm ± 0,5 mm zu beachten, welches von den in Bild 152 gezeigten Stellen aus zu messen ist.

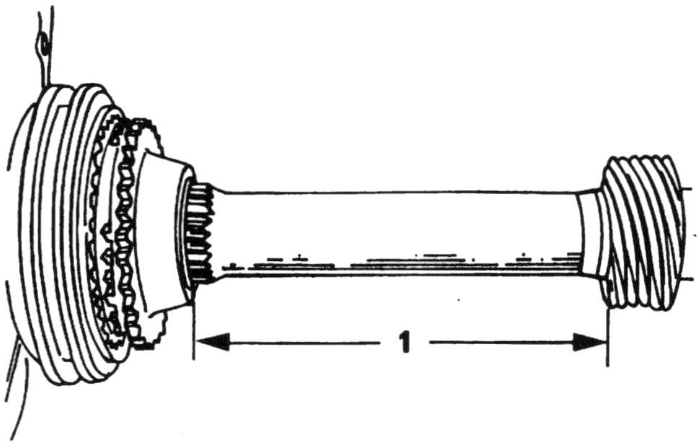

Bild 152
Tachometerschnecke aufpressen, bis ein Mass (1) von 122,0 ±0,5 mm erhalten wird.

- Synchronkörper des 1./2. Ganges zusammenbauen. Die Rille für die Schaltgabel muss zur Vorderseite weisen.
- Gangrad des zweiten Ganges (11) mit den Halbscheiben (10) zusammenbauen und mit dem Sicherungsring (2) befestigen.
- Synchronkörperkonen vor dem Zusammenbau mit Fett einschmieren.
- Gangrad des 3. Ganges (9) mit dem Synchronisierring auf die Welle schieben, den Synchronkörper (8) aufsetzen und mit dem Sprengring befestigen. Die lange Seite der Nabe muss zur Vorderseite des Getriebes weisen.
- Vorgelege zusammenbauen. Die Nadelrollen (20) mit Fett einsetzen und die beiden Abstandsscheiben (19) einsetzen.
- Rücklaufrad mit der Rille nach hinten weisend montieren.

Der weitere Zusammenbau erfolgt in umgekehrter Reihenfolge wie das Zerlegen.

11 Automatisches Getriebe

Der Ford Scorpio ist mit einer Viergang-Getriebeautomatik (Typ A4LD) erhältlich. Das Getriebe arbeitet zusammen mit einem Drehmomentwandler. Aufgrund der komplizierten Konstruktion empfehlen wir, dass alle Reparaturen und Einstellungen in einer Spezialwerkstatt durchgeführt werden, da die notwendigen Spezialwerkzeuge und Fachkenntnisse zur Überholung von automatischen Getrieben zur Verfügung stehen müssen.
Das Getriebe kann jedoch getrennt ausgebaut werden, um es entweder in eine Werkstatt zur Überholung zu bringen oder ein Austauschgetriebe einzubauen.

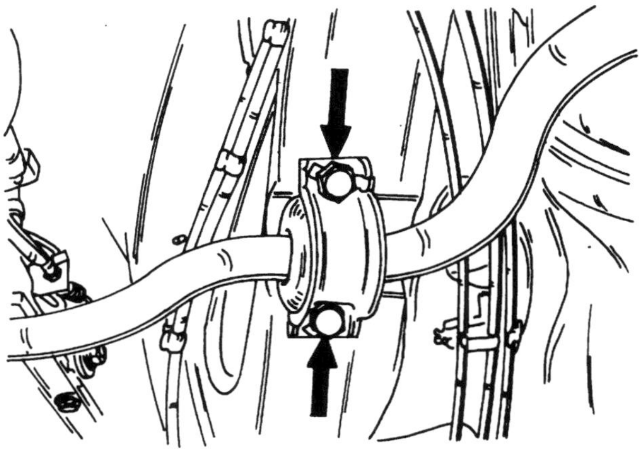

Bild 153
Die beiden Stabilisatorschellen links und rechts abschrauben

11.1 Aus- und Einbau des Getriebes

- Fahrzeug auf eine Hebebühne oder über eine Montagegrube fahren oder vorn und hinten aus sichere Böcke stellen.
- Batterie abklemmen.
- Auspuffrohr vom Auspuffkrümmer abschrauben, die Gummiaufhängungen der Anlage freimachen und den Auspuff herausheben. Den Aufhängungsbügel vom Getriebe abschrauben.
- Gelenkwelle ausbauen. Dazu den Gelenkflansch an der Hinterachse lösen, die beiden Schrauben des mittleren Stützlagers entfernen und die Welle herausheben.
- Kurvenstabilisator von den beiden Lagern links und rechts abschrauben (Bild 153).
- Öleinfüllrohr ausbauen. Die Öffnung im Getriebe zustopfen, um das Eindringen von Schmutz zu vermeiden.
- Anlasserkabel abklemmen und den Anlasser ausbauen (3 Schrauben).
- Einen Wagenheber unter das Getriebe untersetzen und dieses soeben anheben.
- Den Getriebequerträger vom Getriebe und vom Wagenboden abschrauben. Dazu unter Bezug auf Bild 154 die vier mit den Pfeilen gezeigten Schrauben lösen und danach die Schraube in der Mitte des Querträgers herausdrehen. Der Aufhängungsbügel für die Auspuffanlage wird dabei frei. Das Getriebe langsam herunterlassen.

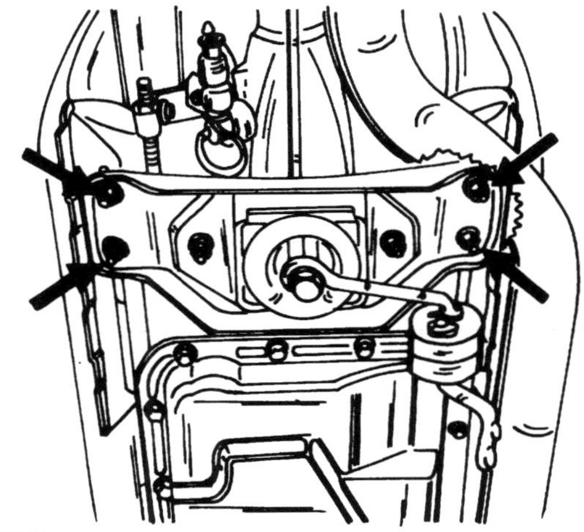

Bild 154
Die Befestigung des Getriebeaufhängungsträgers

- Leitungen des Ölkühlers nach Lösen der Überwurfmuttern vom Getriebegehäuse abziehen. Die Halteschelle der Leitungen von der Motoraufhängung lösen. Dabei fliesst etwas Flüssigkeit heraus. Leitungsenden in geeigneter Weise zustopfen.

- Zwei Federspangen aus dem Schaltgestängeanschluss entfernen und die Gestänge aus dem Eingriff bringen. Bild 155 zeigt die Befestigung des Schaltgestänges.
- Die in Bild 156 gezeigte Befestigung des Kick-down-Seils lösen und das Seil aus dem Getriebe aushängen. Den Kabelstecker vom Anlasssperrschalter abziehen.

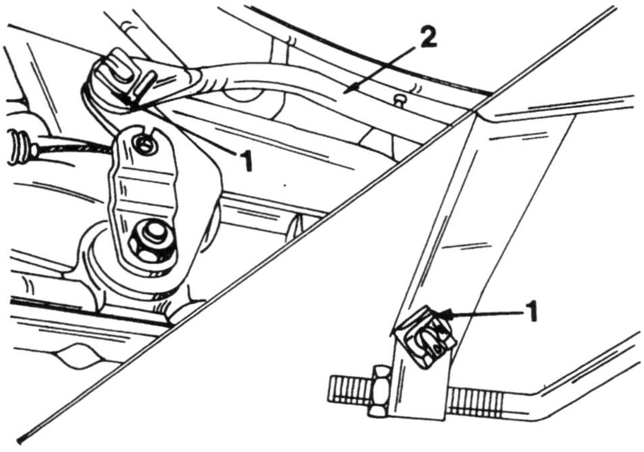

Bild 155
Die Befestigung des Schaltgestänges am Getriebe

1 Sicherungsfederbleche 2 Wählgestänge

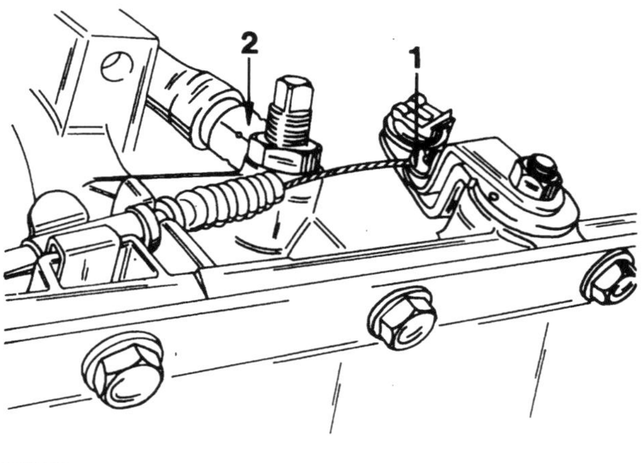

Bild 156
Abschliessen des Kick-down-Seils vom Getriebehebel (1) und Abziehen des Steckers (2) vom Anlasssperrschalter.

- Den Fühler der Tachometeranzeige von der Getriebeverlängerung lösen (1 Schraube) und herausziehen. Die Öffnung abdecken, um das Eindringen von Schmutz zu vermeiden.
- Unterdruckleitung von der Membrane abschliessen und die Leitung von der Schelle freimachen.
- Muttern zwischen Mitnehmerscheibe und Wandler lösen. Dazu die Kurbelwelle langsam durchdrehen, bis die einzelnen Muttern der Reihe nach an der Öffnung für den Anlasser erscheinen (Bild 157).

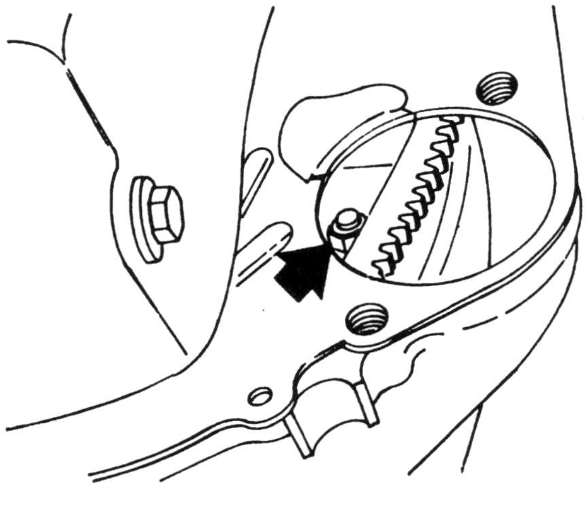

Bild 157
Befestigung der Mitnehmerscheibe am Drehmomentwandler. Die Mutter durch die Anlasseröffnung lösen.

- Die Schrauben zwischen Motor und Getriebe lösen und die Stützstrebe zwischen Motor und Getriebe abschrauben.
- Getriebe herausziehen. Darauf achten, dass der Wandler nicht herausfallen kann.

Beim Einbau des Getriebes, in umgekehrter Reihenfolge, sind die folgenden Punkte zu beachten:

- Der Ablassstopfen des Drehmomentwandlers muss in einer Linie mit der Öffnung in der Mitnehmerscheibe liegen.
- Wenn der Drehmomentwandler vollkommen mit dem Antriebsrad der Pumpe in Eingriff ist, muss der Abstand «A» zwischen dem Flansch des Wandlergehäuses und der Nabe des Wandlers mindestens 8 mm betragen. Dazu ein Messlineal auf die Fläche auflegen und bis zur Nabe ausmessen (Bild 158).

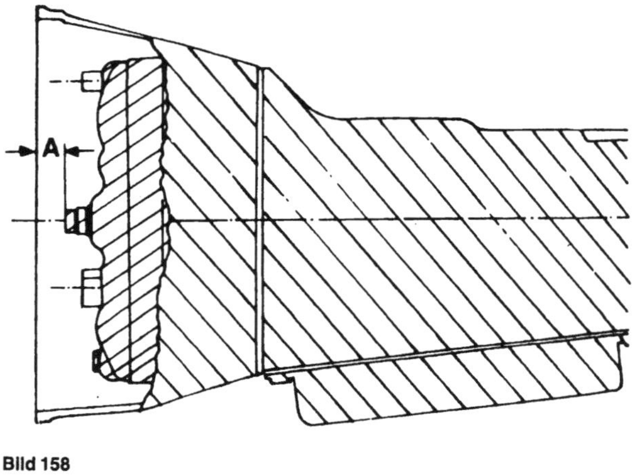

Bild 158
Einbau des Wandlers den Abstand «A» beachten, welcher mindestens 8 mm betragen soll.

● Schaltung einstellen, wie es im nächsten Kapitel beschrieben ist.

11.2 Einstellen der Schaltung

● Unter Bezug auf Bild 159 den Schaltwählhebel und den Schalthebel am Getriebe beide in die Stellung «DE» setzen. Um den Hebel am Getriebe in die richtige Lage zu bringen, diesen zuerst nach vorn bis zum Anschlag drücken und um zwei Raster zurückschalten.

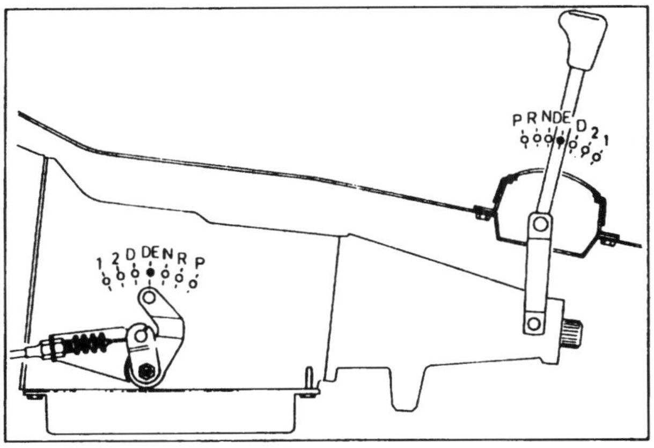

Bild 159
Einstellen der Schaltung des automatischen Getriebes

● Schaltgestänge am Hebel des Getriebes anschliessen. Falls sich das Gestänge nicht ohne Spannung anschliessen lässt, d. h. der Bolzen muss sich leicht einschlieben lassen, kann man die Kontermutter des Gestänges lockern und das Endstück verdrehen, bis es ohne Spannung auf den Bolzen aufgeschoben werden kann. Kontermutter wieder anziehen. Zu beachten ist, dass das verstellbare Ende des Gestänges senkrecht verbleibt. Gestänge mit dem Federblech sichern.

● Alle Gänge durchschalten.

11.3 Flüssigkeitsstand kontrollieren

Eine genaue Kontrolle des Flüssigkeitsstandes ist nur möglich, nachdem das Fahrzeug vorher gefahren wurde, bis sich die Getriebeflüssigkeit erhitzt hat.

● Fahrzeug auf ebenem Boden abstellen, Handbremse anziehen und von einer zweiten Person das Bremspedal fest durchtreten lassen.
● Bei im Leerlauf laufendem Motor alle Gänge des Getriebes mindestens dreimal durchschalten lassen.
● Schalthebel in die Stellung «P» schalten und 1 bis 2 Minuten warten.
● Ölmessstab herausziehen (bei laufendem Motor), mit einem sauberen Lappen abwischen und wieder einsetzen.
● Ölmessstab erneut herausziehen und kontrollieren, ob die Flüssigkeit zwischen der «Min.»- und der «Max.»-Marke steht.
● Falls erforderlich, Flüssigkeit für automatische Getriebe nachfüllen, bis der Flüssigkeitsstand den obigen Angaben entspricht.

12 Die Gelenkwelle

Bei allen Modellen ist eine zweiteilige Welle eingebaut, um Vibrierungen, besonders bei hohen Geschwindigkeiten, zu vermeiden. Ein Zwischenlager befindet sich zwischen den beiden Wellen, welches am Wagenboden verschraubt ist. Gelenkwellen sind entweder mit zwei Kreuzgelenken oder einer Gummigelenkscheibe versehen.

12.1 Aus- und Einbau der Gelenkwelle

- Die vier Schrauben am Flansch der Gelenkwelle vom Antriebsflansch der Hinterachse lösen.
- Das mittlere Lager vom Wagenboden abschrauben (Bild 160) und, falls vorhanden, die Beilagscheiben herausnehmen. Die Scheiben hinsichtlich der Seitenzugehörigkeit zeichnen, damit sie wieder an der gleichen Stelle eingesetzt werden können.

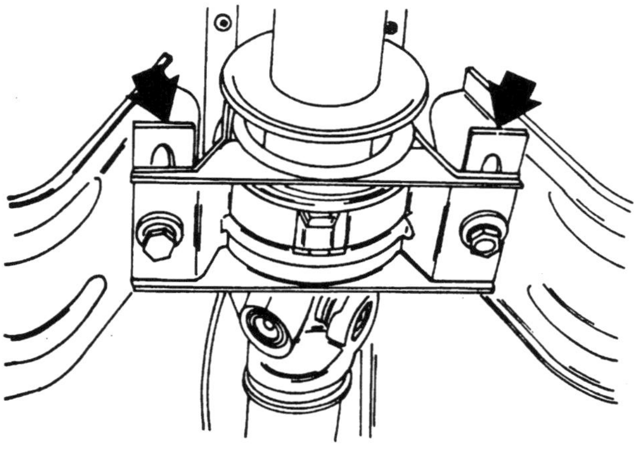

Bild 160
Beim Abschrauben des Zwischenlagers vom Wagenboden auf die eingelegten Beilagscheiben achten.

- Gelenkwelle an der Rückseite senken und aus dem Getriebe herausziehen. Eine Plastiktüte sollte um die Rückseite des Getriebes gewikkelt werden, damit kein Öl herauslaufen kann.

Der Einbau der Gelenkwelle geschieht in umgekehrter Reihenfolge wie der Ausbau. Die Welle mit dem Führungsstück in das Getriebe einschieben (Bild 161) und danach mit dem Zwischenlager lose am Wagenboden anschrauben. Falls vorhanden, die Beilagscheiben entsprechend einsetzen. Die Gelenkwelle am Hinterachsflansch anschrauben. Für die Flanschschrauben müssen neue Federringe verwendet werden. Das Zwischenlager kann jetzt festgeschraubt werden. Alle Anzugsdrehmomente beachten. Den Ölstand im Getriebe kontrollieren und ggf. berichtigen.

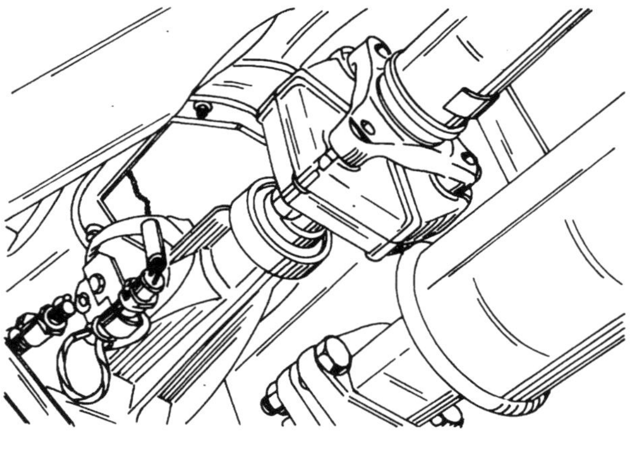

Bild 161
Gelenkwelle in die Rückseite des Getriebes eingeschoben

12.2 Erneuerung des Zwischenlagers

Zur Erneuerung des Zwischenlagers die gesamte Welle ausbauen, wie es bereits beschrieben wurde.

- Welle auf eine Werkbank auflegen und das Sicherungsblech der Schraube am Gabelkopf aufbiegen. Die Schraube lösen und die «U»-förmige Scheibe nach der Seite herausziehen. Die Einbauweise der «U»-Scheibe kennzeichnen.
- Gelenkwelle trennen und das Gummilager mit dem Gehäuse von der Welle abziehen.

- Kugellager mit Schutzkappen mittels Zweiarmabzieher von der Gelenkwelle ziehen.
- Teile auf Verschleiss überprüfen und ggf. ersetzen.

Folgende Anweisungen sind beim Zusammenbau zu beachten:

- Beim Zusammenbau den Raum zwischen dem Lager und den Kappen auf beiden Seiten mit Fett füllen. Das Lager und die Kappen mit einem passenden Rohrstück auf die Welle schlagen. Die rote Dichtscheibe des Lagers muss zum Gleitstück weisen.
- Gehäuse mit dem Gummilager über das Kugellager setzen.
- Vor dem Zusammensetzen der Gelenkwellenteile ist die Schraube mit dem Sicherungsblech soweit in die vordere Welle einzuschrauben, bis die U-förmige Scheibe soeben eingeschoben werden kann.
- Um eine Umwucht zu vermeiden, sind die beiden Abschnitte der Gelenkwelle wieder so zusammenzusetzen, dass der Gabelkopf und der Flansch der Gummigelenkscheibe entsprechend Bild 162 ausgerichtet sind.
- U-förmige Scheibe in der beim Ausbau gezeichneten Weise einschieben. Die Scheibe hat auf der anderen Seite einen Höcker, welcher unbedingt, wie im Bild 163 gezeigt, auf die richtige Seite kommen muss. Die Schraube anziehen und das Sicherungsblech umschlagen.

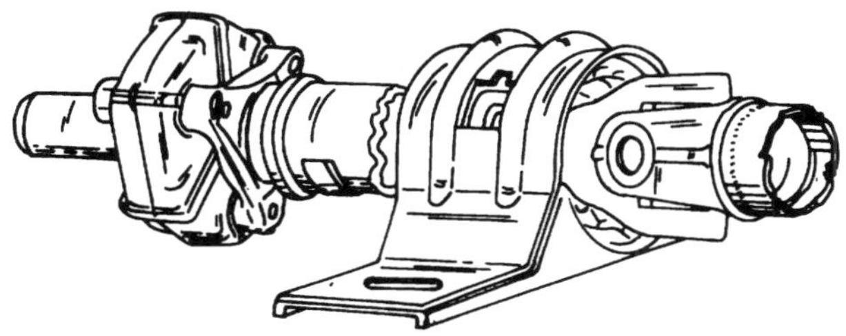

Bild 162
Richtiges Zusammensetzen der vorderen und hinteren Gelenkwelle

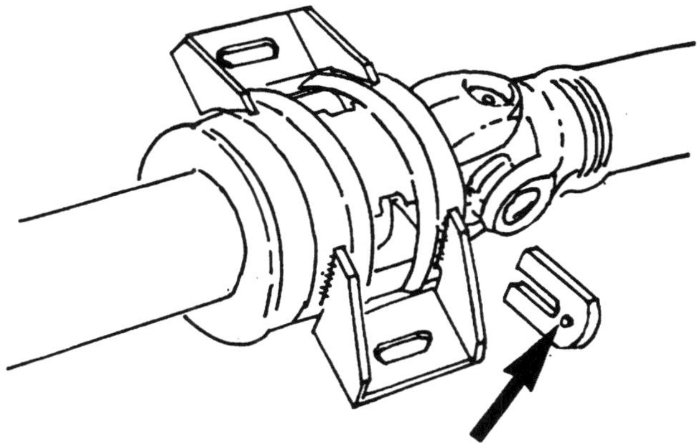

Bild 163
Die «U»-Scheibe in der gezeigten Weise einsetzen. Auf den Höcker in der Scheibe achten.

12.3 Erneuerung einer Gummigelenkscheibe

Die Erneuerung einer Gummigelenkscheibe bringt keine Schwierigkeiten mit sich. Die Scheibe ist an Dreiarmflanschen an beiden Seiten der Welle befestigt und braucht nur einfach ab- und angeschraubt zu werden, nachdem man die Welle aus dem Fahrzeug ausgebaut hat.

13 Die Vorderradaufhängung

Die Vorderradaufhängung besteht aus McPherson-Federbeinen mit angeschraubten Achsschenkeln. Eine Schraubenfeder wird zwischen dem Federbein und dem Innenteil der Kotflügel eingesetzt. Die seitliche Bewegung der Radaufhängung wird durch untere Querlenker begrenzt. Ein an der Rückseite der Aufhängung montierter Kurvenstabilisator begrenzt die Längsbewegung der Radaufhängung. Der Stabilisator ist zwischen den Querlenkern und der Befestigung an der Karosserie eingesetzt.
Die Radlager befinden sich nicht in der eigentlichen Radnabe, sondern in den Achsschenkeln. Die Radnabe selbst ist nur ein Flansch, welcher mit einer Welle im Achsschenkel gehalten wird. Die Welle wird an der Innenseite des Achsschenkels mit einer Mutter befestigt.

13.1 Aus- und Einbau des Achsschenkels

13.1.1 Ausbau

Der Achsschenkel muss zum Beispiel zur Erneuerung der Radlager ausgebaut werden:

- Bremssattel ausbauen (Kapitel 16.1.2) ohne den Schlauch abzuschliessen. Den Bremssattel mit einem Stück Draht an der Radaufhängung festbinden, damit er nicht am Schlauch hängenbleibt.
- Befestigungsschraube der Bremsscheibe entfernen und die Scheibe von der Radnabe abnehmen.
- Splint und Kronenmutter der Spurstange entfernen und das Spurstangengelenk mit einem geeigneten Abzieher vom Lenkhebel trennen. Dabei nicht die Gummimanschette beschädigen.
- Splint und Kronenmutter des Querlenkers an der Innenseite vom Achsschenkel entfernen und den Querlenker nach unten, auf dem Eingriff mit dem Querlenker drücken.
- Den Fühler für die ABS-Anlage vom Achsschenkel abschliessen.
- Klemmschraube des Federbeins entfernen und den Schlitz des Federbeins mit einem Schraubenzieher öffnen, während der Achsschenkel nach unten gedrückt und herausgezogen wird. Normalerweise wird ein Spezialwerkzeug dazu verwendet (14-026), welches man in der in Bild 164 gezeigten Weise ansetzt.

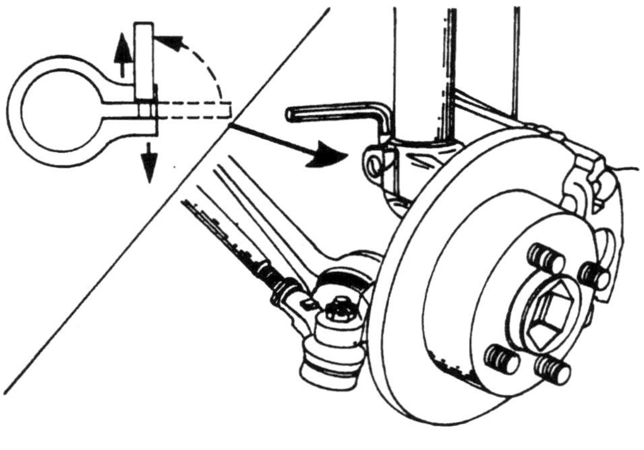

Bild 164
Öffnen des Federbeinklemmschlitzes mit dem Spezialwerkzeug. Ein kräftiger Schraubenzieher kann ebenfalls dazu verwendet werden.

13.1.2 Einbau

- Den Schlitz des Federbeins wieder öffnen und den Achsschenkel von unten einschieben. Die Schraubenlöcher müssen in einer Linie liegen. Das Werkzeug entfernen, die Klemmschraube einschlagen und die Schraube mit einem Anzugsdrehmoment von 80–90 Nm anziehen.
- Kontrollieren, dass das Kugelgelenk des Querlenkers fettfrei ist und den Querlenker mit dem Kugelgelenk am Achsschenkel anbringen und die Mutter mit einem Anzugsdrehmoment von 65–85 Nm anziehen. Einen neuen Split einsetzen.

- Spurstange am Lenkhebel anschliessen, die Mutter anziehen und einen neuen Split einsetzen.
- Die Bohrung für den Fühler der ABS-Anlage mit Radlagerfett einschmieren, kontrollieren, ob der «O»-Dichtring noch in gutem Zustand ist. Den Fühler vollkommen in den Achsschenkel hineinschieben und die Schraube anziehen (Bild 165).
- Alle anderen Arbeiten in umgekehrter Reihenfolge durchführen.

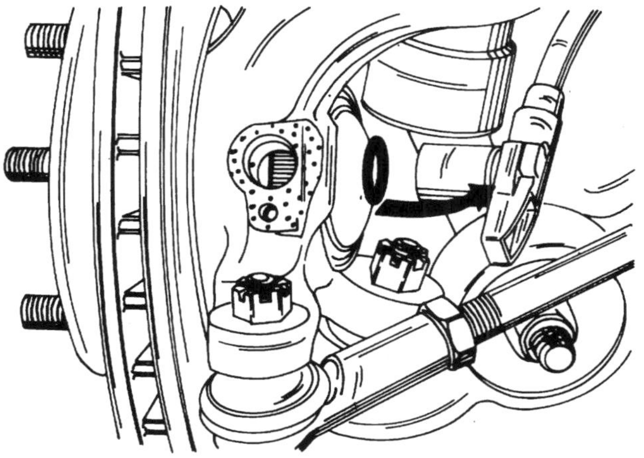

Bild 165
Den «O»-Dichtring kontrollieren, ehe der Fühler der ABS-Anlage eingesetzt wird.

13.2 Vorderradlager

13.2.1 Ausbau

Unter Bezug auf Bild 166:

- Den Achsschenkel ausbauen (Kapitel 13.1.1).

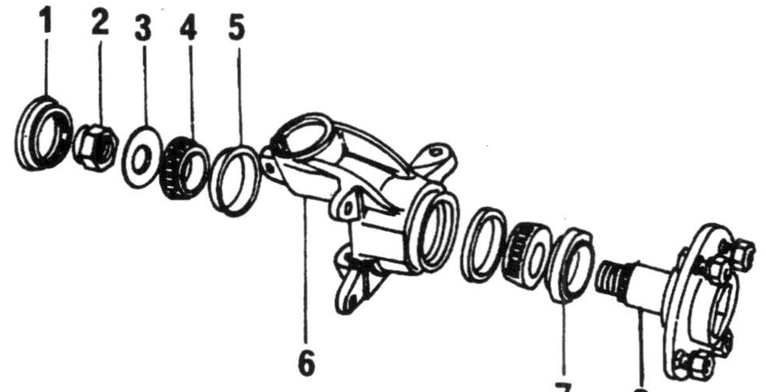

Bild 166
Montagebild der Radlager und des Achsschenkels

1 Abdeckkappe
2 Nabenflanschmutter
3 Verzahnte Scheibe
4 Schrägrollenlager
5 Lagerlaufring
6 Achsschenkel
7 Radlagerdichtring
8 Flanschwelle

- Radmuttern verkehrt herum auf die Radbolzen schrauben und die Radnabe in einen kräftigen Schraubstock spannen. Den Schraubstock nicht zu fest schliessen, damit die Radbolzen nicht verbogen werden.
- Den Stopfen (1) aus der Rückseite des Achsschenkels herausdrücken.
- Mutter (2) abschrauben und die verzahnte Scheibe (3) abnehmen.
- Radnabe (8) aus dem Achsschenkel herausschlagen und das innere Radlager (4) abnehmen.
- Den Fettdichtring (7) aus der Vorderseite des Achsschenkels herausschlagen und das äussere Radlager aus dem Achsschenkel herausnehmen.
- Die beiden äusseren Lagerlaufringe mit einem Weichmetalldorn von gegenüberliegenden Seiten aus der Innenseite des Achsschenkels herausschlagen. Dabei nicht die Lagersitze im Achsschenkel beschädigen, da sich sonst die neuen Lagerringe nicht einwandfrei einschlagen lassen.
- Alle Teile einwandfrei reinigen.

13.2.2 Radlager einbauen und einstellen

Die Lager und alle damit verbundenen Teile sind mit kleinsten Toleranzen hergestellt. Falls sie beim Einbau einwandfrei eingestellt werden, sind keine Nachstellungen beim späteren Betrieb erforderlich.

Unter Bezug auf Bild 166:

- Achsschenkel (6) auf eine Holzunterlage aufsetzen und die beiden Lagerlaufringe (5) von gegenüberliegenden Seiten in den Achsschenkel einschlagen. Unbedingt darauf achten, dass die Lagerringe einwandfrei gegen die Sitze in der Innenseite ansitzen.
- Lagerkäfige (4) mit Radlagerfett vollschmieren und das Fett gut in die Lagerrollen einkneten.
- Radlager in die Aussenseite des Achsschenkels einsetzen.
- Einen neuen Dichtring (7) an der Lippe mit Fett einschmieren und den Ring in die Aussenseite des Achsschenkels einschlagen, bis er bündig abschneidet. Übermässiges Fett abwischen.
- Inneres Radlager in den Achsschenkel einsetzen. In den Raum zwischen die beiden Lager wird kein Fett eingeschmiert.

● Radnabenflansch (8) in den Schraubstock einspannen und den Achsschenkel auf die Radwelle schlagen.
● Die verzahnte Scheibe (3) auf die Radwelle auflegen. Da man diese verkehrt herum auflegen kann, sollte vorher Bild 167 betrachtet

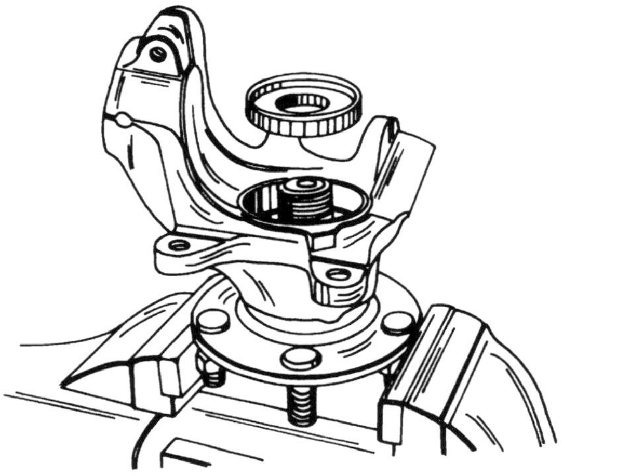

Bild 167
Beim Auflegen der verzahnten Scheibe die gebördelte Seite nach oben richten.

werden. Die Mutter aufschrauben und anziehen. Das Anzugsdrehmoment der Mutter beträgt 390–450 Nm. Dies bedeutet, dass der Nabenflansch gut eingespannt sein muss, ohne dass man jedoch die Radbolzen verbiegt.
● Kappe (1) in den Achsschenkel einschlagen und alle Fettreste abwischen.
● Radmuttern vom Flansch abschrauben und den Achsschenkel wieder einbauen, wie es in Kapitel 13.1.2 beschrieben wurde.

13.3 Aus- und Einbau des unteren Querlenkers

● Vorderseite des Fahrzeuges auf Böcke setzen.
● Unter Bezug auf Bild 168 den Splint (2) aus der Kronenmutter (1) herausziehen und mit einem geeigneten Abzieher den Kugelbolzen des Querlenkers (4) vom Achsschenkel (3) trennen.
● Die Mutter vom Ende des Kurvenstabilisators abschrauben, die Formscheibe abnehmen und die Gummibüchse herausziehen.

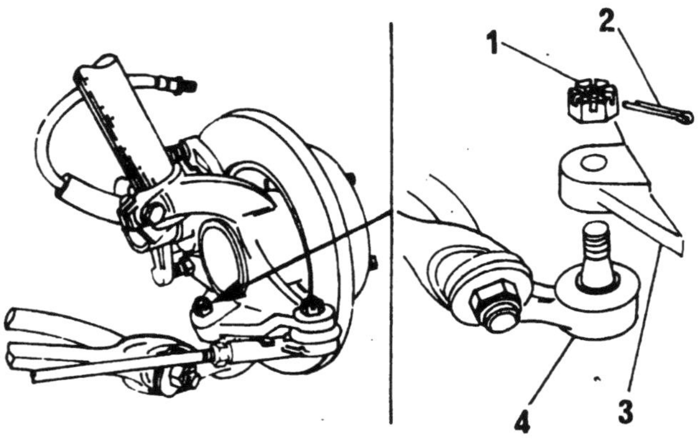

Bild 168
Befestigung des Achsschenkels am Querlenker

1 Kronenmutter
2 Splint
3 Achsschenkel
4 Unteres Aufhängungskugelgelenk

● Querlenker von der Befestigung am Aufhängungsquerträger abschrauben und aus dem Fahrzeug herausheben, wobei er gleichzeitig aus dem Eingriff mit dem Ende des Stabilisators zu bringen ist. Lose Teile vom Stabilisator herunternehmen (Bild 169).

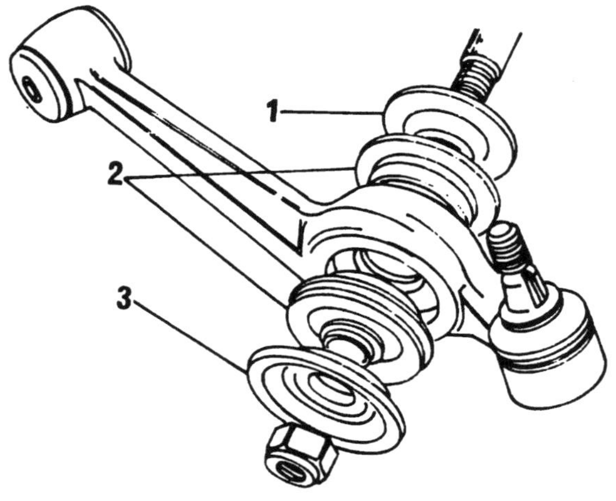

Bild 169
Die Teile auf den beiden Enden des Kurvenstabilisators

1 Hintere Scheibe 2 Gummibüchse 3 Vordere Scheibe

Die Büchse an der Innenseite des Querlenkers kann erneuert werden. Die Arbeit kann in einem Schraubstock mit geeigneten Pressstücken durchgeführt werden. Neue Büchse vor dem Einpressen mit Seife einschmieren, damit sie besser hineinrutscht. Beim Einpressen der Büchse den Schraubstock so schnell wie möglich schliessen, damit sich die Büchse nur sehr kurze Zeit verformen kann. Ebenfalls kann die Büchse für den Kurvenstabilisator erneuert werden. Die alten Büchsen mit einem Meissel ausschlagen. Neue Büchsen vorsichtig einschlagen.

Beim Einbau des Querlenkers folgendermassen vorgehen:

- Querlenker auf den Stabilisator schieben und an der Aussenseite die Scheibe in der in Bild 169 gezeigten Weise anbringen. Dies ist die schwächere der beiden Scheiben. Die Mutter mit einem Anzugsdrehmoment von 70–110 Nm anziehen (wenn das Fahrzeug mit den Rädern auf dem Boden aufsteht – siehe unten).
- Kugelgelenk des Querlenkers in den Achsschenkel einsetzen, die Mutter mit 70–90 Nm anziehen und einen neuen Split einsetzen.
- Querlenker am Querträger anbringen, die Schraube einsetzen, die Scheibe auflegen und die Mutter fingerfest anschrauben.
- Fahrzeug auf den Boden ablassen und die Mutter an der Innenseite des Querlenkers mit 30 Nm anziehen. Nachdem das Drehmoment erhalten wurde, die Mutter um eine weitere Viertelumdrehung festziehen (90°). Die Befestigung der Stabilisatorstange jetzt ebenfalls anziehen.

13.4 Aus- und Einbau des Kurvenstabilisators

- Vorderseite des Fahrzeuges auf Böcke setzen.
- Muttern an der Aussenseite des Kurvenstabilisators lösen (siehe Bild 169) und die Scheibe und die Kunststoffabdeckung abnehmen.
- An der Innenseite einen Querlenker vom Querträger lösen und die Schraube herausschlagen. Den Querlenker vom Träger abdrücken, wie es Bild 170 zeigt.

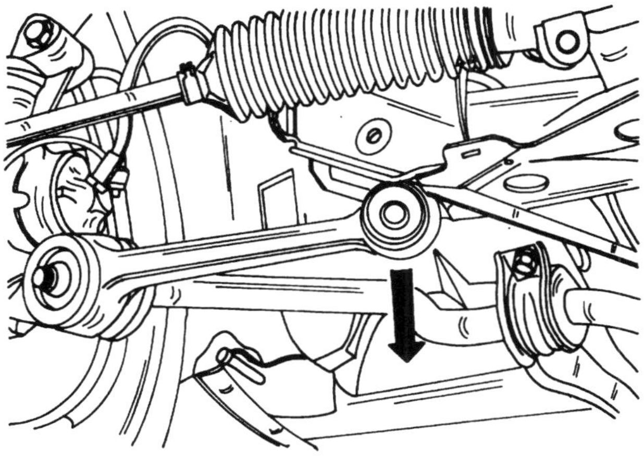

Bild 170
Den Querlenker in Pfeilrichtung nach unten ziehen, um ihn aus dem Eingriff mit dem Querträger zu bringen.

- Stabilisator aus dem freien Querlenker herausziehen und die innere Büchse sowie die Scheibe abnehmen.
- Die beiden Schrauben der Montageschellen lösen (Bild 171), den Kurvenstabilisator absenken und aus dem Eingriff mit dem Querlenker auf der anderen Seite bringen.

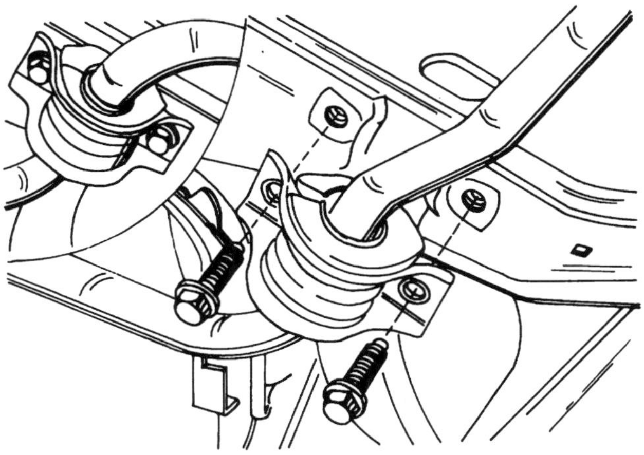

Bild 171
Der Kurvenstabilisator ist auf beiden Seiten mit einer Schelle befestigt

Die Büchsen des Stabilisators können auch bei eingebauter Stange erneuert werden. Dazu die Enden freilegen und den Querlenker an der Innenseite abschrauben. Der Querlenker kann dann zum Erneuern der Büchsen heruntergezogen werden.
Der Einbau geschieht in umgekehrter Reihenfolge wie der Ausbau. Die Büchsen haben eine integrale, innere Metallhülse. Beim Aus- oder Einbau dürfen die Büchsen nicht geöffnet werden, da man sie dabei beschädigt. Die Büchsen so auf die Stabilisatorstange schieben, dass der Schlitz nach vorn weist, wie es gut aus Bild 171 ersichtlich ist. Die Verwendung von Glyzerin erleichtert das Aufschieben der Büchsen. Auf die Einbauweise der beiden Formscheiben achten (Bild 169). Die Befestigungsschraube und Mutter des Querlenkers und die Lager des Stabilisators anziehen, wenn das Fahrzeug wieder auf den Rädern steht (siehe Kapitel 13.3). Die Schrauben der Montageschellen abwechselnd anziehen.

13.5 Federbeine

13.5.1 Aus- und Einbau

- Vorderseite des Fahrzeuges auf Böcke setzen.

- Vorderrad abschrauben.
- Bremssattel abschrauben und mit einem Stück Draht an der Vorderradaufhängung festbinden.
- Klemmschraube an der Unterseite des Federbeins entfernen und den Schlitz des Federbeins in der in Bild 164 gezeigten Weise öffnen. Ein Schraubenzieher kann auch dazu benutzt werden. Ebenfalls ist es möglich, dass man das untere Kugelgelenk vom Achsschenkel abschraubt und trennt und das Federbein zusammen mit dem Achsschenkel herausnimmt.
- Achsschenkel nach unten drücken, bis er vom Federbein frei ist (falls er an dieser Stelle gelöst wurde). Dabei muss jedoch der Bremsschlauch beobachtet werden, damit man ihn nicht ausdehnt. Nachdem der Achsschenkel frei ist, einen Wagenheber daruntersetzen, damit er nicht herunterhängen kann.
- Den Fühler für die ABS-Anlage am Achsschenkel lösen und herausziehen. Den Kabelstrang für den Fühler und den Verschleissanzeiger für den Bremsbelag vom Achsschenkel lösen.
- Einen 6-mm-Inbusschlüssel in die Kolbenstange an der Oberseite des Federbeinlagers einsetzen, wie es Bild 172 zeigt, und die Mutter lösen. Dies ist nur durchzuführen, falls das Federbein zerlegt werden soll. Andernfalls die drei in Bild 173 gezeigten Muttern abschrauben.
- Federbein nach der Unterseite aus dem Fahrzeug herausheben.

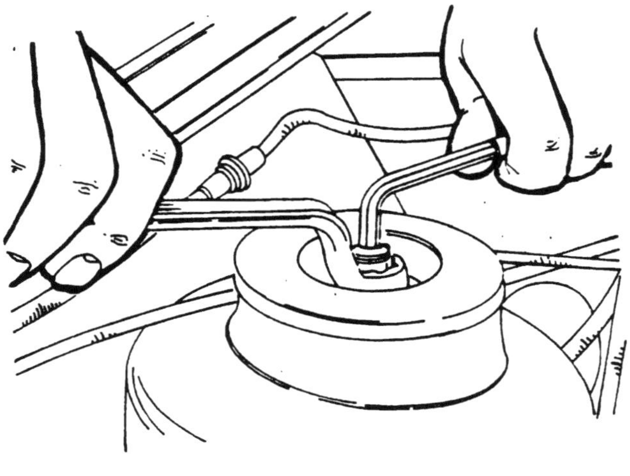

Bild 172
Lösen der Mutter vom oberen Federbeinlager. Die Arbeit kann auch bei ausgebautem Federbein durchgeführt werden.

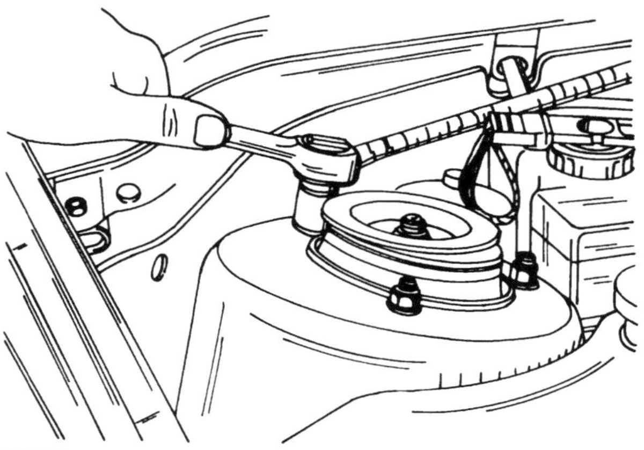

Bild 173
Lösen des Federbeins vom Seitenteil des Kotflügels

Der Einbau des Federbeins geschieht in umgekehrter Reihenfolge wie der Ausbau. Der Schlitz im Federbein muss wieder geöffnet werden, ehe man den Achsschenkel einführen kann. Die Klemmschraube mit 80–90 Nm anziehen. Die Mutter der Kolbenstange bei Gegenhaltung mit dem 6-mm-Inbusschlüssel auf 40–52 Nm anziehen. Die drei Muttern des oberen Federbeinlagers mit 20–24 Nm anziehen.

13.5.2 Schraubenfeder erneuern

- Federbein mit Blechbacken in einen Schraubstock einspannen.
- Mit einem geeigneten Federspanner, welchen man um mindestens 4 bis 5 Federwicklungen legen kann, die Schraubenfeder zusammendrücken.
- Mutter der Kolbenstange abschrauben. Falls sie noch nicht gelöst wurde, einen 6-mm-Innensechskantschlüssel verwenden, wie es in Bild 172 gezeigt ist.
- Die Teile des oberen Federbeinlagers der Reihe nach herunternehmen. Bild 174 zeigt die Einzelteile auf der Oberseite des Federbeins.

Federbein unter Bezug auf Bild 174 zusammenbauen:
- Federsitze einwandfrei reinigen.
- Rückprallgummi (6) auf die Kolbenstange schieben und die Kunststoffmanschette (5) darübersetzen. Die Manschette über die Auflage des Rückprallgummis anlegen.
- Federspanner an der neuen Feder anbringen und die Feder zusammenspannen.
- Schraubenfeder auf den unteren Federsitz aufsetzen.

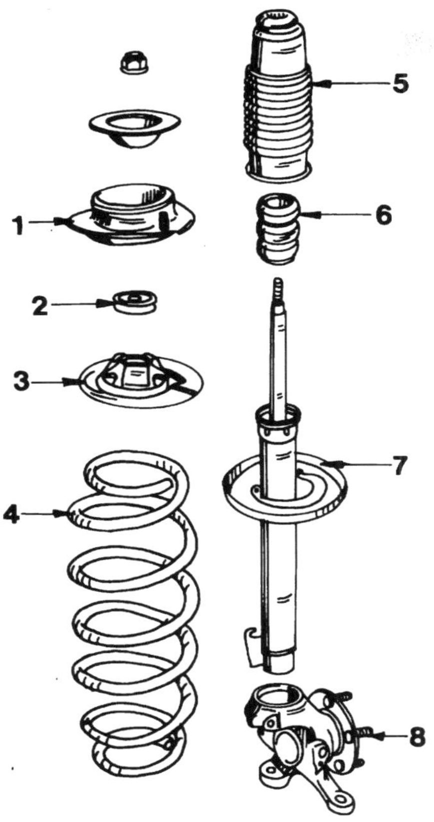

Bild 174
Montagebild eines Federbeins

1 Oberes Federbeinlager
2 Lager
3 Federsitz
4 Schraubenfeder
5 Schutzmanschette
6 Rückprallgummi
7 Federbein
8 Achsschenkel und Radnabe

- Oberen Federsitz (3) entsprechend des Wicklungsendes aufsetzen, den Lagerring (2) darübersetzen und das Lager (1), gefolgt vom Blechteller auflegen.
- Mutter der Kolbenstange mit einem Anzugsdrehmoment von 40–52 Nm anziehen.
- Federspanner langsam zurücklassen. Dabei kontrollieren, dass die Federenden genau in die Aussparungen der Federsitze eingreifen. Das Federbein kann jetzt wieder ausgespannt und in das Fahrzeug eingebaut werden.

13.6 Erneuerung der Stabilisatorbüchsen

Die Büchsen können erneuert werden, ohne dass man den unteren Querlenker aus dem Fahrzeug ausbaut. Der Querlenker muss jedoch innen gelöst werden und die beiden Montageschellen des Stabilisators müssen ausgebaut werden. Die beiden Büchsen müssen mit einem dünnen Meissel abgeschlagen werden, wie es in Bild 175 gezeigt ist. Die hintere Büchse wird ausgeschlagen, nachdem man den Stabilisator aus dem Querlenker herausgezogen hat.

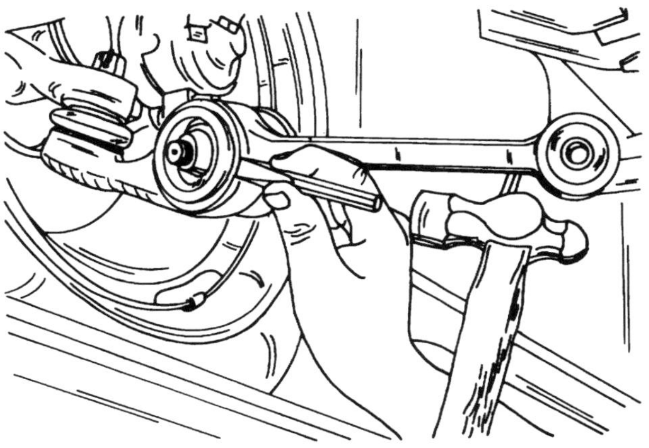

Bild 175
Abschlagen der Büchse aus dem Querlenker. Die hintere Büchse in gleicher Weise lösen.

Die neuen Büchsen mit einer passenden Stecknuss in den Querlenker einschlagen. Den Stabilisator und den Querlenker wieder einbauen, wie es in den betreffenden Kapiteln beschrieben wurde.

13.7 Die Radeinstellung der Vorderräder

Die Radeinstellung der Vorderräder kann mit herkömmlichen Messgeräten ausgemessen werden, vorausgesetzt, dass den Anweisungen des Herstellers für das betreffende Gerät genau gefolgt wird. Ausserdem sind die folgend angeführten Punkte zu kontrollieren und gegebenenfalls zu berichtigen, ehe eine einwandfreie Vermessung durchgeführt werden kann:

- Reifendrücke müssen stimmen.
- Felgen dürfen keinen Schlag haben.
- Die Radlager dürfen nicht ausgeschlagen sein.
- Kugelgelenke dürfen kein übermässiges Spiel haben.
- Schraubenfedern dürfen nicht ermüdet sein, d. h. das Fahrzeug darf nicht nach einer Seite hängen.

13.7.1 Sturz, Nachlauf und Spreizung

Die Werte für die Sturz- und Spreizungseinstellung sind zwar in der Mass- und Einstelltabelle (Kapitel 18) angegeben, können aber nicht eingestellt werden, da sie werksseitig festgelegt sind. Falls beim Vermessen Abweichungen festgestellt werden, kann man annehmen, dass entweder die Nabenflanschwellen, Querlenker, Kugelgelenke oder andere Teile der Vorderradaufhängung verbogen sind. Falls dies der Fall ist, hat es keinen Zweck, irgendwelche anderen Einstellungen an der Vorderachse vorzunehmen, ehe die gesamte Vorderachse kontrolliert wird.

13.7.2 Vorspureinstellung

Falls die Spureinstellung der Vorderräder zwischen −0,5 mm (Nachspur) bis +4,5 mm (Vorspur) liegt, braucht die Spur nicht nachgestellt zu werden. Bei der Kontrolle der Vorspureinstellung folgendermassen vorgehen:

- Spurmass an der Vorderseite der Felgenhörner ansetzen und die Skala auf Null setzen.
- Den Ansatzpunkt des Spurmasses mit einem Kreidestrich an der Felge anzeichnen.
- Fahrzeug um eine halbe Umdrehung der Räder nach vorn schieben, bis sich der Kreidestrich in Höhe der Radnabe an der Rückseite der Räder befindet.
- Die Spur erneut ausmessen, jedoch dieses Mal an der Rückseite der Räder. Dieses Mass sollte jetzt innerhalb der oben angegebenen Werte liegen.
- Falls Einstellungen erforderlich sind, bringt man die Spur auf das Idealmass von minus 2,0 mm (Vorspur), wobei jedoch eine Toleranz von 1,0 mm nach beiden Seiten zulässig ist. Dies ist der Einstellwert und muss immer angestrebt werden, wenn die Vorspur verstellt wird.
- Kontermuttern an den Spurstangengelenken lockern (Bild 176) und die Halteschellen der Lenkmanschetten lösen (entweder Schraubschellen oder Federspangen).

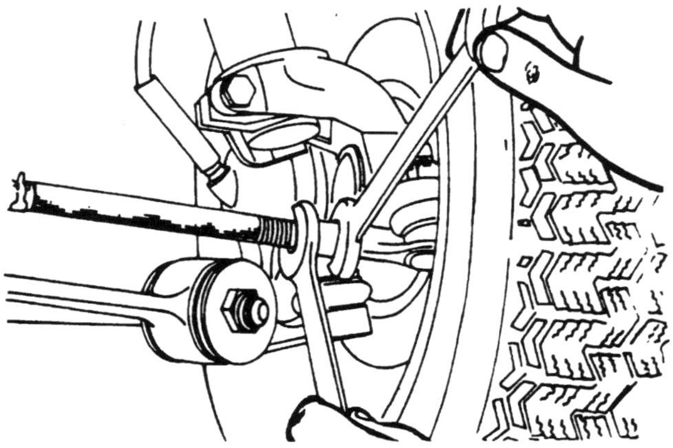

Bild 176
Verstellen der Spurstangen zum Einstellen der Vorspur der Vorderräder.

- Beide Spurstangen um die gleiche Länge entweder nach aussen oder innen verstellen. Auf diese Weise wird das Lenkrad in der Geradeausstellung gehalten.
- Nach der Einstellung die Kontermuttern wieder anziehen und die Lenkmanschetten befestigen.

14 Hinterachse und Hinterradaufhängung

Die Hinterradaufhängung besteht aus zwei unabhängig abgefederten Längslenkern, Schraubenfedern und hydraulischen Teleskop-Stossdämpfern. Ein Kurvenstabilisator ist in die Radaufhängung montiert. Die Stossdämpfer sind zwischen dem Wagenboden und den unteren Längslenkern eingebaut.
Das Differential mit dem Achsantrieb wird starr am Querträger der Hinterradaufhängung montiert.
Die Überholung des Achsantriebs und Differentials erfordert eine Vielzahl von Spezialwerkzeugen. Eine Überholung des Antriebs sollte deshalb nur vorgenommen werden, falls man sich diese Werkzeuge beschaffen kann. Am besten ist es, das ausgebaute Aggregat im Austausch gegen ein werksüberholtes einzutauschen.

14.1 Aus- und Einbau der Hinterradaufhängung

- Rückseite des Fahrzeuges anheben und Böcke unter die Seitenträger untersetzen.
- Auspuffanlage vollkommen ausbauen. Dazu das Auspuffrohr am Krümmer abschrauben und die Gummiaufhängungsringe aushängen.
- Gelenkwelle ausbauen (Kapitel 11.1).
- Handbremsseil vom Handbremshebel abschliessen, nachdem der Sprengring vom Bolzen des Handbremshebels entfernt wurde.
- Aussenhüllen der Handbremsseile von den Halterungen am Wagenboden befreien. Dazu die Federbleche aus den Befestigungen herausschlagen.
- Auf der linken und rechten Seite die Überwurfmuttern der Bremsleitungen von den Schläuchen abschrauben und die Federbleche aus den Bremsschläuchen herausschlagen. Die Bremsschläuche aus den Halteblechen ziehen. Die Enden der Schläuche und Leitungen zustopfen, um das Eindringen von Schmutz zu vermeiden.
- Die Kabel der Fühler für die ABS-Anlage abklemmen und das Kabel auf beiden Seiten vom Längslenker lösen.
- Fahrzeug wieder auf die Räder ablassen, bis die Schraubenfedern unter Spannung kommen.
- Einen Wagenheber unter das Differentialgehäuse untersetzen.
- Auf der linken und rechten Seite die mittlere Schraube in Bild 177 und die beiden Schrauben vom Wagenboden lösen.

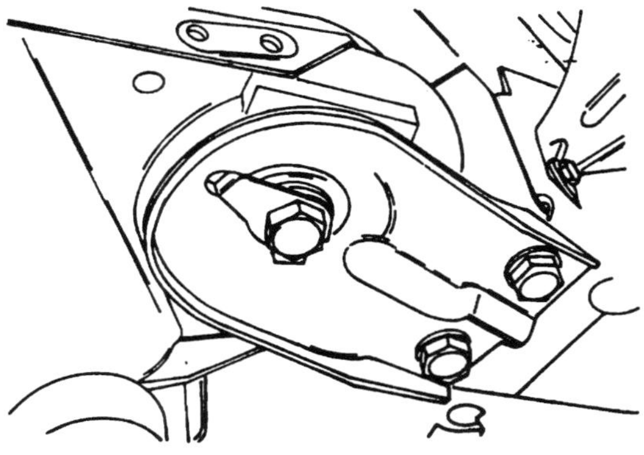

Bild 177
Die vordere Befestigung des Hinterachsquerträgers (Führungsplatte).

- Die vier Schrauben der hinteren Aufhängung des Differentials vom Wagenboden abschrauben.
- Stossdämpfer folgendermassen lösen:
  - Den Kofferraumdeckel öffnen, zwei Blechschrauben herausdrehen und den Deckel abnehmen. Eine Schraube und eine Mutter der oberen Stossdämpferaufhängung entfernen.
- Einen Holzbalken auf einen Wagenheber aufsetzen und die beiden Längsträger anheben, bis die Achse unter dem Fahrzeug hervorgezogen werden kann.
- Karosserie hoch genug anheben, um die Achse herauszuziehen.

Der Einbau geschieht in umgekehrter Reihenfolge wie der Ausbau. Nachdem die komplette Hinterachse in der richtigen Lage sitzt, die Karosserie absenken, bis die Schraubenfedern zusammengedrückt sind. Die oberen Enden der Stossdämpfer müssen dabei in geeigneter Weise geführt werden.

Nach dem Einbau die Bremsen entlüften und die Handbremse einstellen.

14.2 Hinterachsantrieb

14.2.1 Aus- und Einbau

- Radmuttern lockern und die Rückseite des Fahrzeuges auf Böcke setzen.
- Räder abnehmen.
- Die beiden Achsantriebswellen von den inneren Antriebsflanschen lösen. Diese sind durch «Torx»-Schrauben gehalten. Die Achswellen mit einem Stück Draht festbinden.

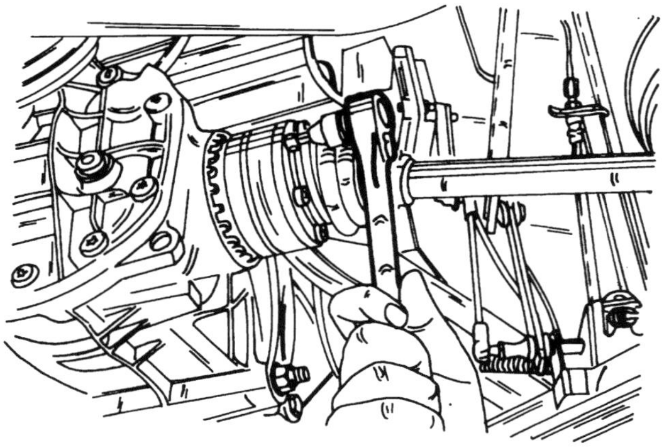

Bild 178
Lösen der Achswellenschrauben an der Innenseite des Getriebes.

- Zwischenlager der Gelenkwelle vom Wagenboden lösen.
- Gelenkwelle vom Hinterachsantrieb abschrauben (Kapitel 11.1).
- Gelenkwelle nach unten ziehen, bis sie aus dem Eingriff mit dem Getriebe kommt und auf der Auspuffanlage ablegen.
- Die linke Befestigung des Kurvenstabilisators lösen, um an die vier Schrauben der hinteren Aufhängung des Achsantriebs zu gelangen.
- Einen Wagenheber unter das Differential untersetzen und die vier Schrauben des Differentials vom Wagenboden lösen.
- Achse auf den Wagenheber absenken und unter Bezug auf Bild 179 die beiden Schrauben vom Deckel der Hinterachse lösen.
- Die beiden Schrauben in Bild 180 lösen.
- Hinterachse vom Querträger absenken.

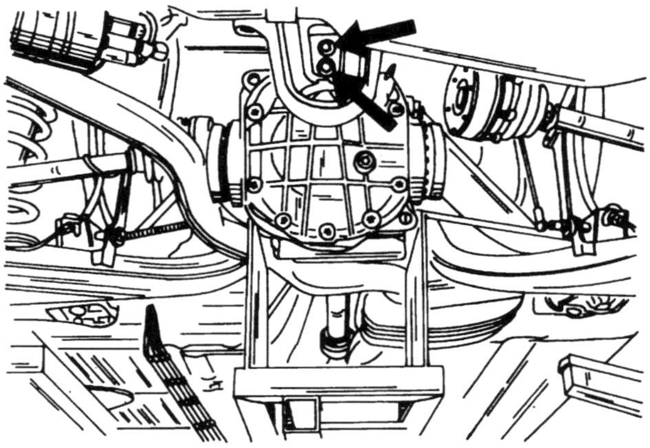

Bild 179
Lösen der Achsantriebsaufhängung vom Deckel der Hinterachse (Pfeil).

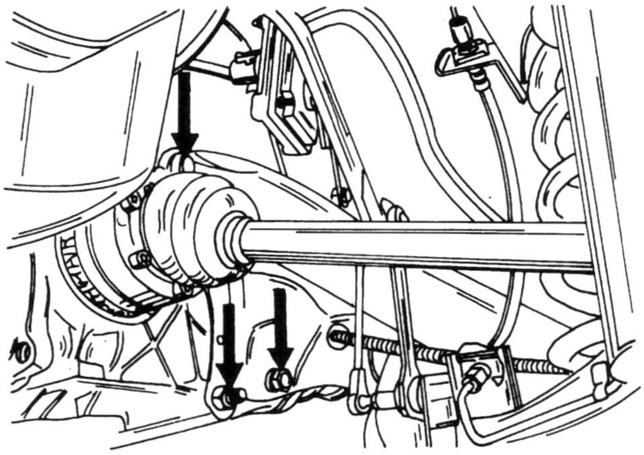

Bild 180
Die Befestigung des Achsantriebs an der Unterseite.

Der Einbau geschieht in umgekehrter Reihenfolge wie der Ausbau. Zuerst die beiden Durchgangsschrauben und Muttern befestigen und danach die beiden kurzen Schrauben links und rechts in die Achse einsetzen. Allen Anzugsdrehmomenten folgen.

14.2.2 Achsantriebsüberholung

Für die Zerlegung, Überholung und für den Zusammenbau des Hinterachsantriebs sind viele Spezialwerkzeuge erforderlich. Da diese nicht zur Verfügung stehen werden, empfehlen wir, dass man den Achsantrieb im Austausch erneuert oder in einer Ford-Werkstatt überholen lässt, welche die notwendigen Ausrüstungen hat.

14.3 Hinterradnaben

14.3.1 Radnaben ausbauen

- Radmuttern lockern, Rückseite des Fahrzeuges auf Böcke setzen.
- Das Rad abnehmen.
- Bremssattel ausbauen, ohne die Bremsleitung abzuschliessen, und mit einem Stück Draht an der Radaufhängung festbinden.
- Bremsscheibe von der Hinterradnabe abnehmen.
- Mutter der Antriebswelle an der Aussenseite des Nabenflansches lösen.
- Die in Bild 181 gezeigten Schrauben lösen und die Radnabe abnehmen.

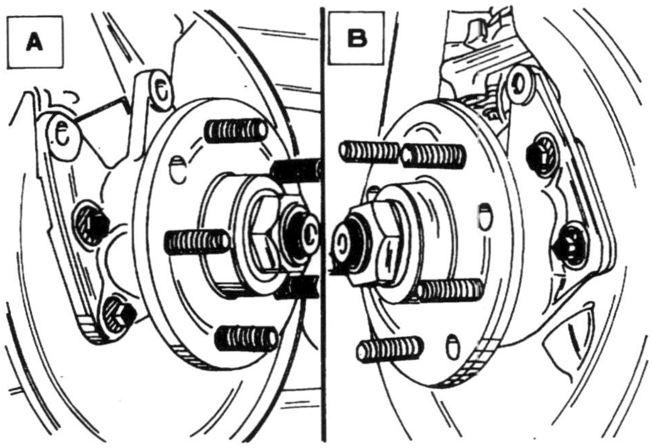

Bild 181
Die Befestigung der Hinterradnabe an der Hinterradaufhängung

14.3.2 Radlager erneuern

Unter Bezug auf Bild 182:

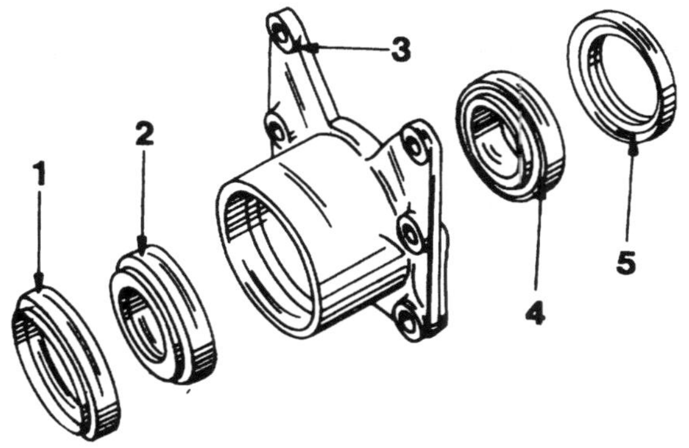

Bild 182
Montagebild einer Hinterradnabe

1 Äusserer Öldichtring
2 Äusseres Schrägrollenlager
3 Radnabe
4 Inneres Schägrollenlager
5 Innerer Öldichtring

- Den inneren (5) und äusseren Fettdichtring (1) mit einem Schraubenzieher herausdrücken.
- Die beiden Schrägrollenlager von den gegenüberliegenden Seiten herausschlagen.
- Mit einem Weichmetalldorn die beiden Lagerlaufringe von den gegenüberliegenden Seiten aus der Innenseite der Radnabe herausschlagen. Darauf achten, dass die Nabe dabei nicht beschädigt wird.
- Radnabe einwandfrei reinigen und alle vorhandenen Grate entfernen.
- Neue Lagerlaufringe von den gegenüberliegenden Seiten in die Nabe einschlagen. Dazu nur einen Weichmetalldorn verwenden.
- Radlager mit Fett einschmieren und in die Nabe einsetzen.
- Die Lippen neuer Fettdichtringe mit Fett einschmieren und die Ringe in die Nabe einschlagen, bis sie bündig abschneiden.

14.3.3 Radnaben einbauen

- Radnabe ansetzen und die in Bild 181 gezeigten Schrauben mit einem Anzugsdrehmoment von 80–100 Nm anziehen.
- Die Mutter der Radnabe aufschrauben und fingerfest anziehen.
- Bremsscheibe an der Radnabe anbringen.
- Bremssattel montieren. Die Schrauben mit dem vorgeschriebenen Drehmoment (Kapitel 19) anziehen.
- Rad anbringen und Fahrzeug auf die Räder ablassen.
- Die Radnabenmutter mit einem Anzugsdrehmoment von 250–290 Nm anziehen.

14.4 Aus- und Einbau der Hinterfedern

- Rückseite des Fahrzeuges auf Böcke setzen, das Rad abnehmen und die Achswelle an der Aussenseite von der Hinterradnabenwelle abschrauben (Bild 183).
- Den Kurvenstabilisator vom Verbindungsgestänge abschrauben. Bei Fahrzeugen mit Niveauregulierung der Hinterradaufhängung muss ebenfalls das Kugelgelenk vom Stabilisatorgestänge abgeschlossen werden. Bild 184 zeigt die Befestigung.

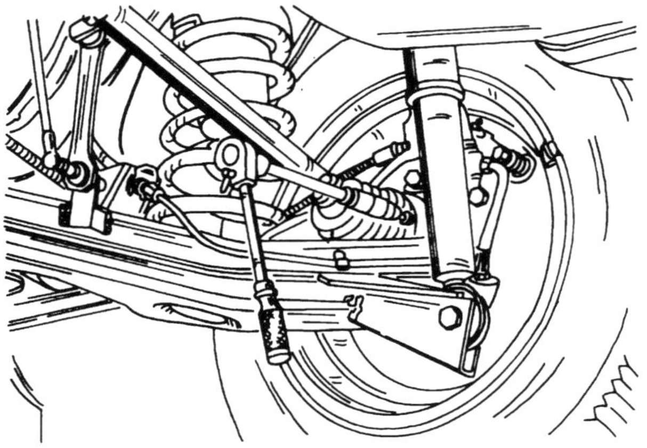

Bild 183
Lösen der Achswelle an der Aussenseite

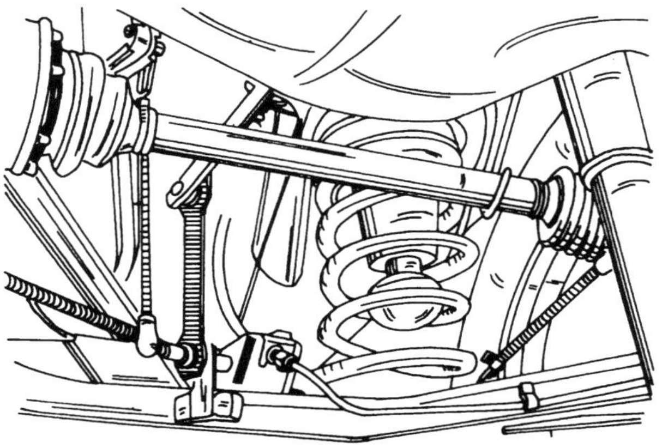

Bild 184
Die Befestigung des Verbindungsgestänges am Kurvenstabilisator. Die Achswelle ist mit einem Drahthaken in waagerechter Lage befestigt.

- Überwurfmutter der Bremsleitung am Schlauch lösen, das Federblech aus der Schlauchbefestigung herausschlagen und den Schlauch aus dem Haltewinkel ziehen. Falls die linke Feder ausgebaut werden soll, muss die Verteilerleitung für die Bremsen vom Wagenboden abgeschraubt werden.
- Einen Wagenheber unter den Längslenker untersetzen, aber so, dass man noch an die Stossdämpferaufhängung heran kann.
- Den Stossdämpfer vom Längslenker lösen.
- Achsträger auf einer Seite vom Wagenboden abschrauben (siehe Bild 177).
- Den Wagenheber langsam absenken, bis die Feder und der Gummisitz herausgenommen werden können.

Beim Einbau den Gummifedersitz auf den Längslenker aufsetzen und die Feder aufsetzen. Den Wagenheber langsam anheben, bis die Feder einwandfrei sitzt.

Alle anderen Arbeiten in umgekehrter Reihenfolge durchführen. Die Anzugsdrehmomente der Stossdämpfer beachten (Kapitel 19).

14.5 Aus- und Einbau der Stossdämpfer

- Bodenbelag vom Kofferraumboden abheben.
- Die Verkleidungen vom Seitenblech im Kofferraum und vom Radkasten entfernen.
- Die gleichen Arbeiten durchführen, wie sie in Kapitel 14.4 beschrieben wurden, mit dem Unterschied, dass man die Schraubenfeder nicht herauszunehmen braucht und dass der Anschluss am Stossdämpfer abgeschlossen werden muss, wenn eine Niveauregulierung der Radaufhängung eingebaut ist.

Bild 185 zeigt die Befestigung eines Stossdämpfers an der Oberseite (links) und an der Unterseite.

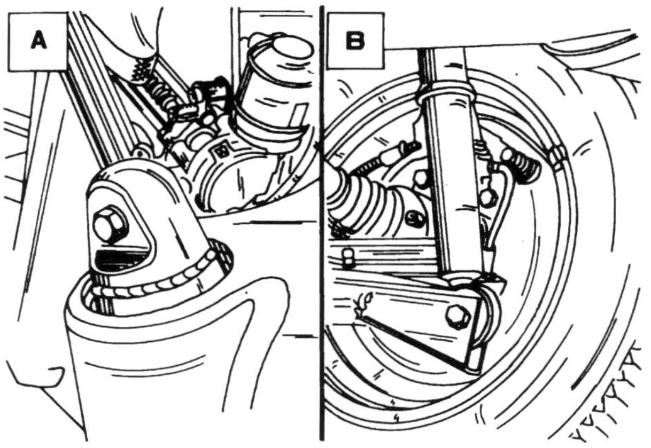

Bild 185
Befestigung des Stossdämpfers an der Oberseite (A) und an der Unterseite (B).

14.6 Aus- und Einbau des Längslenkers

- Rückseite des Fahrzeuges auf Böcke setzen und das Rad abnehmen.
- Auspuffanlage von der hinteren Gummiaufhängung abschrauben.
- Überwurfmutter der Bremsleitung am Schlauch lösen, das Federblech aus der Schlauchbefestigung herausschlagen und den Schlauch aus dem Haltewinkel ziehen. Beide Bremsschläuche von den Halterungen am Längslenker befreien.

- Bremssattel abschrauben und das Bremsseil vom Längslenker lösen.
- Bremsscheibe von der Radnabe abnehmen.
- Die Achswelle an der Aussenseite vom Radnabenwellenflansch abschrauben (6 Schrauben).
- Mutter der Radnabe lösen und abschrauben und den Radnabenflansch herunterziehen.
- Die in Bild 181 gezeigten Schrauben lösen und die Radnabe abnehmen.
- Gelenkwelle vom Hinterachsflansch abschrauben, das Zwischenlager vom Wagenboden lösen und die Gelenkwelle aus der Rückseite des Getriebes ziehen. Rückseite des Getriebes mit einer Plastiktüte verschliessen, damit kein Öl heraustropfen kann.
- Gestänge des Kurvenstabilisators an der Stabilisatorverbindung lösen. Bei eingebauter Niveauregulierung ebenfalls das Kugelgelenk vom Gestänge abschliessen (siehe Bild 184).
- Einen Wagenheber unter den Längslenker untersetzen, aber so, dass man noch an die Stossdämpferaufhängung heran kann.
- Den Stossdämpfer an der Unterseite abschrauben.
- Achsträger auf der betreffenden Seite vom Wagenboden abschrauben (siehe Bild 177).
- Den Wagenheber langsam absenken, bis die Feder und der obere Gummifedersitz herausgenommen werden können.
- Schrauben und Muttern der Lagerungen des Längslenkers vom Hinterachsquerträger lösen und die Schrauben herausschlagen.

Beim Einbau zuerst den Längslenker lose mit den Schrauben und Muttern am Querträger befestigen, ohne aber die Muttern anzuziehen. Den Gummifedersitz auf den Längslenker aufsetzen und die Feder auflegen. Den Wagenheber langsam anheben, bis die Feder einwandfrei sitzt.
Alle anderen Arbeiten in umgekehrter Reihenfolge durchführen. Nachdem das Fahrzeug mit den Rädern auf dem Boden aufsteht, die Bolzen des Längslenkers auf 80–95 Nm anziehen. Die Anzugsdrehmomente der Stossdämpfer beachten (Kapitel 19).

14.7 Antriebswellen

14.7.1 Aus- und Einbau einer Achswelle

- Rückseite des Fahrzeuges auf Böcke setzen.
- Achswelle an der Innenseite vom Flansch am Getriebe abschrauben (siehe Bild 178).
- Achswelle an der Aussenseite vom Flansch der Radnabenwelle abschrauben (siehe Bild 183).
- Achswelle herausheben.

Falls die gleiche Achswelle wieder eingebaut wird, muss die Fettfüllung in den Gleichlaufgelenken nach Abnehmen der Manschette kontrolliert werden. Falls erforderlich, die Gelenke mit dem vorgeschriebenen Fett vollschmieren.
Der Einbau der Welle geschieht in umgekehrter Reihenfolge. Die Schrauben mit dem vorgeschriebenen Anzugsdrehmoment anziehen.

14.7.2 Reparatur einer Achswelle

Die beiden Gelenke einer Achswelle können nur erneuert werden, d.h. nicht die Gelenke zerlegen. Beide Gelenke werden mit einem Sprengring auf der Welle gehalten. Die Sprengringe müssen immer erneuert werden. Nach Entfernen der Sprengringe (5) in Bild 186 die Gelenke (6) herunterziehen. Darauf achten, in welcher Weise

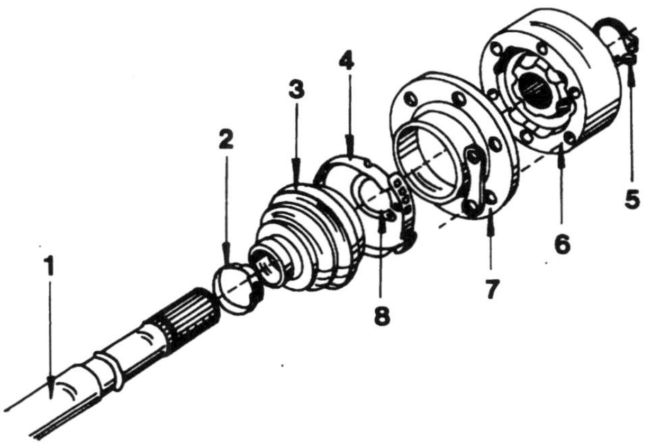

Bild 186
Die Teile einer Antriebswelle auf einer Seite

1 Antriebswelle
2 Befestigungsschelle
3 Gummimanschette
4 Befestigungsschelle
5 Äusserer Sprengring
6 Gleichlaufgelenk
7 Befestigungsflansch
8 Innerer Sprengring

die Gelenke aufgesteckt sind, da sie eine Führungsrille haben, die nach aussen kommt. Die Schellen der Gummimanschetten lösen und die Befestigungsflansche für die Manschetten von der Welle ziehen (von beiden Enden). Hinter den Flanschen befindet sich jeweils ein weiterer Sprengring (8). Diese Sprengringe entfernen und die beiden Gummimanschetten (3) abziehen.

Beim Zusammenbau die Gummimanschetten auf die Welle schieben, die Befestigungsflansche aufbringen und die Manschetten mit neuen Schellen an den Flanschen befestigen. Ebenfalls die Manschetten mit den kleinen Schellen an der Welle befestigen.
Die inneren Sprengringe einfedern und die beiden Gleichlaufgelenke aufschieben (Führungsrille nach aussen). Bild 187 zeigt eine Ansicht einer Welle. Die Pfeile zeigen die Führungsrillen.

Bild 187
Ansicht einer Antriebswelle. Die Pfeile weisen auf die beiden Rillen in den Gelenken.

Äussere Sprengringe in die Achswelle einsetzen. Jedes Gelenk mit 70–80 g des vorgeschriebenen Fetts füllen. Das Fett gleichmässig von beiden Seiten in die Gelenke drücken.

14.8 Niveauregulierung der Hinterradaufhängung

Falls diese, auf Sonderwunsch erhältliche Anlage, in das Fahrzeug eingebaut ist (nur bei 2,0-Liter-Motor), so wird die Bodenfreiheit der Hinterradaufhängung in Abhängigkeit der Belastung des Fahrzeuges fortwährend verändert. Dafür sorgen ein Kompressor, ein Regelfühler, ein Relais, ein Verbindungsgestänge zwischen dem Regler und der Stabilisatorstange und eine Verbindung zwischen dem Kompressor und den hinteren Stossdämpfern. Die folgenden Arbeiten könnten bei dieser Anlage erforderlich sein.

14.8.1 Aus- und Einbau des Kompressors

- Massekabel der Batterie abklemmen und die Rückseite des Fahrzeuges auf Böcke setzen.
- Vier Schrauben lösen und die Abdeckung des Kompressors lösen. Die Abdeckung abnehmen.
- Die Spange lösen, welche die Druckleitung am Kompressor hält und die Leitung lösen. Bild 188 zeigt die Befestigung des Kompressors.

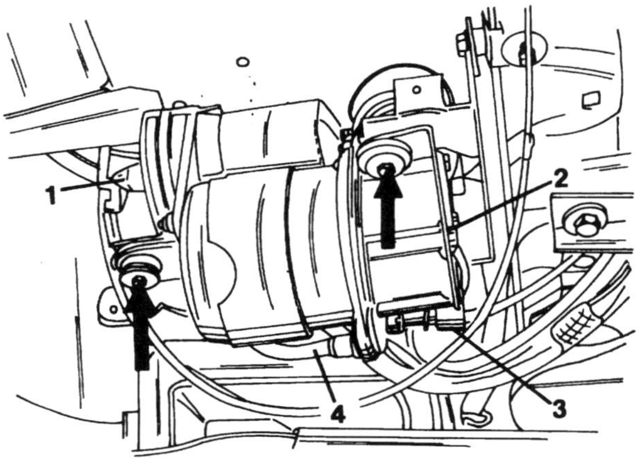

Bild 188
Der Kompressor der Niveauregulierung in eingebautem Zustand.

1 Druckleitung
2 Massekabel
3 Positives Kabel
4 Belüftungsleitung

- Das Massekabel (2) in Bild 188 abklemmen.
- Drei Schrauben lösen und den Kompressor von der Konsole abnehmen.
- Kompressor aus der Aufhängung herausziehen und den Stecker des Kabels sowie die Saugleitung abschliessen.
- Kompressor vollkommen herausnehmen.

Der Einbau geschieht in umgekehrter Reihenfolge wie der Ausbau. Die Saugleitung und der Stecker müssen angeschlossen werden, ehe man den Kompressor einsetzt. Den Kompressor mit den drei Schrauben befestigen. Zwei der Schrauben sind in Bild 188 gezeigt. Eine der

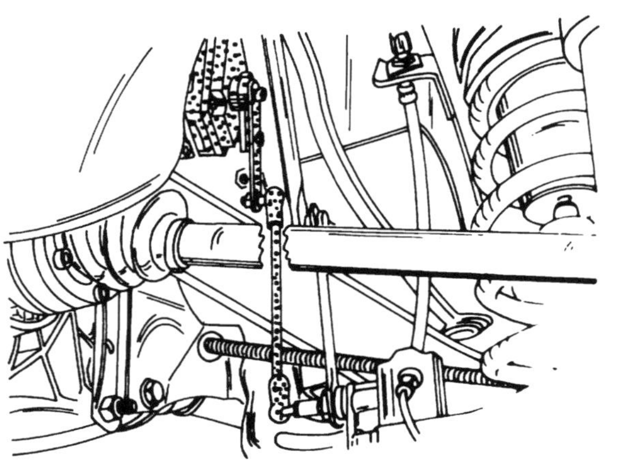

Bild 189
Das Gestänge zwischen dem Regler und dem Längslenker in eingebautem Zustand.

Schrauben sitzt hinter dem Kompressor. Die «O»-Dichtringe der Druckleitung müssen erneuert werden.

14.8.2 Aus- und Einbau des Niveaureglers

- Massekabel der Batterie abklemmen und die Rückseite des Fahrzeuges auf Böcke setzen.
- Das Gestänge vom Kugelbolzen des Reglers abdrücken und von der anderen Seite den Kabelstecker herausziehen. Bild 189 zeigt das Verbindungsgestänge zwischen dem Längslenker und dem Regler.
- Den Regler vom Wagenboden abschrauben.

Der Einbau geschieht in umgekehrter Reihenfolge.

15 Die Lenkung

Eine Zahnstangenlenkung ist eingebaut. Durch die Bewegung des Lenkrades wird das Lenkritzel verdreht, wodurch die Zahnstange in eine Hin- und Herbewegung versetzt wird. An den Aussenseiten der Zahnstange befinden sich mit Hilfe von Kugelgelenken angeschlossene Spurstangen, welche an ihren Aussenseiten in ähnlicher Weise mit den Lenkhebeln der Achsschenkel verbunden sind.
Lenkungsmanschetten umschliessen die beiden inneren Kugelgelenke und dienen ebenfalls zur Aufnahme des Schmiermittels. Nur der Zahnstangendämpfer kann an der Lenkung eingestellt werden. Die Einstellung muss bei ausgebauter Lenkung vorgenommen werden.
Bestimmte Modelle werden mit einer Servolenkung ausgerüstet. Auf bestimmte, leicht durchzuführende Arbeiten wird in diesem Abschnitt eingegangen, jedoch sollten Reparaturen oder Druckprüfungen an dieser Lenkungsausführung einer Ford-Werkstatt überlassen werden.

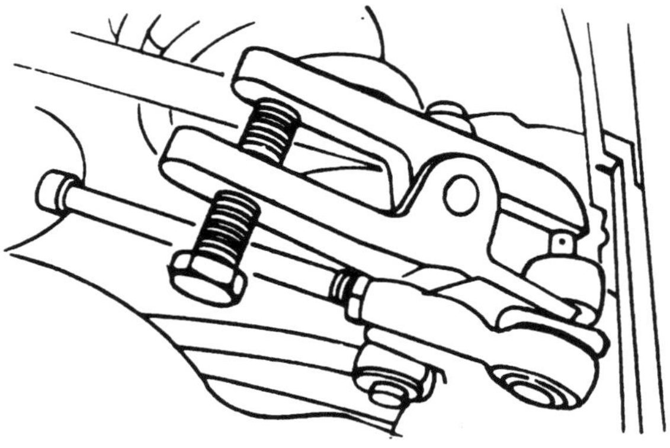

Bild 190
Abdrücken eines Kugelbolzens der Spurstangen

15.1 Aus- und Einbau der Lenkung

- Die Vorderräder in Geradeausstellung bringen. Lenkschloss in dieser Stellung sperren.
- Vorderseite des Fahrzeuges aufbocken und auf sichere Unterstellböcke setzen. Andernfalls kann das Fahrzeug auch über eine Montagegrube oder auf eine Hebebühne gefahren werden.
- Vom Motorraum aus, die Mutter und Schraube der Lenkscheibe vom Lenkritzel entfernen.
- Aus den Kontermuttern der Spurstangenkugelgelenke die Splinte herausziehen, die Kronenmuttern lösen und die Kugelbolzen aus den Konussitzen der Lenkhebel herausdrükken (Bild 190).
- Die beiden Befestigungsschrauben der Lenkung vom vorderen Querträger entfernen und die Lenkung herausziehen.
- Falls erforderlich die Spurstangenköpfe nach dem Lockern der Kontermuttern abschrauben, jedoch unbedingt zählen, um wie viele Umdrehungen jeder Spurstangenkopf aufgeschraubt ist und den Wert notieren.

Der Einbau der Lenkung geschieht in umgekehrter Reihenfolge wie der Ausbau. Die Schrauben der Lenkung mit 15 Nm anziehen und danach um weitere 90° (Viertelumdrehung) nachziehen. Die Spurstangenköpfe um die gleichen Umdrehungen wieder einschrauben. Beim Einbau und Anschliessen der Lenkungsteile kontrollieren, dass die Vorderräder und das Lenkrad in die Geradeausstellung gesetzt sind, falls man in der Zwischenzeit andere Arbeiten durchgeführt hat. Die Kerbverzahnung des Lenkritzels besitzt eine Aussparung, welche mit dem Schlitz im Flanschstück der Lenkungskupplung zusammenkommen muss. Die Schraube einschlagen und die Mutter mit 20–30 Nm anziehen.
Spurstangenkugelgelenke anschliessen, die Muttern mit 25–30 Nm anziehen und mit neuen Splinten versplinten. Nach fertigem Einbau die Vorspur kontrollieren, wie es in Kapitel 13.7.2 beschrieben wurde.

15.2 Lenkung überholen

Eine Überholung der Lenkung ist technisch gesehen möglich. Da die Hauptteile der Lenkung jedoch aus der Zahnstange und dem Zahnstangengehäuse bestehen, wird von einer Überholung abgesehen. Falls diese Teile erneuert werden müssen, ist es kostensparender eine neue Lenkung einzubauen. Die folgenden Arbeiten lassen sich jedoch leicht durchführen.

15.2.1 Erneuerung der Spurstangen

- Lenkung wie oben beschrieben ausbauen.
- Die Lenkung in der in Bild 191 gezeigten Weise in einen Schraubstock spannen und das Kugelgelenkgehäuse abschrauben.

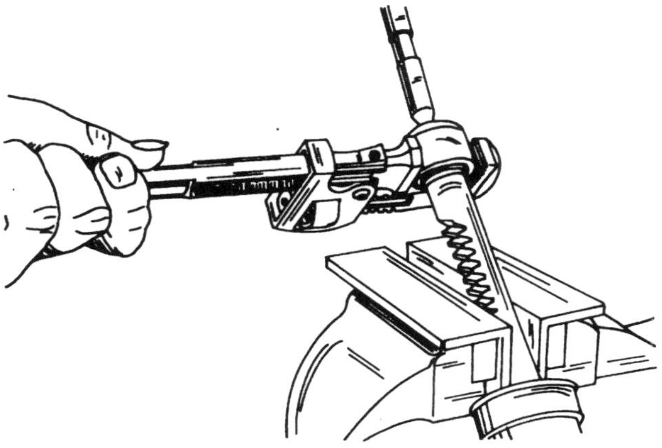

Bild 191
Lösen eines Kugelgelenkgehäuses von der Zahnstange

- Innere Kugelgelenke an der Zahnstange montieren. Falls die ursprünglichen Spurstangen verwendet werden, diese mit einer Rohrzange anschrauben. Bei Ersatz-Spurstangen sind Flächen eingearbeitet. Zum Anziehen kann ein Gabelschlüssel verwendet werden. Das Anzugsdrehmoment beträgt 75–85 Nm. Nach dem Anziehen die Kugelgelenke an der Zahnstange verstemmen.
- Lenkung wieder einbauen.

15.2.2 Lenkmanschetten erneuern

- Spurstangenkugelgelenk vom Lenkhebel an der Vorderachse trennen.
- Spurstangenkopf aus dem Ende der Spurstange herausschrauben (Kontermutter lokkern). Die genauen Umdrehungen des Spurstangenkopfes zählen, damit er beim Einbau wieder in die gleiche Lage gebracht werden kann.
- Befestigungsschellen der Lenkungsmanschette entfernen. Bild 192 zeigt die Lage der Schellen.

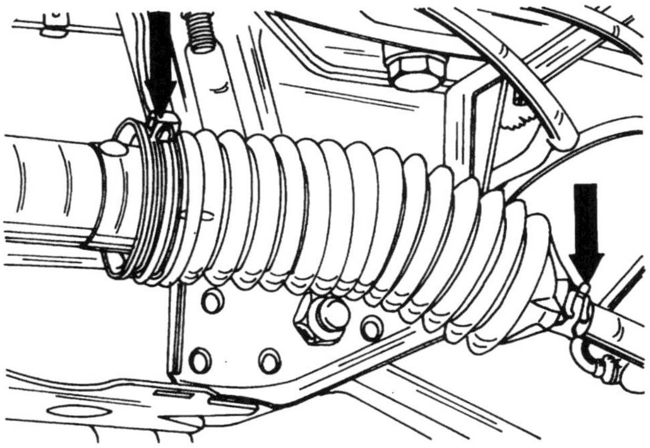

Bild 192
Die Pfeile weisen auf die Befestigungsschellen der Lenkmanschetten

- Manschette vollkommen abnehmen und das Schmiermittel ablaufen lassen. Die Lenkung einige Male aus einem Anschlag in den anderen bringen, so dass alles Öl ausgestossen wird.
- Neue Manschette anbringen.
- Spurstangenkopf einschrauben. Falls der Spurstangenkopf genau in der gleichen Lage zurückgeschraubt wurde, braucht man die Spur nicht unbedingt zu kontrollieren. Andernfalls die Spur ausmessen, wie es in Kapitel 13.7.2 beschrieben wurde.

15.2.3 Spurstangenkopf erneuern

Diese Arbeit wird in ähnlicher Weise durchgeführt wie es in Kapitel 15.2.2 beschrieben ist, mit dem Unterschied, dass man die Lenkungsmanschetten nicht abzunehmen braucht. Kronenmutter des Kugelbolzens auf ein Anzugsdrehmoment von 25–30 Nm anziehen und mit einem neuen Splint sichern. Wiederum muss man sich überlegen, ob es besser ist, die Vorspureinstellung auszumessen.

15.2.4 Lenkung erneuern

- Befestigungsschraube des oberen Kreuzgelenks an der Lenkwelle lösen, die Platte nach einer Seite drücken und die Verbindungswelle lose herunterhängen lassen.

- Klemmschraube und Mutter von der Lenkscheibe lösen und die Welle vom Lenkritzel abziehen.

Der Einbau der neuen Lenkscheibe geschieht in umgekehrter Reihenfolge wie der Ausbau.

15.3 Lenksäule

- Batterie abklemmen.
- Lenkrad in der Mittelstellung drehen.
- Klemmschraube zwischen der Lenkscheibe und dem Kreuzgelenk an der Lenkwellenseite entfernen.
- Obere und untere Lenksäulenverkleidung abschrauben. Die Lenkradhöhenverstellung muss gesenkt werden, um an die obere Verkleidung zu gelangen.
- Unter Bezug auf Bild 193 das Zugseil für die Motorhaube aus dem Eingriff mit dem Hebel bringen und die Führung aus der Halterung ausdrücken.

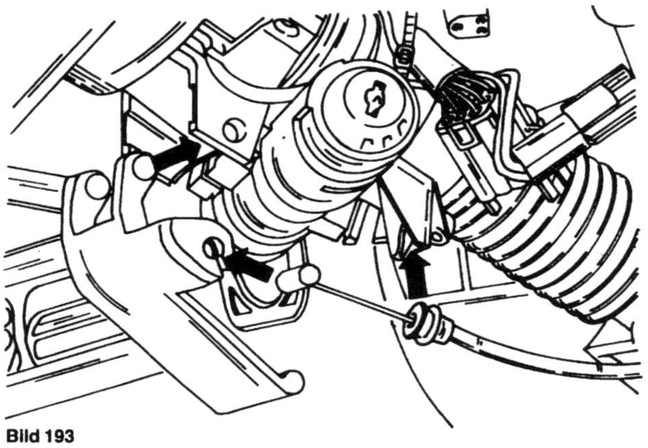

Bild 193
Die Befestigung des Motorhaubenzugseils und der Stecker des Lenksäulenschalters.

- Stecker für Hupe, Zündschalter usw. abziehen.

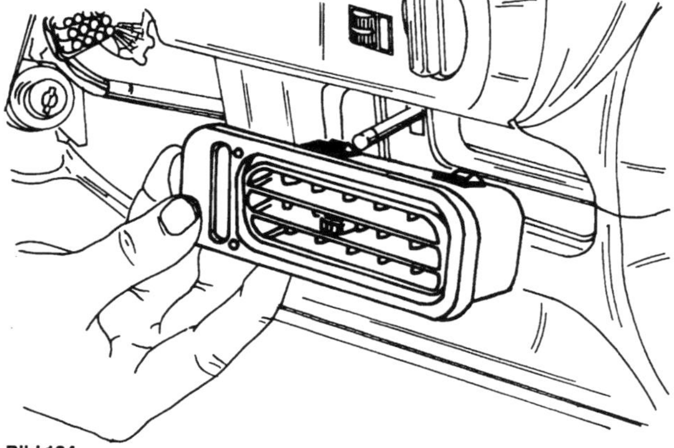

Bild 194
Ausbau der Frischluftdüse

- Den in Bild 194 gezeigten Frischluftauslass aus dem Armaturenbrett herausziehen. Die Armaturenbrettabpolsterung an der Unterseite ausbauen.
- Schrauben und Clips entfernen, die das Armaturenbrett an der Unterseite auf der Fahrerseite halten.
- Die drei Muttern der Befestigung des Lenkradhöhenverstellers von der Karosserie abschrauben (Bild 195).
- Die Lenksäule herausheben.

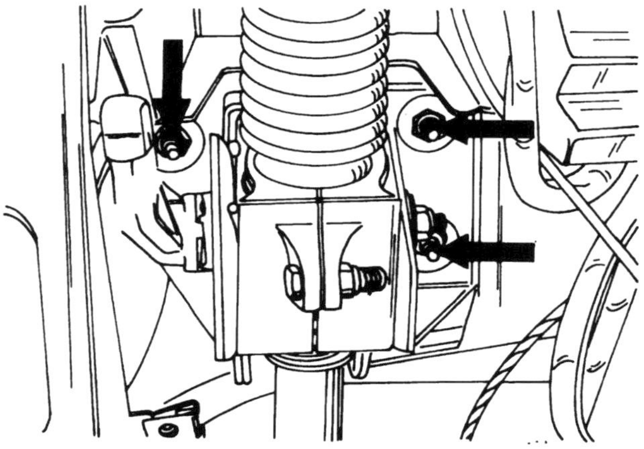

Bild 195
Die Befestigung der Lenksäule an der Unterseite des Armaturenbretts

Die Zerlegung der Lenksäule ist aufgrund der Höhenverstellung ziemlich schwierig und sollte nicht durchgeführt werden. Das Lenkrad kann nach dem Herausdrücken der Hupentaste und nach dem Lösen der Lenkradmutter abgezogen werden.

Der Einbau der Lenksäule geschieht in umgekehrter Reihenfolge. Die Lenkradmutter mit 45–55 Nm anziehen. Die Verkleidung des Armaturenbretts wird entsprechend Bild 196 wieder abgeschraubt.

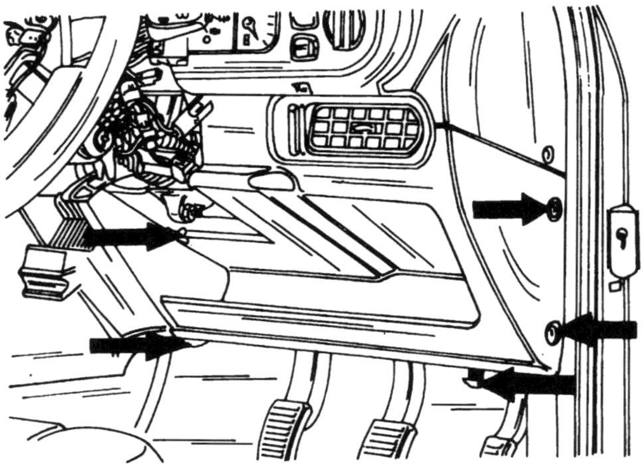

Bild 196
Die Befestigung der Abdeckung an der Unterseite des Armaturenbretts

15.4 Die Servolenkung

15.4.1 Aus- und Einbau

Falls Schäden an der Servolenkung aufgetreten sind, sollte man entweder eine Austauschlenkung oder eine neue Lenkung einbauen. Dabei ist jedoch darauf zu achten, dass Lenkungen von zwei Herstellern (Cam Gears und ZF) während der Produktion eingebaut werden. Der Aus- und Einbau beider Lenkungsausführungen geschieht in gleicher Weise.

- Batterie abklemmen.
- Vorderseite des Fahrzeuges auf Böcke setzen.
- Vorderräder in die Geradeausstellung bringen.
- Die Überwurfmuttern der Vorlauf- und Rücklaufleitungen vom Regelventil abschrauben. Die Flüssigkeit in einen untergestellten Behälter laufen lassen. Die Leitungsenden in geeigneter Weise zustopfen, damit kein Schmutz eindringen kann.
- Klemmschraube des Flansches der Lenkungskupplung am Ritzel entfernen (Mutter lösen, Schraube herausschlagen).
- Kugelgelenke der Spurstangen nach dem Lösen der Kronenmuttern (und Splinte) mit einem geeigneten Kugelbolzenabzieher (Bild 190) von den Lenkhebeln trennen.
- Die Schrauben der Lenkung auf jeder Seite lösen und die Lenkung herausziehen, wobei sie gleichzeitig aus dem Eingriff mit dem Flansch der Lenkungskupplung zu bringen ist.

Der Einbau der Lenkung geschieht in umgekehrter Reihenfolge wie der Ausbau. Beim Einführen des Lenkungsritzels darauf achten, dass die Fläche am Ritzel in einer Linie mit dem Schraubenloch des Flansches liegt. Die Schraube und Mutter erst anziehen wenn das Gewicht des Fahrzeuges auf den Rädern lastet.

Die Anzugsdrehmomente der Überwurfmuttern sind zu beachten. Die Muttern der Druckleitungen mit 26–31 Nm; die Überwurfmutter der Rücklaufleitung mit 17–21 Nm anziehen.

Abschliessend den Vorratsbehälter der Lenkung auffüllen und die Lenkung entlüften, wie es im nächsten Kapitel beschrieben ist.

15.4.2 Servolenkung entlüften

- Deckel des Vorratsbehälters abschrauben und den Behälter bis zum «Max.»-Strich am Messstab mit der vorgeschriebenen Ford-Flüssigkeit auffüllen.
- Negatives Kabel von der Zündspule abklemmen und das Lenkrad aus einem Anschlag in den anderen drehen, während der Anlasser mehrere Male je zwei Sekunden lang betätigt wird. Eine zweite Person sollte gleichzeitig Flüssigkeit in den Behälter nachfüllen, um den Flüssigkeitsspiegel auf dem richtigen Stand zu halten.
- Flüssigkeitsspiegel beobachten. Sobald sich die Höhe der Flüssigkeit nicht mehr verändert und keine Luftblasen mehr aufsteigen, ist die Lenkung entlüftet.
- Abschliessend Kabel wieder an der Zündspule anklemmen.

15.4.3 Lenkhilfspumpe erneuern

- Batterie abklemmen.
- Antriebsriemen ausbauen, wie es im nächsten Kapitel beschrieben ist.
- Flüssigkeitsleitungen von der Pumpe abschrauben und die Flüssigkeit aus der Pumpe auslaufen lassen.
- Hinteren Stützwinkel von Pumpe und Motor abschrauben und danach die Pumpe vom Lagerbock entfernen.
- Falls die Pumpe erneuert werden soll, die Riemenscheibe der Pumpe abschrauben.

Der Einbau der Pumpe geschieht in umgekehrter Reihenfolge wie der Ausbau. Beim Anschliessen der Schläuche auf die Anzugsdrehmomente achten. Überwurfmuttern des Druckschlauches mit 26–31 Nm; jene der Rücklauf- und Zufuhrschläuche mit 17–21 Nm anziehen. Die Keilriemenspannung einstellen (Kapitel 15.4.4).

15.4.4 Keilriemen für die Lenkhilfspumpe erneuern und einstellen

- Die Befestigung der Drehstromlichtmaschine lockern, die Lichtmaschine nach innen drükken und den Keilriemen abnehmen. Bild 197 zeigt die Befestigungsstellen.

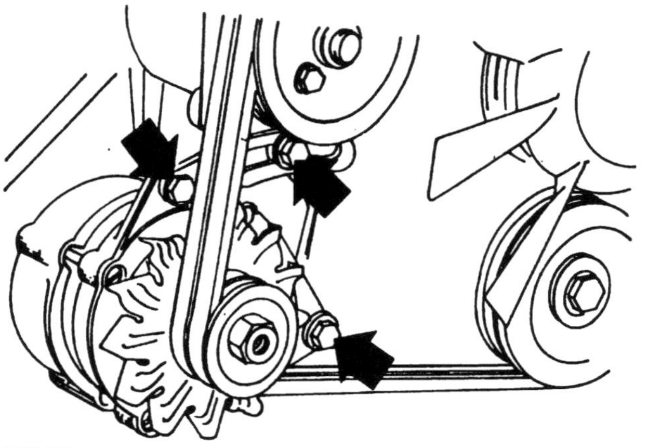

Bild 197
Befestigungsschrauben der Drehstromlichtmaschine zum Spannen des Riemens der Lenkhilfspumpe.

Der Einbau des Keilriemens geschieht in umgekehrter Reihenfolge. Der Riemen muss jetzt gespannt werden. Der Keilriemen sollte sich in der Mitte seiner längsten Laufstrecke 13 mm (bei einer Cam-Gears-Pumpe) oder 10 mm (bei einer ZF-Pumpe) durchdrücken lassen, wenn man mit normalem Daumendruck auf den Riemen drückt. Zum Spannen des Keilriemens die Befestigung der Drehstromlichtmaschine lockern und die Pumpe entsprechend verschieben.

16 Die Bremsanlage

Bei allen Scorpio-Modellen werden Scheibenbremsen an den Vorderrädern und Hinterrädern verwendet. Der auf dem Boden montierte Handbremshebel ist mit Seilen mit den Hinterrädern verbunden. Das Bremssystem ist als Zweikreisanlage ausgelegt, damit das Fahrzeug noch immer zum halten gebracht werden kann, auch wenn ein Bremskreis während des Betriebs ausfallen sollte.
Alle Modelle sind mit einem Bremskraftverstärker ausgerüstet, welcher direkt an den Hauptbremszylinder angeschraubt ist. Ein Hydraulikgerät für die ABS-Anlage ist dem Bremssystem angeschlossen.
Alle Arbeiten an der Bremsanlage müssen mit der grössten Sorgfalt durchgeführt werden. Reinigung, Kontrolle, Auswechslungen, bzw. Überholungen sind grundsätzlich auf beiden Fahrzeugseiten durchzuführen. Scheibenbremsen brauchen nicht nachgestellt zu werden.

16.1 Die Vorderradbremsen

16.1.1 Bremsklötze erneuern

Falls der eigentliche Belag der Bremsklötze bis auf eine Stärke von 1,6 mm abgeschliffen ist, müssen die Bremsklötze erneuert werden. In diesem Fall immer den gesamten Satz erneuern und unbedingt darauf achten, dass nur Bremsklötze des gleichen Herstellers eingebaut werden. Bei der Erneuerung folgendermassen vorgehen:

- Radmuttern lösen.
- Vorderseite des Fahrzeuges aufbocken.
- Räder abnehmen.
- Sicherungsspange mit einem Schraubenzieher vom Bremssattel abdrücken, wie es in Bild 198 gezeigt ist.
- Mit einem 7-mm-Inbusschlüssel die beiden in Bild 199 gezeigten Schrauben lösen, bis das Zylindergehäuse frei vom Bremssattelträger ist.

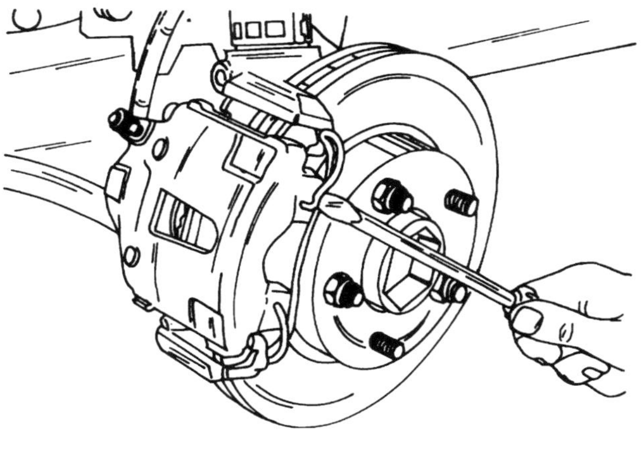

Bild 198
Abheben der Sicherungsspange vom Bremssattel

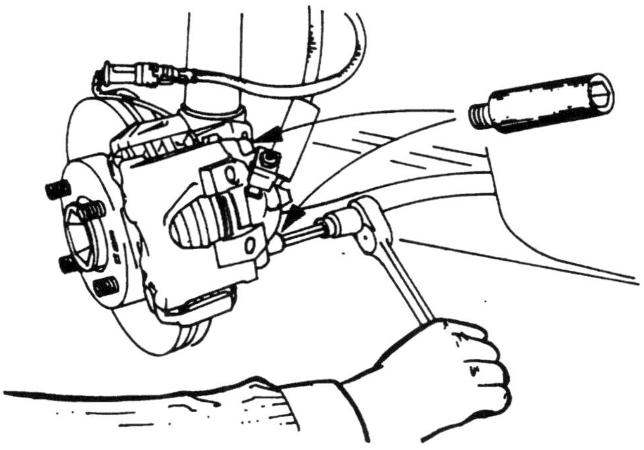

Bild 199
Lösen der 7-mm-Inbuskopfschrauben beim Ausbau der Bremsklötze

- Stecker des Kabels vom Fühler abziehen.
- Bremssattel und Zylindergehäuse vom Bremssattelträger herunterziehen und die beiden Bremsklötze herausziehen.

Der Einbau der Bremsklötze geschieht in umgekehrter Reihenfolge wie der Ausbau, jedoch sind die folgenden Punkte zu beachten:

- Unbedingt überzeugen, dass die richtigen Bremsklötze eingebaut werden. Bremsklotzflächen und Bremsscheiben müssen fettfrei sein.
- Der Kolben muss nach innen gestossen werden, wenn man neue Bremsklötze einbaut.

Falls der Vorratsbehälter des Hauptbremszylinders gefüllt ist, könnte dies zum Überlaufen führen. In diesem Fall mit einem Saugrohr etwas Flüssigkeit aus dem Vorratsbehälter absaugen und die Kolben mit einem Stück Flacheisen vorsichtig in die Bohrungen stossen. Falls dabei Bremsflüssigkeit auf Lackstellen tropfen sollte, diese sofort mit kaltem Wasser abwaschen.

- Schutzpapier von den Bremsklötzen entfernen. Den inneren Bremsklotz in das Zylindergehäuse und den äusseren Bremsklotz in den Bremssattelträger ansetzen.
- Das Gehäuse auf den Bremssattelträger aufsetzen.
- Die beiden Schrauben in Bild 199 eindrehen und mit einem 7-mm-Inbusschlüssel anziehen.
- Alle anderen Arbeiten in umgekehrter Reihenfolge durchführen.
- Flüssigkeitsstand im Vorratsbehälter berichtigen.
- Bremspedal einige Male betätigen, um die Bremsklötze an die Bremsscheiben heranzubringen.

16.1.2 Aus- und Einbau eines Bremssattels

Vor dem Ausbau eines Bremssattels den Zündschlüssel auf Stellung «0» drehen und das Bremspedal mindestens 20mal betätigen, oder bis es sehr «hart» wird.

- Radmuttern lösen.
- Vorderseite des Fahrzeuges auf Böcke setzen und das Rad abnehmen.
- Bremsklötze ausbauen (Kapitel 16.1.1).
- Bremsleitung vom Bremssattel abschrauben und die Befestigungsschelle am Kotflügelinnenteil entfernen. Das offene Ende der Leitung in geeigneter Weise verschliessen.
- Befestigungsschrauben des Bremssattelträgers lösen und den Träger vom Achsschenkel abnehmen.

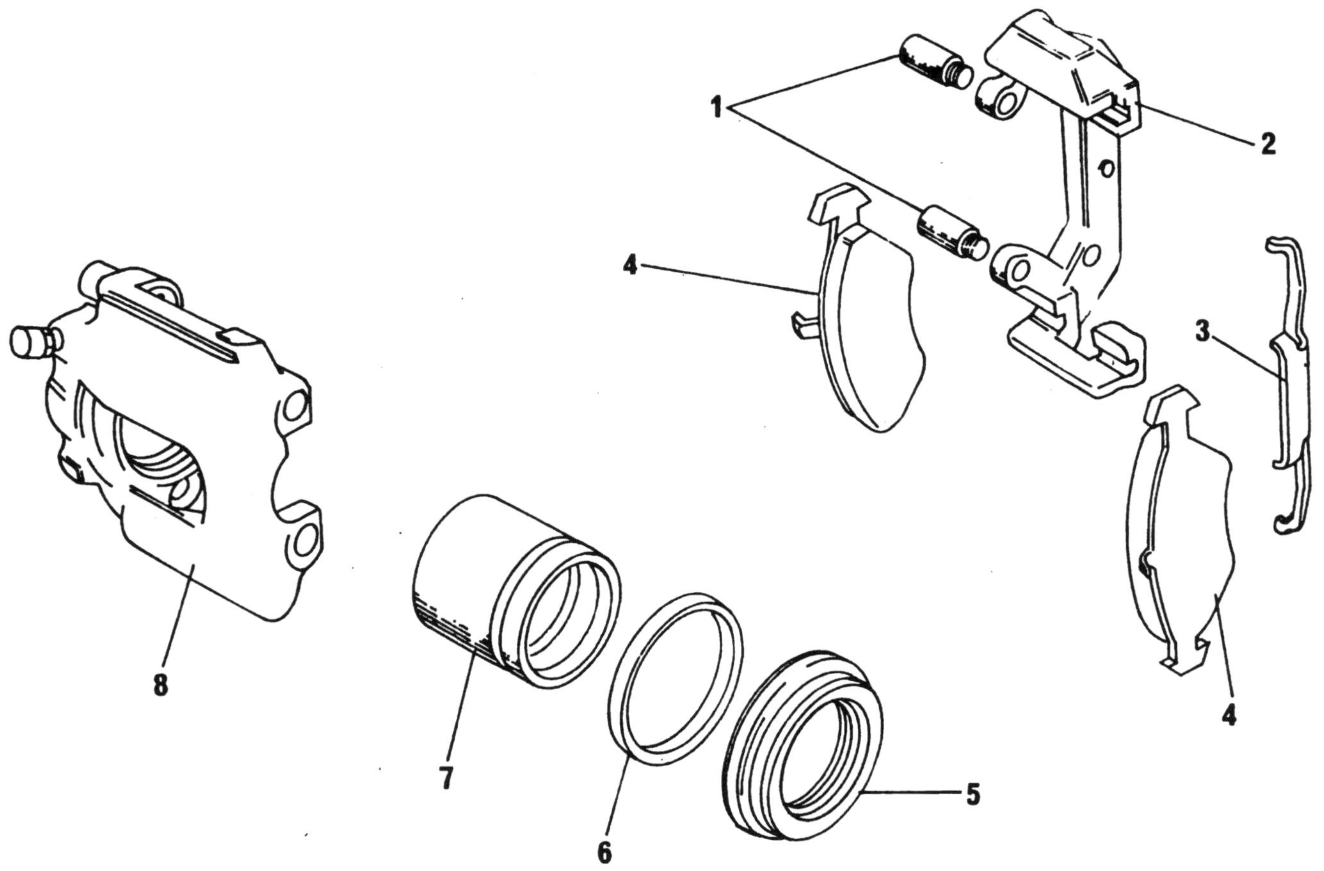

Bild 200
Montagebild eines vorderen Bremssattels

1 Befestigungsbolzen
2 Bremssattelträger
3 Sicherungsspange
4 Bremsklötze
5 Staubschutzring
6 Zylinderdichtring
7 Kolben
8 Zylindergehäuse

Der Einbau geschieht in umgekehrter Reihenfolge wie der Ausbau. Die Befestigungsschrauben des Bremssattelträgers mit 51 – 61 Nm anziehen. Die Bremsklötze montieren, wie es in Kapitel 16.1.1 beschrieben wurde. Die Bremsklötze in der in Bild 201 gezeigten Weise in das Bremssattelgehäuse einsetzen. Abschliessend die Bremsanlage entlüften (siehe Kapitel 16.4).

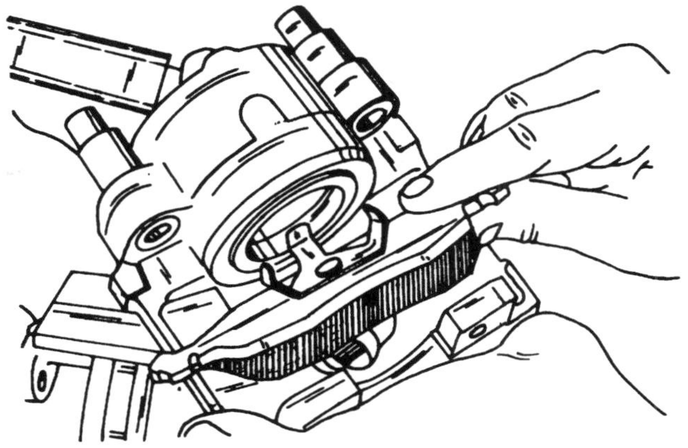

Bild 201
Einsetzen der Bremsklötze in das Bremssattelgehäuse

16.1.3 Bremssattel überholen

Bild 200 zeigt ein Montagebild des Bremssattels, es sollte bei der Zerlegung hinzugezogen werden:

- Kolben teilweise aus einer Zylinderbohrung herausziehen und den Staubschutzring mit einem kleinen Schraubenzieher heraushebeln. Festsitzende Kolben können durch Ansetzen einer Pressluftleitung herausgeblasen werden. Dabei ein Stück Hartholz in die Bremssattelöffnung einsetzen, damit der Kolben gegen das Holz und nicht gegen das Metall des Zylindergehäuses anschlagen kann.
- Mit einem weichen, spitzen Gegenstand den Zylinderdichtring aus der Innenseite der Zylinderbohrung heraushebeln. Bei Verwendung von scharfen Gegenständen besteht die Gefahr von Beschädigung der Bohrung.
- Kolben und Zylinderbohrungen einwandfrei mit Bremsflüssigkeit oder Spiritus reinigen. Keine anderen Reinigungsmittel dazu verwenden, da diese die Gummiteile der Anlage zersetzen können.
- Alle Teile auf Beschädigung kontrollieren, besonders an den Aussenseiten des Kolbens und der Lauffläche des Zylinders. Kratzer oder Fressstellen sind auf keinen Fall zulässig.
- Einen neuen Zylinderdichtring in die Rille des Zylinders einsetzen und den mit Bremsflüssigkeit eingeschmierten Kolben mit der geschlossenen Seite zuerst vorsichtig in die Zylinderbohrung einschieben.
- Staubschutzring an Kolben und Bremssattel anbringen. Der Bremssattel ist jetzt wieder einbaufertig.

16.1.4 Aus- und Einbau einer Bremsscheibe

- Bremssattel ausbauen, wie es bereits beschrieben wurde und diesen mit einem Stück Draht an der Vorderradaufhängung festbinden, damit er nicht am Schlauch herunterhängen kann.
- Die Radnabe und die Bremsscheibe im Verhältnis zueinander kennzeichnen, die Befestigungsspange der Bremsscheibe von der Nabe lösen und die Scheibe abnehmen.
- Anlageflächen von Nabe und Scheibe einwandfrei reinigen.

Falls die gleiche Scheibe wieder eingebaut wird, sind die Kennzeichnungen auszufluchten. Nach Befestigung der Radnabe am Achsschenkel eine Messuhr mit einem geeigneten Halter an der Vorderradaufhängung befestigen. Den Taststift der Messuhr so nahe wie möglich an der gut gereinigten Bremsscheibe ansetzen. Bild 202 zeigt die Messung. Aus dem Bild ist ebenfalls ersichtlich, wie man einen Messuhrhalter praktisch benutzen kann. Die Bremsscheibe jetzt langsam durch-

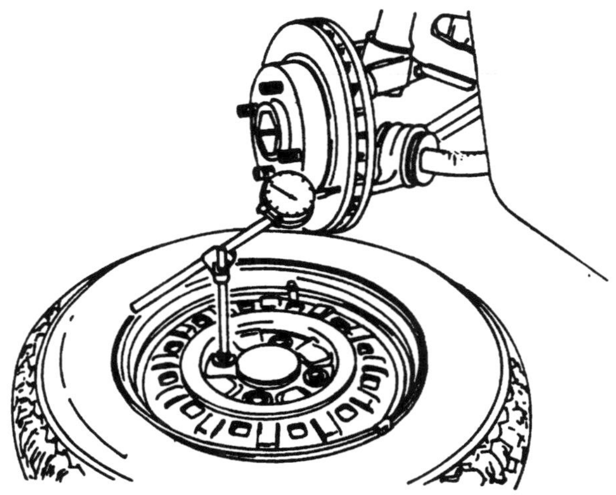

Bild 202
Ausmessen einer Bremsscheibe auf Schlag

drehen und den maximalen Ausschlag der Nadel beobachten. Der Höchstschlag darf 0,05 mm nicht überschreiten.

Falls der Schlag grösser ist, kann die Bremsscheibe wieder von der Nabe abgeschraubt werden, so dass man die Anlageflächen von Nabe und Scheibe nochmals kontrollieren kann. Ebenfalls kann man versuchen, die Bremsscheibe in einer anderen Stellung an der Nabe anzuschrauben. Falls dies nicht hilft, ist die Bremsscheibe auszutauschen, vor allem dann, wenn die alte Scheibe wieder eingebaut werden soll, da sie sich höchstwahrscheinlich durch Hitzeeinwirkung während der Betätigung der Bremsen verzogen hat.

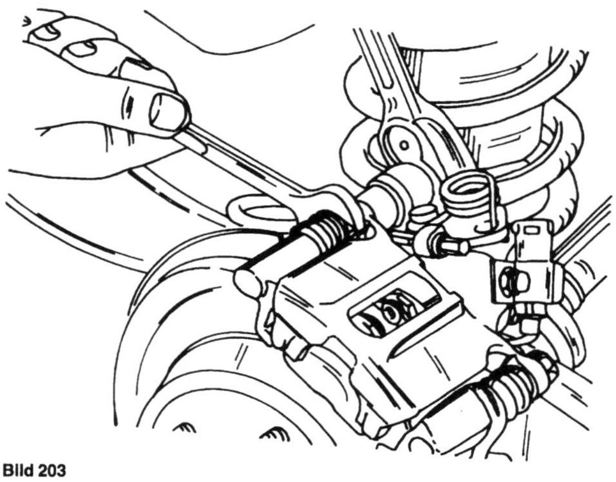

Bild 203
Lösen einer Seite eines hinteren Bremssattels. Das Sechskant mit einem Gabelschlüssel gegenhalten und den Bolzen mit einer Stecknuss und Ratsche herausdrehen.

16.2 Hinterradbremsen

16.2.1 Bremsklötze erneuern

Die Hinterradbremsen unterliegen einem hohen Druck. Die Bremsen dürfen nicht betätigt werden, nachdem man den Bremssattel vom Montagerahmen abgeschraubt hat. Ebenfalls zu beachten ist, dass ein Spezialwerkzeug zum Zurückstellen des Kolbens in den Bremssattel benötigt wird. Nur falls man sich diesen ausleihen kann, können die Bremsklötze erneuert werden.

- Radmuttern lockern, Handbremse anziehen und die Rückseite des Fahrzeuges auf Böcke setzen. Die Räder abnehmen.
- Steckverbinder des Verschleissanzeigers der Hinterradbremsen nach Abschrauben der Schelle trennen.
- Handbremsseil von der Befestigungsspange am Längslenker lösen.
- Die vordere Befestigungsschraube des Bremssattels lockern, wie es in Bild 203 gezeigt ist. Dazu das Sechskant an der Innenseite des Bremssattels gegenhalten.
- Den Bremssattel zurückklappen und die Bremsklötze von den Seiten der Bremsscheibe abnehmen (Bild 204).

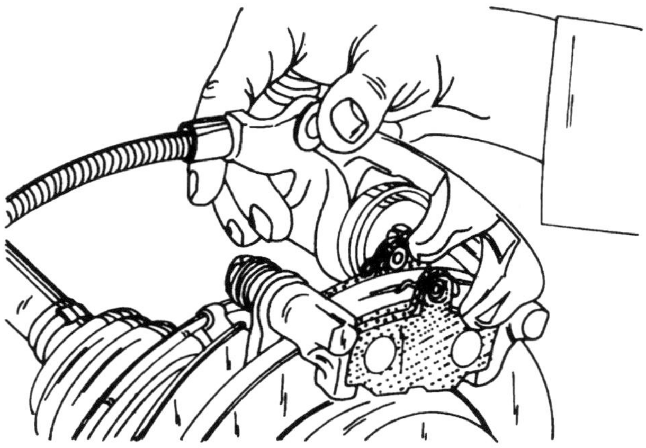

Bild 204
Nach Ankippen des Bremssattels liegen die Bremsklötze frei

Der Einbau der Bremsklötze geschieht in umgekehrter Reihenfolge wie der Ausbau, jedoch sind die folgenden Punkte zu beachten:

- Unbedingt überzeugen, dass die richtigen Bremsklötze eingebaut werden. Bremsklotzflächen und Bremsscheiben müssen fettfrei sein.
- Den Kolben mit dem in Bild 205 gezeigten Spezialwerkzeug durch Rechtsdrehung in den Bremssattel schrauben. Eine Aussparung in der Kolbenfläche muss so stehen, dass sie in Eingriff mit dem Keil an der Metallplatte des Bremsklotzes kommt.

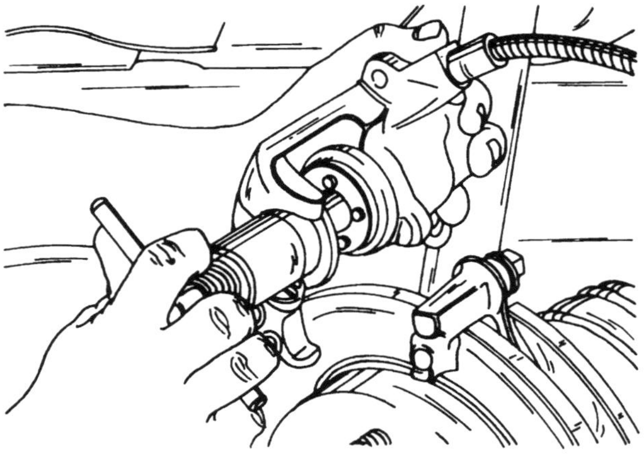

Bild 205
Zurückstellen des Kolbens mit dem Spezialwerkzeug 12-006

- Die beiden Bremsklötze im Bremssattelträger ansetzen.
- Bremssattel nach unten schwingen, wobei der Keil in der Metallplatte des Bremsklotzes mit der Aussparung im Kolben eingreifen muss. Kontrollieren, dass die Federn einwandfrei sitzen.
- Die Schraube von der Innenseite aus einsetzen und festziehen, wie es in Bild 203 gezeigt ist.
- Alle anderen Arbeiten in umgekehrter Reihenfolge durchführen.
- Flüssigkeitsstand im Vorratsbehälter berichtigen.
- Bremspedal einige Male betätigen, um die Bremsklötze an die Bremsscheibe heranzubringen.

16.2.2 Aus- und Einbau eines Bremssattels

- Radmuttern lösen.
- Rückseite des Fahrzeuges auf Böcke setzen und das Rad abnehmen.
- Handbremse lösen.
- Kabel der Bremsverschleissanzeige abklemmen (Schraube lösen, Stecker auseinanderziehen).
- Bremsschlauch von Bremsleitung abschrauben. Die offenen Enden in geeigneter Weise verschliessen.
- Befestigungsschrauben des Bremssattels lösen, wie es in Bild 203 gezeigt ist, jedoch dieses Mal beide Schrauben entfernen.
- Handbremsseil aus dem Hebel aushängen und den Bremssattel herausheben.

Der Einbau geschieht in umgekehrter Reihenfolge wie der Ausbau. Die Befestigungsschrauben des Bremssattelträgers mit 31 – 35 Nm anziehen. Abschliessend die Bremsanlage entlüften (siehe Kapitel 16.4).

16.2.3 Bremssattelreparaturen

Die hinteren Bremssättel sind mit einem speziellen Nachstellmechanismus versehen, welchen man nur mit dem in Bild 205 gezeigten Spezialwerkzeug herausdrehen kann. Aufgrund des Aufbaus der Bremssättel sehen wir von einer Beschreibung der Überholung ab. Falls ein Bremssattel nicht mehr tauglich ist, sollte er in jedem Fall erneuert werden.

16.2.4 Aus- und Einbau einer Bremsscheibe

- Radmuttern lockern, Rückseite des Fahrzeuges auf Böcke setzen und das Rad abschrauben.
- Handbremse lösen und das Handbremsseil von der Befestigungsspange am Längslenker entfernen.
- Schrauben des Bremssattelträgers entfernen (Bild 206) und die gesamte Einheit mit einem Stück Draht an der Radaufhängung festbinden.

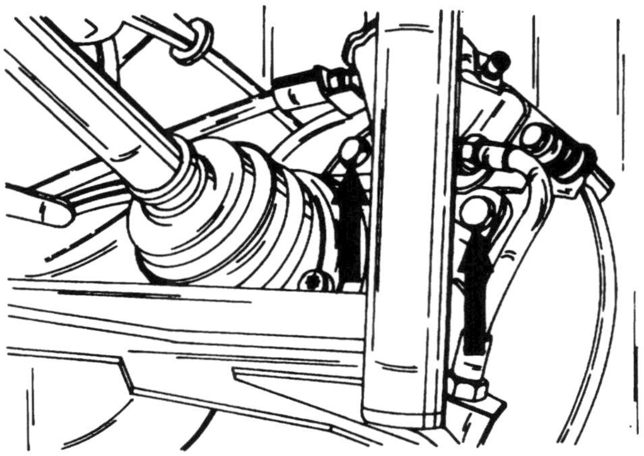

Bild 206
Die Befestigung eines hinteren Bremssattelträgers

- Die Befestigungsspange der Bremsscheibe von einem der Radbolzen entfernen und die Scheibe von der Nabe herunterziehen. Das Verhältnis zwischen Bremsscheibe und Radnabe kennzeichnen, falls die gleiche Scheibe wieder eingebaut werden soll. Dies kann mit Farbe durchgeführt werden, wie es Bild 207 zeigt.

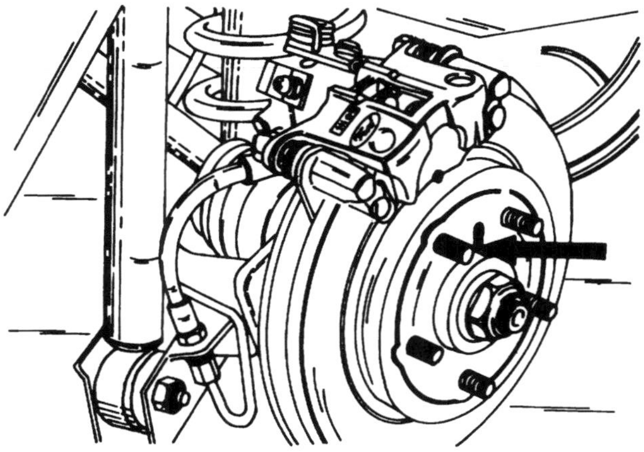

Bild 207
Der Pfeil zeigt, wo man Fluchtmarken in Bremsscheibe und Radnabe einzeichnen kann (z. B. mit Farbe).

Der Einbau geschieht in umgekehrter Reihenfolge. Die Schrauben mit 51–62 Nm anziehen. Wird die gleiche Bremsscheibe wieder montiert, muss man auf die Fluchtmarken achten.

16.3 Hydraulikgerät

Dieses Gerät übernimmt die Funktion des normalerweise eingebauten Hauptbremszylinders, besitzt aber ausser dem Flüssigkeitsbehälter einen Sammler, einen elektrischen Motor mit Hydraulikpumpe, einen Bremskraftverstärker und andere Teile, welche mit der Anlage verbunden sind. Bilder 208 und 209 zeigen Ansichten des Hydraulikgeräts von beiden Seiten.

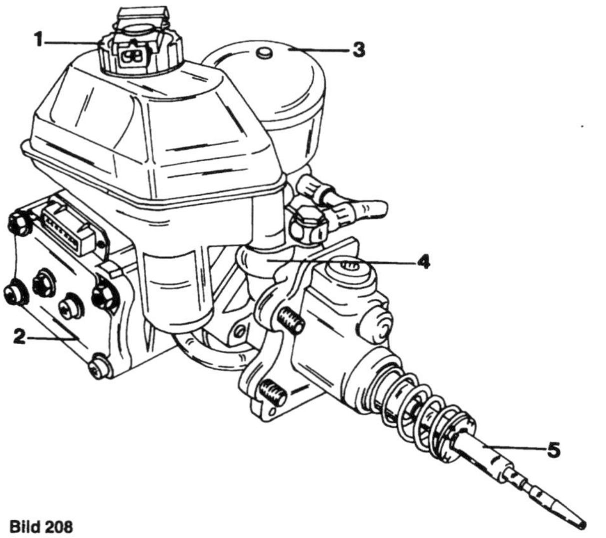

Bild 208
Ansicht des Hydraulikgeräts

1 Vorratsbehälter und Flüssigkeitsstandanzeiger
2 Schiebergehäuse
3 Sammler
4 Verstärker
5 Stösselstange

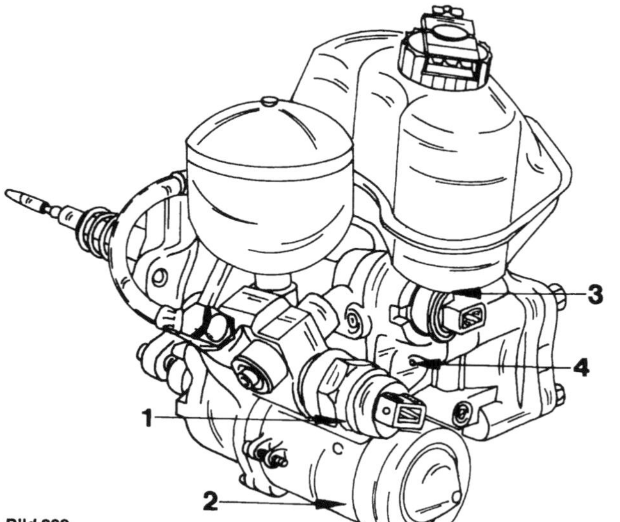

Bild 209
Ansicht des Hydraulikgeräts

1 Druckschalter
2 Elektrischer Motor und Hydraulikdruckpumpe
3 Hauptventil
4 Hauptbremszylinder

16.3.1 Aus- und Einbau des Hydraulikgeräts

Wie durch die Kombinierung eines hydraulischen Aggregats mit einem elektrisch betriebenen Motor ersichtlich ist, bringt der Aus- und Einbau des gesamten Aggregats mehr Schwierigkeiten mit sich, als dies bei einem einfachen Hauptbremszylinder der Fall wäre. Die ziemlich umfangreichen Arbeiten müssen sehr sorgfältig durchgeführt weden.

- Motor abstellen, Zündschlüssel in Stellung «0» schalten und das Bremspedal mindestens 20mal durchtreten, um den Druck zu entfernen.
- Massekabel der Batterie abklemmen.
- Elektrische Anschlüsse vom Hydraulikgerät abschliessen. Stecker sind auf den Druckschalter, dem Hauptventil, dem Schieberblock, der Einfüllverschraubung des Vorratsbehälters und der elektrischen Hydraulikpumpe aufgesteckt. Ausserdem ein Massekabel abschrauben.
- Die hydraulischen Leitungen vom Schiebergehäuse des Hydraulikgeräts abschliessen. Die Leitungen gut kennzeichnen, damit sie wieder an der gleichen Stelle angeschlossen werden können. Bild 210 zeigt, wo die einzelnen Leitungen verlegt sind.

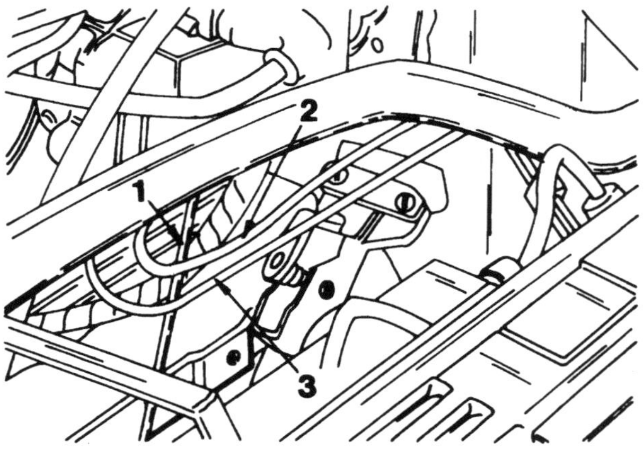

Bild 210
Die Hydraulikleitungen am Hydraulikgerät

1 Zur Bremse vorn links
2 Zu den Hinterradbremsen
3 Zur Bremse vorn rechts

- Unter dem Armaturenbrett die Verkleidung um das Bremspedal herum ausbauen. Bild 196 zeigt, wo sie befestigt ist.

- Unter Bezug auf Bild 211 die Sicherungsklammer aus der Stösselstange an der Aussenseite des Bremspedals herausziehen und die drei mit den Pfeilen gezeigten Muttern lösen, um das Hydraulikgerät freizulegen. Eine zweite Person sollte das Gerät von der anderen Seite halten, während die Muttern gelöst werden.

Bild 211
Die Pfeile weisen auf die Befestigungsstellen des Hydraulikgeräts

- Das Hydraulikgerät vorsichtig aus dem Fahrzeug herausheben, ohne dabei Bremsflüssigkeit auf lackierte Stellen des Fahrzeuges tropfen zu lassen. Ein dicker Lappen sollte unter das Gerät untergehalten werden. Beim Herausheben das Gerät nicht an den Schläuchen, am Vorratsbehälter oder an der Stösselstange erfassen.
- Den Vorratsbehälter entleeren. Dabei aber nicht die Stösselstange betätigen, mit der Absicht weiter Flüssigkeit aus dem Gerät auszustossen.
- Altes Dichtungsmaterial von der Dichtfläche des Geräts und der Karosserie entfernen.

Der Einbau des Hydraulikgeräts geschieht folgendermassen:

- Die Dichtflächen von Hydraulikgerät und Karosserie mit Abdichtkitt belegen. Erkundigen Sie sich, was Ihre Ford-Werkstatt dazu verwendet. Kein Kitt an die Stiftschrauben schmieren.
- Das Kugelende auf die Stösselstange aufsetzen und das Hydraulikgerät vorsichtig in das Fahrzeug hineinheben und gleichzeitig die Stösselstange in das Bremspedal einführen, so dass sie wie in Bild 211 gezeigt, heraussteht. Dabei nicht die Stösselstange in das Gerät drücken.
- Das Bremspedal durch Einsetzen der Klammer mit der Stösselstange verbinden.
- Die hydraulischen Leitungen am Ventilschieber anschliessen. Dabei Bezug auf Bild 210 nehmen, um keine Fehler zu machen.
- Die elektrischen Steckverbinder unter Bezug auf Bild 212 aufstecken.

Bild 212
Die Pfeile weisen auf die Lage der verschiedenen Kabelstecker am Hydraulikgerät

- Vorratsbehälter mit frischer Bremsflüssigkeit füllen.
- Vorderen Bremskreis entlüften, wie es in Kapitel 16.4 beschrieben wird.
- Batterie anklemmen.
- Zündung einschalten und den Betrieb der Pumpe kontrollieren. Die Pumpe aber nicht mehr als 2 Minuten lang laufen lassen. Falls die Pumpe mehr als 2 Minuten läuft, muss man die Zündung ausschalten und die Pumpe 10 Minuten lang abkühlen lassen.
- Hinteren Bremskreis entlüften, wie es in Kapitel 16.4 beschrieben ist.
- Verkleidung über den Pedalen anbringen.
- Stecker auf die Verschraubung des Vorratsbehälters aufstecken.
- Die Arbeitsweise der Bremsanlage, d. h. der Bremsdruckverstärkung und der Anti-Blokkierfunktion kontrollieren.

16.3.2 Aus- und Einbau des Druckspeichers (Sammlers)

Wie der Name besagt, speichert dieser den zur Betätigung der Bremsen notwendigen Druck unter allen Bedingungen. Die Einbaulage des Speichers kann aus den Bildern 208 und 209 ersehen werden. Ein Spezialschlüsseleinsatz (Nr. MS-94) ist zum Aus- und Einbau des Speichers erforderlich.

- Zündung ausschalten und das Bremspedal mindestens 20mal betätigen, um den Druck aus der Anlage auszustossen.
- Batterie abklemmen.
- Den Spezialschlüsseleinsatz wie in Bild 213 gezeigt in den Speicher einsetzen und diesen vom Hydraulikgerät abschrauben. Die offenen Stellen sofort gut abdecken, damit kein Schmutz eindringen kann.

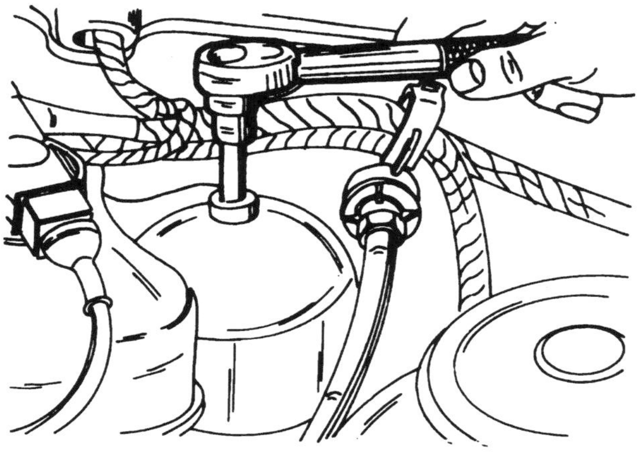

Bild 213
Aus- oder Einbau des Druckspeichers

Vor dem Einbau kontrollieren, ob der auf dem Gewindestück sitzende «O»-Dichtring in gutem Zustand ist. Speicher auf der Pumpe ansetzen und mit einem Drehmoment von 35–45 Nm anziehen.

Nach Anklemmen der Batterie die Zündung einschalten und kontrollieren, ob der Sammler innerhalb 60 Sekunden gefüllt ist. Abschliessend die Arbeitsweise der Bremsenverstärkung und Anti-Blockierfunktion überprüfen.

16.3.3 Aus- und Einbau der Hydraulikpumpe und des Motors

Wiederum zeigen die Bilder 208 und 209 die Lage der beiden Teile. Der Druckspeicher muss ausgebaut werden, wie es im letzten Kapitel beschrieben wurde, ehe man an die Pumpe und den Motor gelangen kann. Nach Ausbau des Druckspeichers:

- Die Hohlschrauben und Dichtringe des Hochdruckschlauchs vom Pumpengehäuse abschrauben (Bild 214).

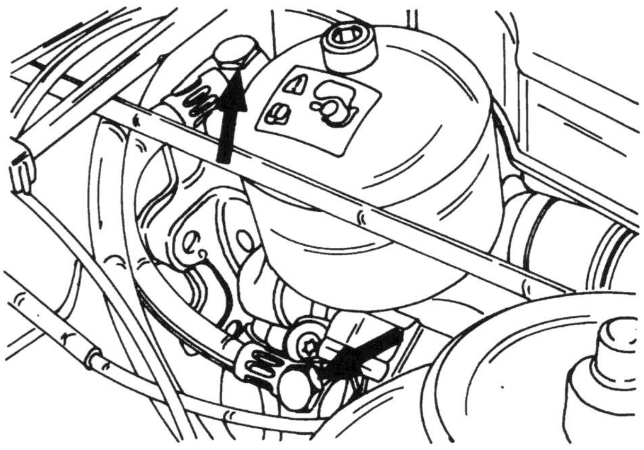

Bild 214
Die Befestigung des Hochdruckschlauchs an der Pumpe

- Den Stecker vom Druckschalter abziehen. Dieser ist mit (1) in Bild 209 bezeichnet.

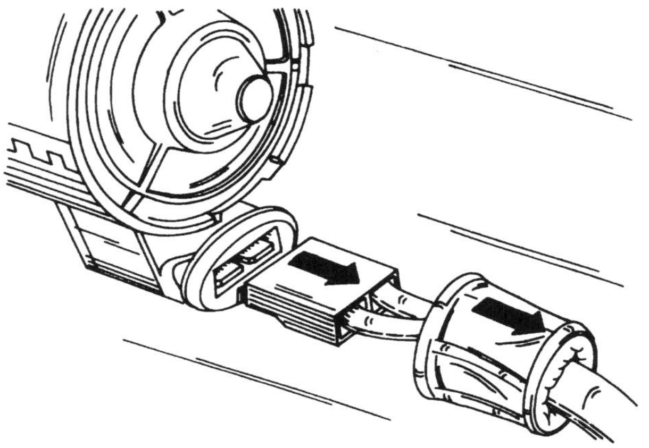

Bild 215
Abziehen der Stecker der Pumpe. Zuerst die Gummikappe zurückziehen und dann den Stecker von den Klemmen ziehen.

- Den Stecker vom Pumpenmotor abziehen. Dazu die Gummikappe zurückziehen und mit Daumen und Zeigefinger an der Seite des Steckers ziehen, bis die Sicherung entsperrt ist.
- Befestigungsschraube der Pumpe vom Hydraulikgerät lösen und die Pumpe abnehmen.
- Die Federspange entfernen und den Niederdruckschlauch von der Hydraulikpumpe abziehen. Das Ende des Schlauches mit einer Zwinge zusammendrücken, um das Auslaufen von Flüssigkeit zu vermeiden.

- Den Druckschalter aus dem Pumpengehäuse ausschrauben.
- Falls erforderlich die Büchsen und Distanzstücke aus der Lagerung der Pumpe herausdrücken.

Der Einbau geschieht in umgekehrter Reihenfolge wie der Ausbau. Besondere Punkte sind kaum zu beachten, nur dass man die «O»-Dichtringe des Druckschalters und Sammlers erneuern muss, falls sie nicht mehr gut aussehen.

16.3.4 Aus- und Einbau des Druckschalters

Der Druckschalter kann bei eingebauter Hydraulikpumpe ausgebaut werden, falls man sich den Spezialschlüssel 12-008 besorgen kann. Andernfalls muss man die Pumpe wie oben beschrieben ausbauen (allerdings ist der Schlüssel zum Lösen des Speichers erforderlich). Der Druckschalter ist mit (1) in Bild 209 bezeichnet.

- Zündung ausschalten und das Bremspedal mindestens 20mal betätigen, um den Druck aus der Anlage auszustossen.
- Batterie abklemmen.
- Stecker vom Druckschalter abziehen.
- Den in Bild 216 gezeigten Spezialschlüssel am Schalter ansetzen und den Schalter herausdrehen.

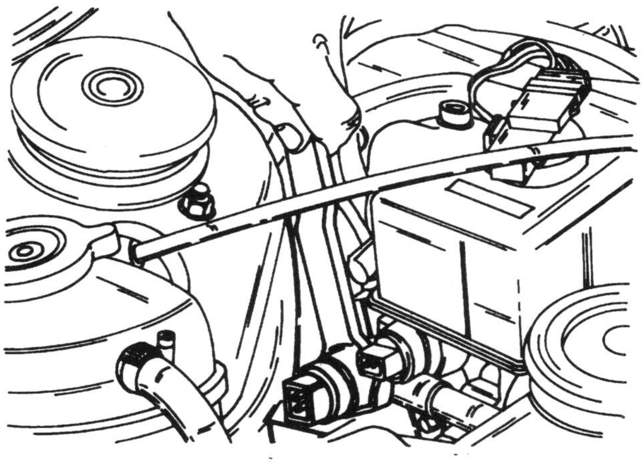

Bild 216
Lösen des Druckschalters von der Pumpe unter Verwendung des Spezialschlüssels.

- Neuen Dichtring am Schalter anbringen und den Schalter mit dem Spezialschlüssel einschrauben. Das Plastikband des Schalters verdrehen, bis das Ablaufloch gegen die Pumpe gerichtet ist.

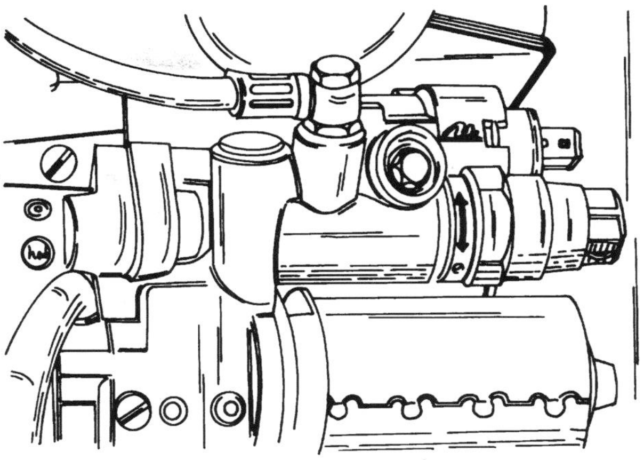

Bild 217
Nach Einbau des Druckschalters das Plastikband in Pfeilrichtung verdrehen, bis das Loch in der gezeigten Lage steht.

- Batterie anklemmen, Zündung einschalten und Arbeitsweise der Pumpe kontrollieren. Die Bremsen entlüften.

16.3.5 Erneuerung des Hochdruckschlauchs

Die Befestigung des Hochdruckschlauchs ist in Bild 214 gezeigt. Die Bremse darf nicht unter Druck stehen, wenn der Schlauch gelöst wird, d. h. das Bremspedal muss mindestens 20mal betätigt werden. Beim Einbau einen Dichtring auf jeder Seite der Hohlschraube auflegen. Die Bremsanlage abschliessend entlüften und auf Leckstellen kontrollieren.

16.3.6 Erneuerung des Niederdruckschlauchs

Die Bremsanlage muss druckfrei sein, d. h. das Bremspedal muss mindestens 20mal betätigt werden, ehe man den Schlauch auswechseln kann. Batterie vor Arbeitsbeginn abklemmen.

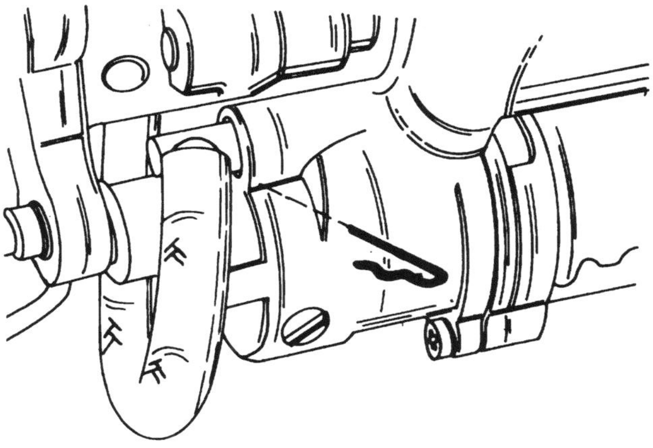

Bild 218
Befestigung des Niederdruckschlauchs an der Hydraulikpumpe

Die in Bild 218 gezeigte Federspange herausziehen und den Schlauch von der elektrischen Hydraulikpumpe abziehen. Auslaufende Flüssigkeit in einem Behälter auffangen.
Den Schlauch vom Filteranschluss des Vorratsbehälters abziehen.
Der Einbau geschieht in umgekehrter Reihenfolge. Der Schlauch wird mit einem Ende auf den Filteranschluss des Vorratsbehälters aufgesteckt und an der Pumpe mit der Federspange gesichert. Kontrollieren, dass der Schlauch gut befestigt ist.
Vorratsbehälter bis zur «Max.»-Marke füllen (Bild 219), die Batterie anklemmen und die Bremsen entlüften.

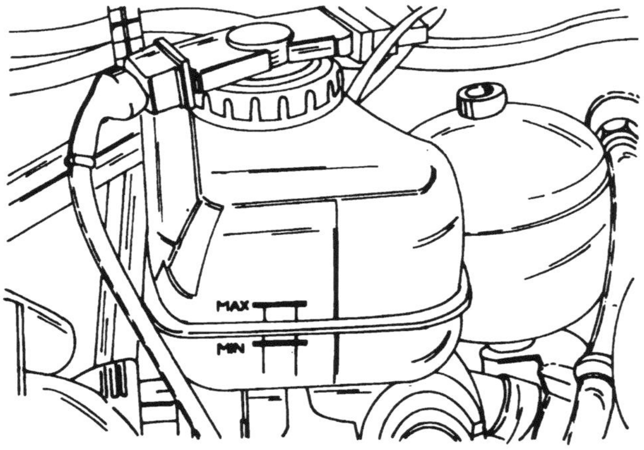

Bild 219
«Max.»- und «Min.»- Anzeige am Vorratsbehälter der Bremsanlage

16.3.7 Fühler für ABS-Anlage erneuern

16.3.7.1 Fühler für Vorderradbremsen

- Vorderseite des Fahrzeuges auf Böcke setzen.
- Kabelleitung von der Kabelschelle am Fahrgestellseitenträger freimachen und den Stekker des Fühlers trennen.
- Befestigungsschraube des Fühlers am Achsschenkel lösen und den Fühler vorsichtig herausziehen. Den Kabelstrang von den Schellen freilegen.
- Kontrollieren, dass die Aufnahmebohrung für den Fühler und der Fühler selbst sauber sind. Die Bohrung und den Fühler gut mit Radlagerfett einschmieren und einen neuen «O»-Dichtring am Fühler anbringen.
- Fühler in Bohrung einschieben (siehe Bild 220) bis er bündig mit dem Ende der Bohrung abschneidet und mit der Schraube und Scheibe befestigen.

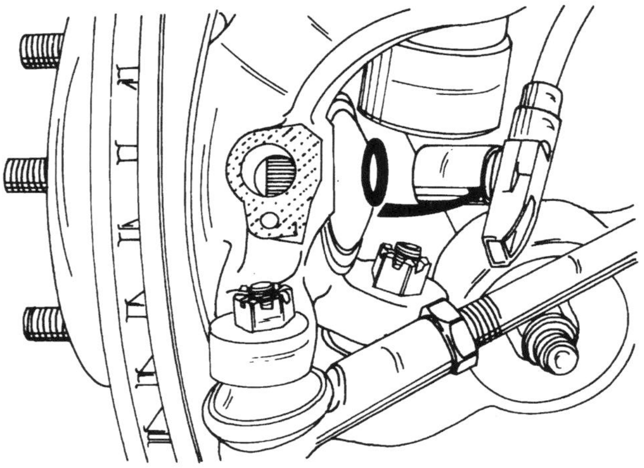

Bild 220
Die Lage des Fühlers für die Vorderradbremsen. Den Dichtring an der gezeigten Stelle anbringen.

- Stecker wieder verbinden und den Stecker sowie den Kabelstrang vorschriftsmässig an den Schellen befestigen.
- Arbeitsweise der ABS-Anlage kontrollieren.

16.3.7.2 Fühler für Hinterradbremsen erneuern

Der Ausbau eines Fühlers für die Hinterradbremsen ist etwas umfangreicher, da man den Bremssattel von der Hinterachse lösen muss. Wiederum muss man die Bremsanlage durch 20maliges Durchtreten des Bremspedals druckfrei machen.

- Rückseite des Fahrzeuges auf Böcke setzen und das Rad abnehmen.
- Handbremse lösen.
- Hinteres Sitzkissen anheben.
- Die Seitenverkleidung ausbauen und den Bodenteppich nach vorn umschlagen, um Zugang zum Stecker für den Fühler zu erhalten.
- Den Steckverbinder des Fühlers aus der Befestigungsschelle herausnehmen und auseinanderziehen.
- Die Gummitülle aus der Durchführung herausdrücken und das Kabel durch den Wagenboden ziehen.
- Handbremsseil von der Befestigung am Längslenker lösen.
- Die vordere Schraube der Bremssattelbefestigung entfernen, wie es in Bild 203 gezeigt

wurde, den Bremssattelzylinder nach oben schwingen und in dieser Lage festbinden.

- Die Befestigungsschraube des Fühlers vom Befestigungsbügel lösen und den Fühler aus der in Bild 221 gezeigten Stelle herausziehen.

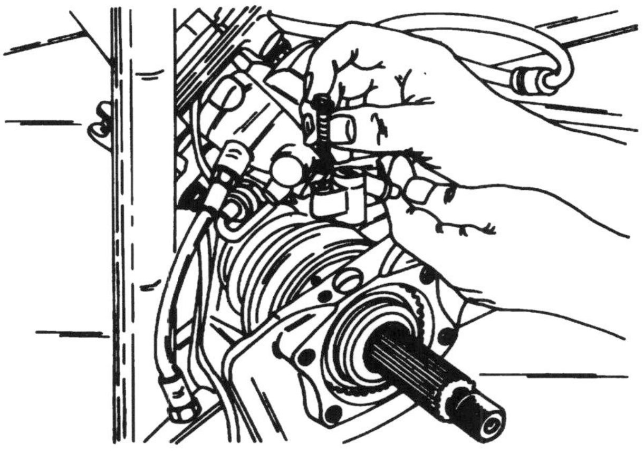

Bild 221
Die Lage des Fühlers für die ABS-Anlage an der Hinterradbremse

- Vor dem Einbau die Aufnahmebohrung des Fühlers auf Beschädigung, Rostansätze oder rauhe Kanten kontrollieren. Das Rad durchdrehen und das Zahnrädchen auf Schäden kontrollieren.
- Einen neuen «O»-Dichtring am Fühler anbringen.
- Den Fühler mit Radlagerfett einschmieren und diesen in die Aufnahmebohrung einschieben, bis er bündig abschneidet. Mit Schraube und Scheibe befestigen. Zu beachten ist, die Schraube 28 mm lang und die Scheibe 1,5 mm stark sein müssen.
- Bremssattel wieder montieren und die Schraube mit 31 – 35 Nm anziehen.
- Handbremsseil am Längslenker befestigen.
- Kabel des Fühlers entlang des Längslenkers verlegen und mit dem Clip befestigen. Ende des Kabels durch den Wagenboden führen und die Gummitülle eindrücken.
- Kabel des Fühlers mit dem Hauptkabelstrang verbinden und die Befestigungsschelle eindrücken. Der «O»-Dichtring im Stecker muss vorschriftsmässig sitzen und vollkommen eingeschoben sein.
- Alle anderen Arbeiten in umgekehrter Reihenfolge durchführen. Abschliessend die Arbeitsweise der ABS-Anlage kontrollieren.

16.4 Bremsen entlüften

Aufgrund der Bauweise der Bremsanlage ist es offensichtlich, dass die Entlüftung der Bremsanlage ebenfalls von der Entlüftung mit einem konventionellen Hauptbremszylinder abweicht. Bei der folgenden Beschreibung wird angenommen, dass die Anlage vollkommen leer ist, was zum Beispiel bei einem Wechsel der Bremsflüssigkeit der Fall sein könnte.

Die folgenden Vorsichtsmassnahmen müssen beim Entlüften der Bremsen beachtet werden:

- Nur die von Ford vorgeschriebene Bremsflüssigkeit verwenden, welche in einer verschlossenen Büchse aufbewahrt werden muss.

Während des Entlüftens den Vorratsbehälter immer gefüllt halten, damit die Pumpe nicht trockenlaufen kann.

- Der zum Entlüften verwendete Schlauch darf kein Loch haben, damit keine Luft angesaugt wird.
- Das Laufgeräusch des Motors der hydraulischen Pumpe ändert sich von einem hohen Ton in einen tieferen Ton, sobald die Flüssigkeit durch die Pumpe gesaugt wurde. Die Pumpe nicht länger als 2 Minuten laufen lassen. Falls dies der Fall ist, die Zündung ausschalten und 10 Minuten lang warten.
- Beim Entlüften der Hinterradbremsen mit der grössten Vorsicht vorgehen, da die Anlage unter sehr hohem Druck steht.

Beim Entlüften der Anlage folgendermassen vorgehen. Zu beachten ist, dass man den vorderen und den hinteren Bremskreis unabhängig voneinander entlüften kann.

- Vorratsbehälter bis zur «Max.»-Markierung füllen.
- Einen Entlüftungsschlauch auf die Entlüftungsschraube des linken, vorderen Bremssattels aufstecken (Gummikappe vorher abziehen) und das andere Ende des Schlauches in ein Glasgefäss einhängen, welches vorher mit etwas Bremsflüssigkeit gefüllt wurde.
- Entlüftungsschraube um eine volle Umdrehung öffnen. Bild 222 zeigt wo die Schraube sitzt.
- Das Bremspedal von einem Helfer auf den Boden durchtreten lassen und auf dem Boden halten.
- Entlüftungsschraube festziehen und das Bremspedal zurückkehren lassen.

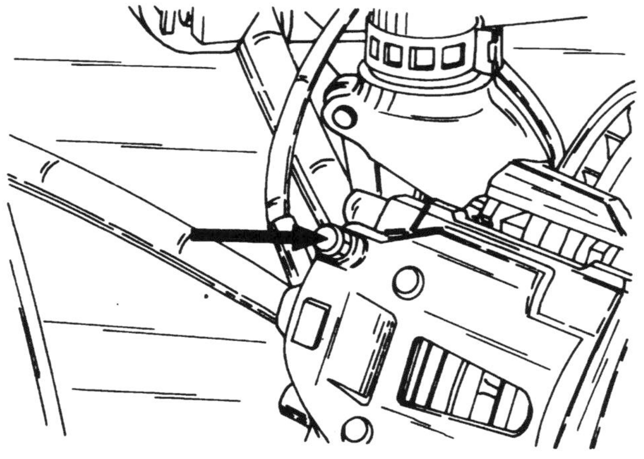

Bild 222
Die Lage der Entlüftungsschraube eines vorderen Bremssattels

- Diese Reihenfolge wiederholen, bis nur Bremsflüssigkeit, frei ohne Luftblasen, aus dem Schlauchende in das Glasgefäss einströmt.
- Den rechten, vorderen Bremssattel in gleicher Weise entlüften.
- Einen Entlüftungsschlauch auf die Entlüftungsschraube der linken Hinterradbremse aufstecken und die Schraube um eine komplette Umdrehung öffnen. Bild 223 zeigt die Lage der Schraube.

Bild 223
Die Lage der Enlüftungsschraube eines hinteren Bremssattels

- Fussbremse betätigen und das Pedal fest auf dem Boden halten.
- Zündung einschalten (Schlüsselstellung II).
- Entlüftungsschraube auf der linken Seite wieder öffnen und den Flüssigkeitsstrom im Glasgefäss beobachten. Die Schraube schliessen, sobald keine Luftblasen mehr sichtbar sind.
- Bremspedal zurücklassen und abwarten, bis die Hydraulikpumpe abgestellt hat.
- Einen Entlüftungsschlauch auf die Entlüftungsschraube des rechten Hinterrades aufstecken, das Schlauchende wieder in einem Glasgefäss, und die Schraube um eine komplette Umdrehung öffnen. Den Flüssigkeitsstrom beobachten, bis nur noch Flüssigkeit, ohne Luftblasen, aus dem Schlauchende austritt.
- Das Bremspedal jetzt genau die Hälfte seines Arbeitsweges durchtreten lassen und die Entlüftungsschraube schliessen, sobald dies der Fall ist.
- Bremspedal zurücklassen und abwarten, bis die Hydraulikpumpe abstellt.
- Zündung ausschalten (Stellung «O»).
- Vorratsbehälter bis zum «Max.»-Strich auffüllen.
- Verschraubung des Vorratsbehälters aufdrehen und die beiden Kabelstecker aufstecken. Diese müssen die in Bild 224 gezeigte Lage einnehmen.

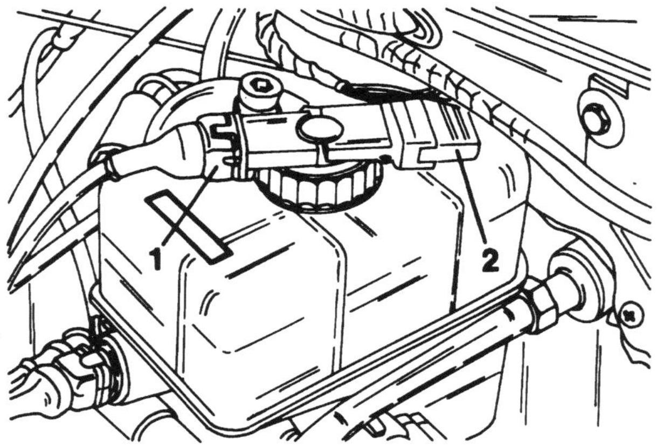

Bild 224
Vorschriftsmässige Stellung der Anschlüsse für die ABS-Anlage (1) und der Warnanlage (2).

- Nach Fertigstellung der Arbeiten den Bremsdruck und die Arbeitsweise der ABS-Anlage kontrollieren.

16.5 Die Handbremse

16.5.1 Handbremse einstellen

Die Handbremse wirkt mechanisch auf die Hinterräder. Falls die Handbremsseile erneuert wurden oder falls man mit der Arbeitsweise der Handbremse in anderer Hinsicht nicht zufrieden ist, kann man die Handbremse folgendermassen einstellen:

- Rückseite des Fahrzeuges auf Böcke setzen und die Handbremse lösen.
- Unter Bezug auf Bild 225 die Kontermutter, die Einstellmutter und den Einsteller lockern, bis beide Handbremshebel gegen die Anschläge an den Bremssätteln anliegen.

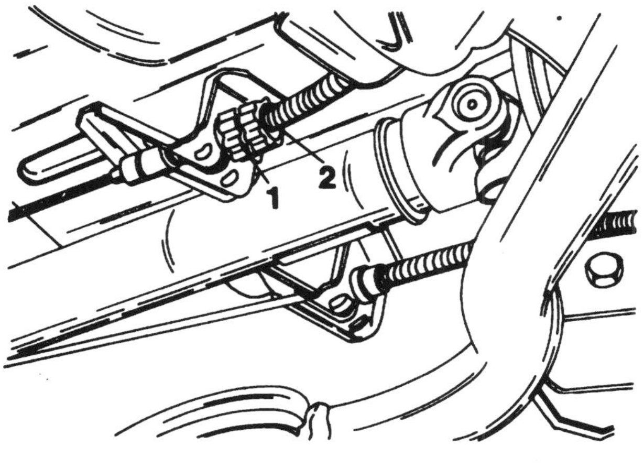

Bild 225
Die Kontermutter (1) und der Einsteller (2) der Handbremseinstellung

- Mit Farbe eine Fluchtmarkierung an den Hebel anbringen und das Bremssattelgehäuse auf beiden Seiten einzeichnen, wie es in Bild 226 gezeigt ist.

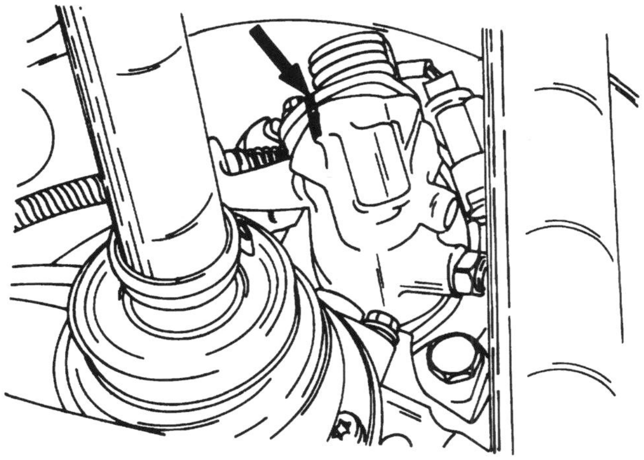

Bild 226
Den Bremssattel und den Betätigungshebel der Handbremse in der gezeigten Weise mit Farbe kennzeichnen.

- Den Handbremseinsteller gegen die Halterung an der Karosserie anziehen, bis sich einer der beiden Handbremshebel am Bremssattel von der Fluchtlinie abhebt.
- Handbremse betätigen, um das Handbremsseil auszugleichen.

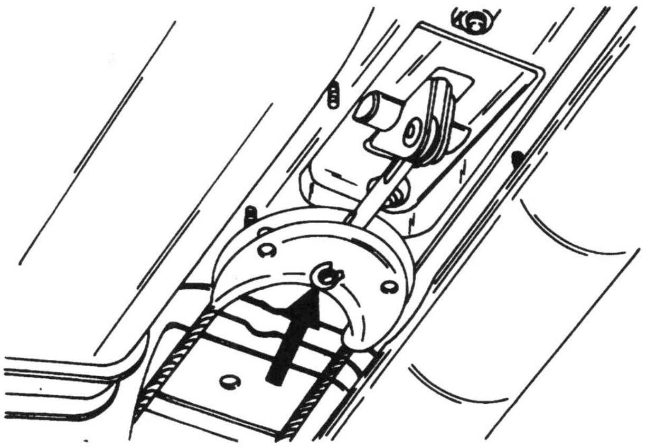

Bild 227
Der Pfeil weist auf die Verbindung zwischen dem Bremsseil und dem Handbremsausgleich.

- Die Kontermutter in Bild 225 gegen die Einstellmutter handfest anziehen und dann mit einem geeigneten Schlüssel die Kontermutter auf ein Minimum von 3 «Klicks» und ein Maximum von 6 «Klicks» festziehen. Eine Umdrehung des Einstellers ergibt 6 «Klicks».
- Fahrzeug wieder auf den Boden ablassen.

16.5.2 Handbremsseil erneuern

- Vorderräder verkeilen und Rückseite des Fahrzeuges aufbocken.
- Beide Hinterräder abschrauben.
- Kontermutter und Einsteller des Handbremsseils lockern (Bild 225).
- Sprengring und Bolzen des Handbremsseils vom Ausgleichshebel entfernen.
- Handbremsseil von beiden Bremssätteln abschliessen und das Seil aus der Führung des Bremssattels ziehen.
- Spange der Befestigung am Längslenker lösen.
- Sprengring der Seilhülle entfernen (auf der einstellfreien Seite) und das Seil aus der Befestigung an der Karosserie ziehen.
- Seil durch die Öffnung des hinteren Nebenrahmens herausziehen.

Der Einbau geschieht in umgekehrter Reihenfolge wie der Ausbau. Die Handbremse abschliessend einstellen, wie es oben beschrieben wurde.

17 Die elektrische Anlage

Die elektrische Anlage ist auf eine Spannung von 12 V abgestellt. Sie besteht aus Drehstromlichtmaschine, Reglerschalter, Anlasser, Zündanlage, Batterie, Beleuchtung und anderen Stromabnehmern.
Die Drehstromlichtmaschine ist bei allen Fahrzeugen von Bosch hergestellt und hat eine Leistung von 55 Ampère beim Vergasermotor oder 90 Ampère beim Einspritzmotor. Die Lichtmaschine ist an der Vorderseite des Motors montiert und wird durch den gleichen Keilriemen wie die Wasserpumpe angetrieben.
Der Anlasser aller Modelle wird ebenfalls von Bosch hergestellt.

17.1 Die Drehstromlichtmaschine

17.1.1 Vorsichtsmassnahmen bei Arbeiten an der Lichtmaschine

Ehe irgendwelche Arbeiten an der Ladestromanlage durchgeführt werden, müssen die folgenden Vorsichtsmassnahmen unbedingt eingeprägt werden:

- Niemals die Batterie oder den Spannungsregler abklemmen, während der Motor und somit die Lichtmaschine laufen.
- Niemals die Erregerklemme (Feldklemme) der Lichtmaschine oder das daran befestigte Kabel in Berührung mit Masse kommen lassen.
- Niemals die beiden Leitungen des Spannungsreglers verwechseln.
- Niemals den Spannungsregler in Betrieb bringen, wenn er mit Masse verbunden ist (sofortige Beschädigung).
- Niemals die Lichtmaschine ausbauen, wenn die Batterie nicht vorher aus dem Stromkreis genommen wurde.
- Beim Einbau der Batterie darauf achten, dass die Minusklemme an Masse angeschlossen wird.
- Niemals eine Prüflampe verwenden, die direkt an das Hauptstromnetz (110 oder 220 V) angeschlossen ist. Nur eine Prüflampe mit einer Spannungsstärke von 12 Volt benutzen.
- Falls eine Batterie in eingebautem Zustand mit einem Batterieladegerät aufgeladen wird, müssen die beiden Batteriekabel abgeklemmt werden. Die positive Klemme des Ladegerätes an den positiven Pol der Batterie und die negative Klemme des Ladegerätes an den negativen Pol der Batterie anschliessen.
  Falsches Anschliessen der Leitungen führt zur Zerstörung der Gleichrichter und des Spannungsreglers.

17.1.2 Eingebaute Drehstromlichtmaschine prüfen

Während normaler Fahrt muss die Ladekontrollleuchte erlöschen. Falls dies nicht der Fall ist, liegt ein Fehler in der Drehstromlichtmaschine oder im Spannungsregler vor. Als erstes alle Stromverbindungsanschlüsse der Drehstromlichtmaschine prüfen. Kontrollieren, ob der Keilriemen einwandfrei gespannt ist. Die weiteren Überprüfungsarbeiten sind bei ausgebauter Drehstromlichtmaschine durchzuführen.

17.1.3 Aus- und Einbau

- Massekabel der Batterie abklemmen.
- Von der Rückseite der Drehstromlichtmaschine den Kabelstecker abziehen.
- Schraube des Spannbügels der Keilriemeneinstellung und die beiden Befestigungsschrauben der Lichtmaschine lockern und den Spannbügel aus dem Weg drücken.
- Lichtmaschine nach innen drücken und den Keilriemen abnehmen.
- Befestigungsschraube der Lichtmaschine an der Unterseite vollkommen herausziehen und die Lichtmaschine herausheben.

Der Einbau der Lichtmaschine geschieht in umgekehrter Reihenfolge wie der Ausbau. Keilriemen in die Rillen der Riemenscheiben einlegen und die Drehstromlichtmaschine in ihrer Aufhängung nach aussen drücken. Die Lichtmaschine in dieser Stellung halten und die Schraube des Spannbügels festziehen. Der Keilriemen ist vorschriftsmässig gespannt, wenn er sich an seiner längsten Laufstrecke um 10 mm durchdrücken lässt.

17.1.4 Keilriemenspannung einstellen

Die Spannung des Keilriemens muss eingestellt werden, wenn die Drehstromlichtmaschine oder der Keilriemen selbst ausgebaut wurden oder wenn sich der Keilriemen so ausgedehnt hat, dass er zu locker ist. Der Keilriemen ist vorschriftsmässig gespannt, wenn er sich an seiner längsten Laufstrecke zwischen der Wasserpumpenriemenscheibe und der Riemenscheibe der Drehstromlichtmaschine um 10 mm nach innen drücken lässt.
Beim Einbau eines neuen Keilriemens ist die Spannung nach 100 Fahrkilometern nachzuprüfen, da sich der Riemen anfänglich etwas ausdehnt.

17.1.5 Reparatur der Drehstromlichtmaschine

Ein Bosch K1-55A (55 A) oder N1-70A (70 A) Lichtmaschine wird bei den in dieser Ausgabe behandelten Motoren verwendet. Bei beiden Ausführungen ist der Spannungsregler an der Rückseite der Lichtmaschine montiert.
Drehstromlichtmaschinen sollten nicht zur Überholung zerlegt werden. Falls die Maschine nicht mehr aufladet, sollte man eine Austausch-Lichtmaschine gegen Rückgabe des alten Aggregats erstehen oder man baut eine neue Lichtmaschine ein. Die folgenden Arbeiten können jedoch an der Lichtmaschine durchgeführt werden.

17.1.5.1 Schleifkohlen erneuern

Die Arbeiten können bei eingebauter Lichtmaschine durchgeführt werden:

- Batterie abklemmen.
- Befestigungsschrauben des Reglers an der Rückseite der Lichtmaschine lösen (Bild 228) und den Regler herausziehen.

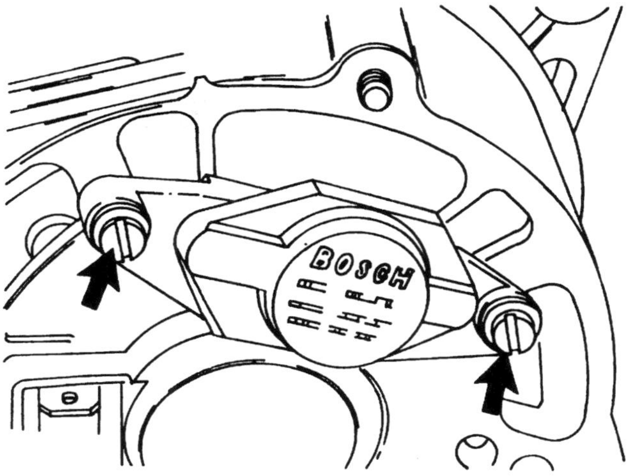

Bild 228
Die Befestigung des Reglers bei der Bosch-Drehstromlichtmaschine

- Die Bürstenzuleitungen ablöten und die Bürsten und Federn herausziehen.
- Neue Bürsten entsprechend Bild 229 einsetzen und die Zuleitung wieder anlöten.

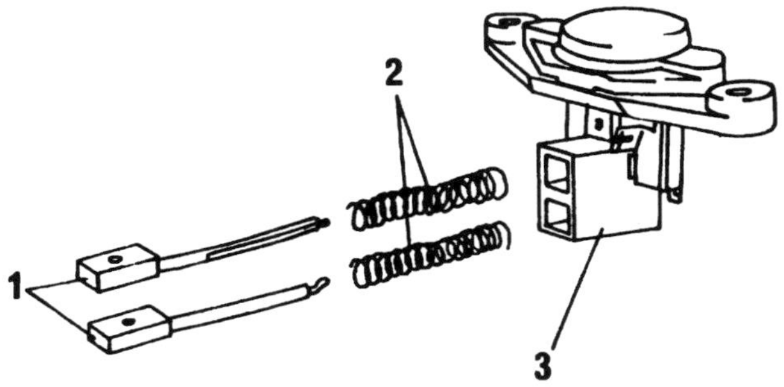

Bild 229
Die Teile der Bürsten (Bosch)

1 Bürsten 2 Federn 3 Bürstenträger

- Regler wieder an der Lichtmaschine anschrauben und die Batterie anklemmen.

17.1.5.2 Regler erneuern

Der an der Lichtmaschine angeschraubte Regler kann bei eingebautem Aggregat erneuert werden, falls dies erwünscht ist. Falls die Lichtmaschine nicht mehr einwandfrei aufladet, könnte es sein, dass der Schaden im Regler liegt. Der Austausch eines Reglers bringt keine Schwierigkeiten mit sich.
Die Erneuerung des Reglers findet in gleicher Weise statt wie es bei der Erneuerung der Bürsten beschrieben wird, da der Regler zum Ausbau der Bürsten abgeschraubt werden muss (siehe Bild 228).

17.1.5.3 Riemenscheibe erneuern
Zum Erneuern der Riemenscheibe muss die Lichtmaschine ausgebaut sein. Riemenscheiben können in der Rille nach langem Betrieb vom Keilriemen verschlissen werden.
Zum Ausbau der Riemenscheibe diese mit einem alten Keilriemen in einen Schraubstock einspannen und die Mutter lösen. Alle auf der Läuferwelle sitzenden Teile abnehmen und neue Teile montieren. Mutter der Scheibe mit 40 Nm anziehen.

17.2 Anlasser

Alle Anlasser haben einen Einrückmagnetschalter. Falls ein Anlasser nicht mehr arbeitet, sollte man einen Austauschanlasser einbauen oder ihn in einer Elektro-Werkstatt überprüfen lassen.

17.2.1 Anlasser prüfen (eingebaut, ohne Prüfstand)

Dreht sich der Anlasser nicht oder zu langsam, ist zuerst der Ladezustand der Batterie und die Kabelverbindung Batterie-Starter zu prüfen. Bei voll eingeschaltetem Licht ist der Starter zu betätigen, verdunkelt sich das Licht beträchtlich, ist entweder die Batterie entladen oder es liegt sonst ein Batteriedefekt vor. Bleiben die Lampen hell und der Starter bewegt sich nicht, ist entweder das Starterkabel gebrochen oder der Starter defekt. Da der Starterschalter ganz gekapselt ist und nur als ein ganzes Teil geliefert wird, kann er mittels 12-Volt-Prüflampe auf Durchgang geprüft werden. Eine Prüfspitze an der Klemme für das Anlasskabel, die andere Prüfspitze an den Anschluss für die Stromverbindungsschiene halten. Jetzt Starterschalter betätigen. Brennt die Prüflampe nicht hell genug, liegt eine Unterbrechung vor und der Starterschalter ist auszuwechseln.

17.2.2 Aus- und Einbau

- Massekabel der Batterie abklemmen.
- Von der Unterseite des Anlassers das Hauptstromkabel vom Einrückmagnetschalter abklemmen.
- Stecker von den Anschlusszungen des Einrückmagnetschalters abziehen.
- Schrauben des Anlassers lösen und diesen herausziehen.

Der Einbau geschieht in umgekehrter Reihenfolge wie der Ausbau.

17.3 Die Batterie

Die Batterie hat die Aufgabe, bei stehendem Motor die Stromverbraucher mit Strom zu versorgen und den Strom für den Anlasser zu liefern. Sonst speichert die Batterie die von der Drehstromlichtmaschine gelieferte Energie und gibt sie nach Bedarf an die Verbraucher ab. Die Spannung der Batterie beträgt 12 Volt. Je nach dem eingebauten Motor kann eine Batterie von 38 Ah bis zu 66 Ah eingebaut sein.

17.3.1 Batterie prüfen

Die im Motorraum rechts vorn eingebaute Batterie soll bei jeder Inspektion oder alle vier Wochen auf den Batteriesäurestand 5 bis 10 mm über Plattenoberkante bzw. am Kontrollsteg (nicht höher) und auf Säuredichte mittels Aerometer geprüft werden. Die Säuredichte ist ein guter Massstab für den Ladezustand. Bei vollgeladener Batterie beträgt die Säuredichte bei 20 bis 27 Grad Celsius 1,285 g/cm^3 oder 32 Grad Be (Baumé), bei entladener Batterie sinkt die Säuredichte bis auf 1,08 bis 1,02 g/cm^3 ab.

– Gut geladene Batterie	1,28 Tropen 1,23
– halb geladene Batterie	1,20 Tropen 1,16
– entladene Batterie	1,12 Tropen 1,08

Beim Prüfen der Batterie mittels Zellenprüfer (Voltmeter mit parallelgeschaltetem Belastungswiderstand) muss das Instrument während einer Prüfung von 10 bis 15 Sekunden pro Zelle mindestens 1,6 Volt anzeigen. Voltzahlen unter 1,6 Volt besagen, dass die geprüfte Zelle entladen oder defekt ist. Die mittlere Zellenspannung beträgt 2 Volt, der Spannungsunterschied der einzelnen Zellen darf nicht mehr als 0,2 Volt betragen. Defekte Batterie in Spezialwerkstatt reparieren lassen oder austauschen.

17.3.2 Batterie warten

Ist der Säurespiegel durch Verdunstung abgesunken, so ist destilliertes Wasser nachzufüllen, bis es 10 mm über der Plattenoberkante steht. Ist jedoch durch ungeschickte Handhabung wirklich Säure verschüttet worden, so darf Batteriesäure nachgefüllt werden. Sie muss aber auf jeden Fall dieselbe Säuredichte haben wie der Säurerest in der betreffenden Zelle. Bei oxydierten Anschlussklemmen Kabel abnehmen, Polköpfe sauber machen, Kabel aufsetzen und Polköpfe mit Bosch-Säureschutzfett Ft 40 v 1 einfetten. Die Batteriepflege ist besonders im Winter sorgfältig durchzuführen, da beim Anlassen bei Kälte der Strombedarf besonders hoch ist. Entladene Batterien sind frostgefährdet, eine gefrorene Batterie gibt keinen Strom ab.

17.3.3 Aus- und Einbau der Batterie

Batterieklemmen lösen, zuerst die Minus-, dann die Plusklemme abnehmen. Halteschraube des Befestigungswinkels herausnehmen. Batterie aus dem Sitzblech herausnehmen. Nach der Prüfung bzw. nach dem Laden ist die Batterie, mit dem Minuspol in Fahrtrichtung zeigend, in die Halterung einzubringen und mit dem Haltewinkel versehen anzuschrauben. Zuerst ist das Plus-, dann das Minuskabel anzuschliessen.

17.3.4 Aufladen der Batterie

Bei offenen Zellenverschlüssen und vorschriftsmässigem Batteriesäurespiegel die Batterie an das Ladegerät anschliessen. Pluspol des Ladegeräts an den Pluspol der Batterie und Minuspol des Ladegeräts an den Minuspol der Batterie anschliessen. Die vorgeschriebene Ladestromstärke beträgt 5 % der Nennkapazität der betreffenden Batterie, so dass diese als erstes festzustellen ist. Batterie aufladen lassen, bis die Zellenspannung auf 2,5 bis 2,7 Volt angestiegen ist und nach dreimaligem Prüfen in Abständen von einer Stunde die Spannung nicht weiter steigt. Die Säuredichte muss dann 1,290 betragen. Die Säuretemperatur soll bei dieser Messung 25° C betragen, so dass ein Thermometer zum Messen der Säuretemperatur erforderlich ist. Nach der Aufladung den Spiegel der Batteriesäure erneut berichtigen. Batterie von verschütteter Säure reinigen. Polköpfe mit Säurefett einfetten und die Zellenverschlüsse aufschrauben. Wegen des erhöhten Verbrauchs im Winter wird empfohlen, die Batterie ab und zu zusätzlich aufladen zu lassen. Gegen das Schnelladen einer einwandfreien, bereits in Bertieb gewesenen Batterie ist nichts einzuwenden, vorausgesetzt, dass die Batterie vor dem Aufladen an beiden Klemmen angeschlossen wird, wenn sie sich noch im Fahrzeug befindet.

17.4 Scheibenwischer

17.4.1 Aus- und Einbau des Scheibenwischermotors (vorn)

- Batterie abklemmen.
- Scheibenwischerarm ausbauen (2 Muttern, 2 Scheiben).
- Den Scheibenwischermotor zusammen mit dem Rahmen und dem Gestänge ausbauen. 8 T30-Torx-Schrauben werden zur Befestigung verwendet, deren Lage in Bild 230 gezeigt ist.

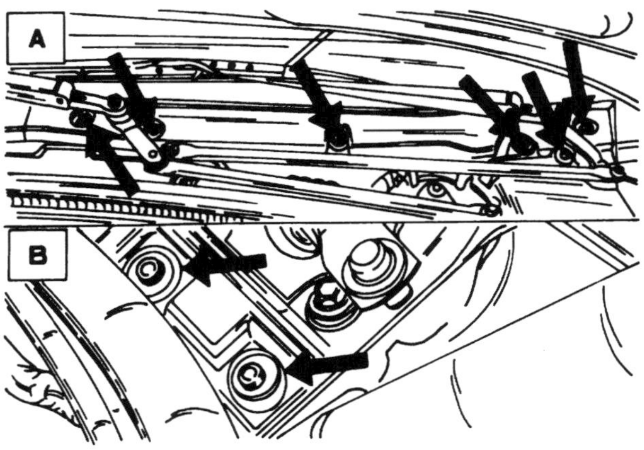

Bild 230
Befestigungsschrauben des Windschutzscheibenwischermotors. In der Ansicht «A» die oberen Befestigungsschrauben; in Ansicht «B» die unteren Schrauben.

- Den Stecker des Kabelstranges abziehen.
- Mit einem Gabelschlüssel das Scheibenwischergestänge vom Kurbelarm des Wischermotors abdrücken, wie es Bild 231 zeigt. Clips werden zur Befestigung verwendet.

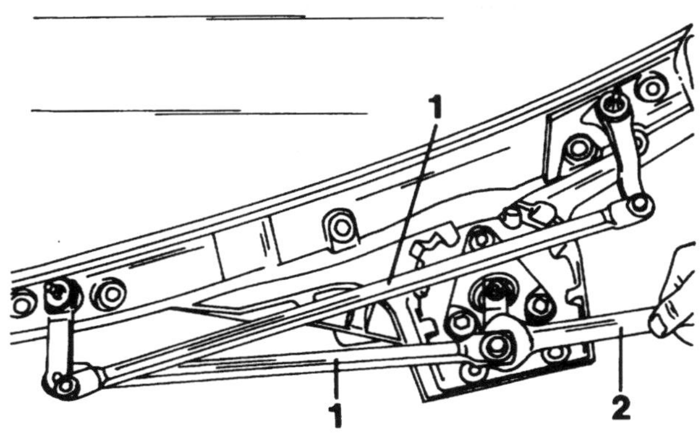

Bild 231
Abdrücken des Scheibenwischergestänges mit einem Gabelschlüssel. Beide Gestänge (1) in der gezeigten Weise mit dem Schlüssel (2) abdrücken.

- Falls der Motor erneuert werden soll, muss der Kurbelarm ausgebaut werden. Dazu eine Mutter lösen. Ebenfalls den mit drei Schrauben gehaltenen Scheibenwischerrahmen lösen.

Der Einbau geschieht in umgekehrter Reihenfolge wie der Ausbau. Besondere Punkte brauchen nicht beachtet zu werden, nur dass man das Scheibenwischergestänge mit einer Zange auf den Kurbelarm aufdrücken muss.

17.4.2 Aus- und Einbau des Scheibenwischermotors (hinten)

- Batterie abklemmen.
- Wischerarm von der Heckklappe abmontieren (Bild 232).

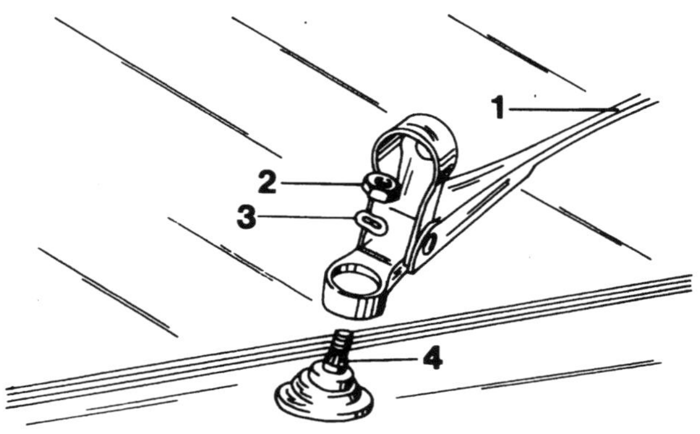

Bild 232
Befestigung eines Scheibenwischerarms der Heckscheibe

1 Scheibenwischerarm
2 Mutter
3 Scheibe
4 Motorwelle

- Heckklappe öffnen und die Innenverkleidung ausbauen.
- Massekabel vom Scheibenwischermotor abklemmen und den Stecker abziehen.
- Mutter der Spindel für den Wischerarm abschrauben, drei Schrauben des Motorrahmens lösen und den Motor herausheben. Falls erforderlich den Motor vom Rahmen abschrauben.

Der Einbau geschieht in umgekehrter Reihenfolge wie der Ausbau.

17.5 Scheinwerfer

17.5.1 Aus- und Einbau

- Batterie abklemmen.
- Die Feder der Blinkleuchte aus dem Blech aushängen, die Leuchte herausnehmen und auf eine Seite legen.
- Die Gummieinfassung zwischen der Scheinwerferverkleidung und dem Stossfänger herausnehmen (nur eingeschoben).
- Die Sicherungszungen der Scheinwerferverkleidung mit einem Schraubenzieher abdrükken. Die Verkleidung vorsichtig nach vorn und danach zur Seite, vom Kühlergitter abziehen, bis sie herauskommt.
- Zwei Schrauben des Kühlergitters entfernen und das Gitter an der Unterseite aus den Scheinwerfergehäusen aushängen. Gitter herausnehmen.
- Stecker von der Rückseite des Scheinwerfers abziehen.
- Unter Bezug auf Bild 233 die Scheinwerferbefestigung lösen. Zwei Schrauben und eine Mutter werden verwendet. Scheinwerfer nach vorn ziehen und seitlich ankippen, um ihn herauszuziehen.

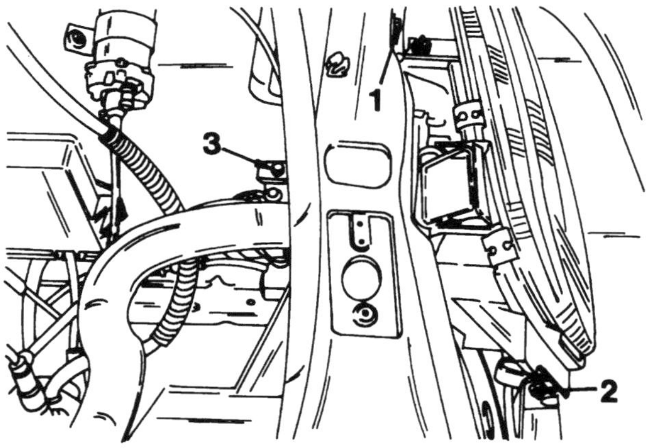

Bild 233
Die Befestigung eines Scheinwerfers

1 Obere Befestigung 2 Seitliche Befestigung 3 Hintere Befestigung

- Stecker auf den neuen Scheinwerfer aufstekken und den Scheinwerfer in umgekehrter Reihenfolge wieder einbauen. Zuerst den

Führungsstift an der Aussenseite des Scheinwerfers in den Aufnahmeschlitz einsetzen, wie es in Bild 234 gezeigt ist und danach nach innen in die richtige Stellung drücken. Die Mutter anziehen und danach die Schrauben oben und hinten eindrehen.

Bild 234
Einbau eines Scheinwerfers

1 Oberer Befestigungswinkel
2 Seitliche Befestigung
3 Aufnahme für seitliche Befestigung

- Kühlergitter einbauen und an der Oberseite mit den beiden Schrauben befestigen.
- Scheinwerfer einstellen (Kapitel 17.5.3).

17.5.2 Scheinwerferglas und Reflektor erneuern

Bild 235 zeigt die Einzelteile eines Scheinwerfers. Die Erneuerung der genannten Teile oder die Erneuerung der Scheinwerferbirne kann anhand der Abbildungen durchgeführt werden. Das Kühlergitter, die Blinkleuchte und die Verkleidung müssen ausgebaut werden, wie es beim Ausbau des Scheinwerfers beschrieben wurde. Das Scheinwerferglas ist an den in Bild 236 gezeigten Stellen mit Federspangen gehalten, welche man mit einem Schraubenzieher öffnen muss.

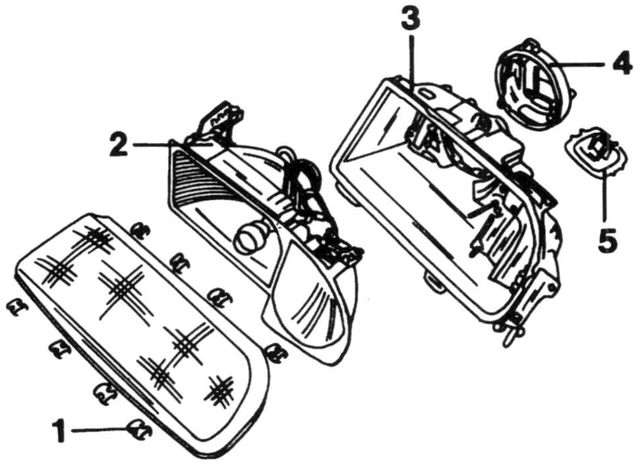

Bild 235
Die Teile eines Scheinwerfers

1 Scheinwerferglas
2 Reflektor
3 Scheinwerfergehäuse
4 Schutzkappe für Glühbirne
5 Kappe für Zusatzleuchte (falls eingebaut)

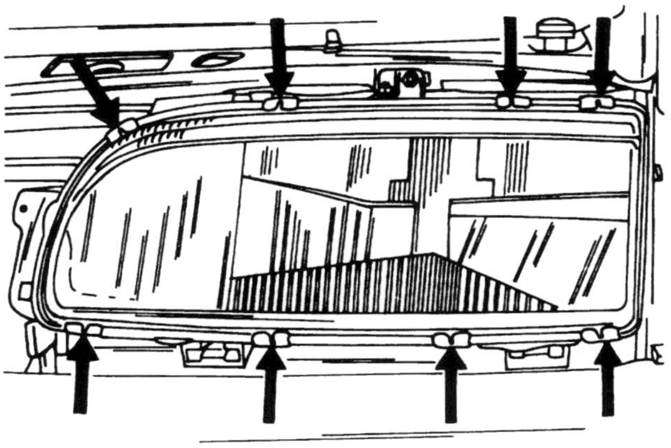

Bild 236
Die Pfeile weisen auf die Befestigungsspangen eines Scheinwerferglases.

17.5.3 Einstellen der Scheinwerfer

Scheinwerfer sollten nur mit Hilfe eines optischen Gerätes eingestellt werden, jedoch kann man im Notfall anhand der folgenden Anweisungen die Scheinwerfer einstellen. Bei der ersten Gelegenheit muss die Einstellung jedoch kontrolliert werden lassen. Das Fahrzeug muss unbeladen sein und die Reifendrücke müssen stimmen. Fahrzeug vor der Einstellung einige Male durchwippen, damit sich die Radaufhängungen einspielen können.

- Fahrzeug ca. 10 m vor eine Garagentür oder vor eine Wand fahren, welche als Einstellschirm benutzt werden kann.
- Das in Bild 237 gezeigte Einstelldiagramm auf die Wand oder Tür übertragen. Die jeweiligen Masse sind dabei von den Scheinwerfern zu entnehmen, d. h. Mittelpunkt, Scheinwerferhöhe, usw.
- Abblendlicht einschalten und den linken Scheinwerfer mit einer Decke abdecken.
- Rechten Scheinwerfer mit der Einstellschraube (2) in Bild 238 seitlich einstellen, bis der Schnittpunkt des waagerechten und abge-

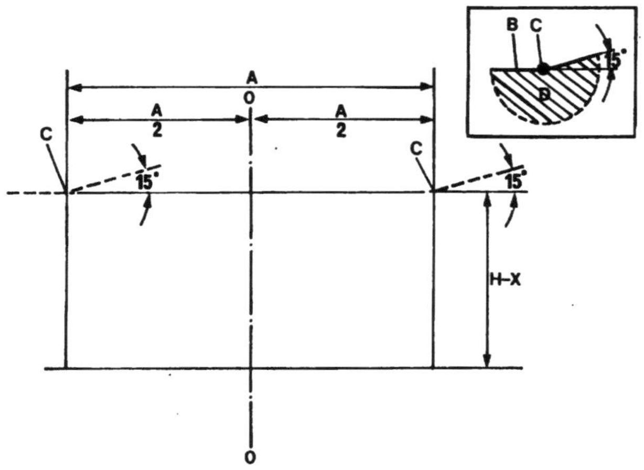

Bild 237
Einstelldiagramm für die Scheinwerfer

A Abstand zwischen Scheinwerfermittelpunkten
B Hell/Dunkelgrenze
C Scheinwerfermittelpunkt, Abblendlicht
D Lichtmuster bei Abblendlicht
H Höhe vom Boden zu Scheinwerfermittelpunkten
X = 12 cm

- Scheinwerferstrahlen mit der Einstellschraube (1) in Bild 238 in der Höhe einstellen, bis die Hell/Dunkelgrenze des Lichtmusters «B» im Bild mit der Strichlinie übereinstimmt.

Bild 238
Die Lage der Höheneinstellschraube (1) und der Seiteneinstellschraube (2).

winkelten Lichtmusters «C» mit der senkrechten Linie auf der Einstellfläche ausgerichtet ist.

- Gleiche Einstellung am anderen Scheinwerfer durchführen.
- Decke entfernen.

18 Mass- und Einstelltabelle

Motor

1,8 Liter, hohe Verdichtung	REC, 66 kW/90 PS bei 5400/min.	
2,0 Liter, hohe Verdichtung	NEL, 77 kW/105 PS bei 5200/min.	
2,0 Liter, Schweiz	NE4, 77 kW/105 PS bei 5200/min.	
2,0 Liter, Einspritzer	NRA, 85 kW/115 PS bei 5500/min.	
2,0 Liter, Einspritzer, Schweiz	NR1, 74,5 kW/101 PS bei 5100/min.	
Lage der Nockenwelle	Im Zylinderkopf	
Ventilsteuerung	Nockenstössel, Zahnriemen, von Kurbelwelle angetrieben	
	1,8 Liter	*2,0 Liter*
Bohrungsdurchmesser	88,20 mm	90,82 mm
Kolbenhub	76,95 mm	76,95 mm
Hubraum	1765 ccm	1993 ccm
Verdichtungsverhältnis	9,5:1	9,2:1
Verdichtungsdruck bei Anlasserdrehzahl	11–13 pk/cm^2	11–13 kp/cm^2
Leistung	Siehe oben	Siehe oben
Max. Drehmoment	140 Nm bei 3500/min.	157 Nm bei 4000/min.
– 2,0 Liter, Einspritzmotor		160 Nm bei 4000/min.

Zylinderblock	*1,8 Liter*	*2,0 Liter*
Gusszeichen am Zylinderblock	185	205
Zahl der Hauptlager	5	5
Zylinderdurchmesser – Produktion (mm):		
– Nenndurchmesser – Klasse 1	86,180–86,190	90,800–90,810
– Klasse 2	86,190–86,200	90,810–90,820
– Klasse 3	86,200–86,210	90,820–90,830
– Klasse 4	86,210–86,220	90,830–90,840
– Übergrösse A	86,690–86,700	91,310–91,320
– Übergrösse B	86,700–86,710	91,320–91,330
– Übergrösse C	86,710–86,720	91,330–91,340
– Nenngrösse Ersatzkolben		90,830–90,840
– Übergrösse 0,5 mm		91,330–91,340
– Übergrösse 1,0 mm		91,830–91,840
Breite des Drucklagers	27,17–27,22 mm	
Durchmesser der Hauptlagerschalen (eingebaut):		
– Nenndurchmesser	57,000–57,034 mm	
– Untergrösse 0,25 mm	56,750–56,784	
– Untergrösse 0,50 mm	56,500–56,534 mm	
– Untergrösse 0,75 mm	56,250–56,284 mm	
– Untergrösse 1,00 mm	56,000–56,034 mm	

Grundbohrungsdurchmesser der Hauptlager:	
– Nenndurchmesser	60,620–60,640 mm
– Übergrösse 0,4 mm	61,620–61,040 mm

Kurbelwelle

Hauptlagerzapfendurchmesser	56,970–56,990 mm
– Untergrössen	0,25, 0,50, 0,75 und 1,00 mm
Axialspiel der Kurbelwelle	0,08–0,28 mm
Stärke der Axialdruckanlaufscheiben:	
– Nennstärke	2,30–2,35 mm
– Übergrösse	2,50–2,55 mm
Hauptlagerlaufspiel	0,010–0,064 mm
Kurbelzapfendurchmesser:	
– Nenndurchmesser	51,980–52,00 mm
– Untergrössen	0,25, 0,50, 0,75 und 1,00 mm

Nockenwelle und Nebenantriebswelle

Anzahl der Lager	3
Antrieb	Durch Zahnriemen
Stärke der Nockenwellenhalteplatte	3,98–4,01 mm
Nockenhub:	6,3323 mm (alle Nocken)
Nockenlänge, Ferse bis Spitze:	36,26–36,60 mm
Lagerzapfendurchmesser:	
– Vorn	41,987–42,013 mm
– Mitte	44,607–44,633 mm
– Hinten	44,987–45,013 mm
Innendurchmesser der Lagerbüchsen:	
– Vorn	42,035–42,055 mm
– Mitte	44,655–44,675 mm
– Hinten	45,053–45,055 mm
Nockenwellenaxialspiel	0,104–0,204 mm
Axialspiel der Nebenantriebswelle	0,05–0,20 mm

Kolben

	1,8 Liter	*2,0 Liter*
Nenndurchmesser – Klasse 1	88,145–88,155	90,765–90,775
– Klasse 2	86,155–86,165	90,775–90,785
– Klasse 3	86,165–86,175	90,785–90,795
– Klasse 4	86,175–86,185	90,795–90,805
Nenndurchmesser-Ersatzkolben	86,170–86,195	90,790–90,815
– Übergrösse 0,5 mm	86,670–86,695	91,290–91,315
– Übergrösse 1,0 mm	87,170–87,195	91,790–91,815
Kolbenlaufspiel	0,015–0,050	0,015–0,050
Kolbenringstossspiel:		
Oberer und mittlerer Ring	0,30–0,50	0,40–0,60
Unterer Ring	0,40–1,40	0,40–1,40

Anordnung der Kolbenringstösse:	
Oberer Ring	150° versetzt von einer Seite des Expanderringstosses
Mittlerer Ring	150° versetzt von der anderen Seite des Expanderringstosses
Unterer Ring	Stoss des Expanderringes gegenüber der «Vorn»-Markierung des Kolbens. Oberer und unterer Seitenring jeweils 25 mm vom Stoss des Expanderringes versetzt

Kolbenbolzen

Länge	68,00–68,80 mm
Durchmesser:	
– Rote Kennzeichnung	23,994–23,997 mm
– Blaue Kennzeichnung	23,997–24,000 mm
– Gelbe Kennzeichnung	24,000–24,003 mm
Laufspiel im Kolben	0,008–0,014 mm
Schrumpfsitz in Pleuelstange	0,018–0,039 mm

Pleuelstangen

Bohrungsdurchmesser des Pleuelfusses	55,00–55,02 mm
Durchmesser der Pleuelaugenbohrung	23,964–23,976 mm
Innendurchmesser der Pleuellager (eingebaut)	52,006–52,044 mm
– Erhältliche Untergrössen	0,25, 0,50, 0,75 und 1,00 mm
Pleuellagerlaufspiel	0,006–0,060 mm

Zylinderkopf

Gusskennzeichnung:	
– 1,8 Liter	85
– 2,0 Liter	0
Ventilsitzwinkel	44° 30′ bis 45°
Ventilsitzbreite	1,5–2,0 mm (Einlass und Auslass)
Ventilführungsbohrung	8,063–8,088 mm
– Untergrössen	0,2 und 0,4 mm
Bohrung für Nockenwellenlagerbüchsen:	
– Vorn	45,072–45,102 mm
– Mitte	47,692–47,722 mm
– Hinten	48,072–48,102 mm

Ventile

Ventilspiele (kalt)	0,20 mm (Einlass), 0,25 mm (Auslass)
– Toleranz	plus oder minus 0,03 mm
Ventilsteuerung:	
– Einlassventil öffnet	24° vor OT
– Einlassventil schliesst	64° nach UT
– Auslassventil öffnet	70° vor UT
– Auslassventil schliesst	18° nach OT

Innendurchmesser der Ventilfedern	23,45–23,95 mm
Ungespannte Länge der Federn	47,0 mm
Drahtdurchmesser der Federn	3,87–3,93 mm
Anzahl der Wicklungen	4,7

Einlassventile

Ventillänge:	
– 1,8-Liter-Motor	111,75–112,75 mm
– 2,0-Liter-Motor, Vergaser	110,65–111,65 mm
– 2,0-Liter-Motor, Einspritzer	110,65–110,65 mm
Ventiltellerdurchmesser	41,80–42,20 mm
Ventilschaftdurchmesser	8,025–8,043 mm
– Übergrössen	0,2, 0,4, 0,6 und 0,8 mm
Laufspiel der Schäfte in Führungen	0,020–0,063

Auslassventile

Ventillänge:	
– 1,8 Liter	111,15–112,15 mm
– 2,0 Liter, Vergaser	110,05–111,05 mm
– 2,0 Liter, Einspritzer	110,75–111,75 mm
Ventiltellerdurchmesser:	
1,6 Liter	34,00–34,40 mm
2,0 Liter	35,80–36,20 mm
Ventilschaftdurchmesser	7,999–8,017 mm
Übergrössen	0,2, 0,4, 0,6 und 0,8 mm

Motorschmierung

Ölsorte	Je nach Temperatur zwischen SAE 5W-20 bis SAE 20W-40/50
Füllmenge der Ölwanne bei Neufüllung	3,75 Liter (mit Filter)
Füllmenge, Ölwechsel ohne Filter	3,25 Liter
Füllmenge, Ölwechsel mit Filter	3,75 Liter
Min. Öldruck bei 750 min. (80° C)	2,1 bar
Min. Öldruck bei 2000 min. (80° C)	2,5 bar
Überdruckventil öffnet bei	4,00–4,70 bar
Öldruckkontrolleuchte leuchtet auf bei	0,30–0,50 bar
Ölpumpentyp	Innenkreiselläuferpumpe
Spiel zwischen äusseren Pumpenläufer und Pumpenbohrung	0,15–0,30 mm
Spiel zwischen Spitzen des inneren und äusseren Läufers	0,05–0,20 mm
Axialspiel der Läufer	0,039–0,104 mm

Kühlanlage

Füllmenge	8,0 Liter
Öffnungsdruck des Einfüllverschlusses (in Druckgefäss)	0,85 bis 1,10 bar
Thermostat:	
– Öffnungstemperatur	88° C
Keilriemenspannung	10,0 mm an der längsten Laufstrecke zwischen Riemenscheiben, mit Daumendruck
Keilriemenspannung der Lenkhilfspumpe	10,0 mm an der längsten Laufstrecke zwischen Riemenscheiben, mit Daumendruck

Kraftstoffanlage – Vergaser

Inhalt des Kraftstofftanks	70 Liter

Kraftstoffpumpe

Bauart und Antrieb	Mechanische Pumpe, Exzenter an Zwischenwelle
Förderdruck	0,24 bis 0,41 bar

Vergaser

Eingebaute Vergaser:	
– 1,8 Liter	Pierburg 2V-Vergaser
– 2,0 Liter	Weber

Vergaserdaten – Pierburg

Vergasernummer	85HF-9510-KA
Leerlaufdrehzahl	800 ± 20/min.
Leerlauf-CO-Anteil	1,3%
Schnelleerlauf	1800 ± 100/min.
Vergaserdüsen	
– Leerlaufkraftstoff/luftdüse	45/115
– Hauptdüse, 1. Stufe	107,5
– Hauptdüse, 2. Stufe	130
Lufttrichterdurchmesser	
– Erste Stufe	23 mm
– Zweite Stufe	26 mm
Startautomatik:	
Starterklappenspalt	3,0 mm
Einstellung des Gehäusedeckels	Auf Mittellinie

Vergaserdaten – Weber

Vergasernummer	Siehe unten
Vergaserbohrungsdurchmesser:	
– Nr. 85HF9510CA, DA	25/27 mm
– Nr. 85HF9510GA, HA, MA, NA	23/25 mm

Ansaugbohrungsdurchmesser	30/34
Hauptdüsen:	
– Nr. 85HF9510CA	112/135
– Nr. 85HF9510DA	110/135
– Nr. 85HF9510GA, HA	107/125
– Nr. 85HF9510MA	105/130
– Nr. 85HF9510NA	110/125
Luftkorrekturdüsen:	
– Nr. 85HF9510CA	165/150
– Nr. 85HF9510DA	160/150
– Nr. 85HF9510GA, HA	180/160
– Nr. 85HF9510MA	200/160
– Nr. 85HF9510NA	180/160
Mischrohre:	
– Nr. 85HF9510CA, DA	F22/F22
– Nr. 859510GA, HA, MA, NA	F59/F59
Leerlaufdüse:	
– Nr. 85HF9510CA, DA	45/45
– Nr. 85HF9510GA, HA, MA, NA	45/50
Leerlaufdrehzahl	800/min., elektronisch reguliert 875/min., mit Leerlaufeinstellkabel auf Masse geschlossen
CO-Anteil	
– Nr. 85HF9510CA, DA	0,75–1,25%
– Alle anderen	1,00–1,50%
Schwimmerstand	7,5–8,5 mm
Unterdruck-Pull-Down:	
– Nr. 85HF9510CA	9,0 mm
– Nr. 85HF9510DA	8,0 mm
– Alle anderen	7,5 mm

Einspritzanlage

Ausführung	Bosch
Leerlauf:	
– Schaltgetriebe	875/min., elektronisch gesteuert
– Automatik	800/min., elektronisch gesteuert
CO-Anteil	0,5–1,0%
Pumpenförderung	Mehr als 5 bar bei 12 V, ohne Strömung
Druckregler:	
– Hersteller	Bosch
– Druck	2,5 bar

Zündanlage

Zündfolge	1-3-4-2
Zündverteiler	
Hersteller	Bosch
Ausführung	Kontaktlos, mit Hall-Geber
Automatische Zündverstellung	Automatisch geregelt
Antrieb	Schraubenrad von der Zwischenwelle
Drehrichtung	Rechtsdrehend von oben gesehen
Schliesswinkel	Durch Zündsteuergerät reguliert, nicht verstellbar
Zündzeitpunkt:	
1,8 Liter	10° vor OT
2,0 Liter, Vergaser	10° vor OT Unterdruckleitung abgezogen und verschlossen
2,0 Liter, Einspritzer	12° vor OT
Zündkerzen	
1,8 Liter	BRF 22, BRF 22
2,0 Liter, Vergaser	BRF 22
2,0 Liter, Einspritzer	BRF 22
Elektrodenabstand	0,75 mm
Zündspule	
Hersteller	Bosch, Femsa and Polmot
Primärwiderstand	0,72–0,88 Ohm
Sekundärwiderstand	4500–7000 Ohm

Kupplung

Bauart	Einscheibentrockenkupplung mit Tellerfeder
Hersteller:	
– 1,8 Liter	LUK oder AP
– 2,0 Liter	Fichtel & Sachs
Durchmesser	216,0 mm
Kupplungsbeläge	Ferodo 3111
Aussendurchmesser der Beläge	216,0 mm
Innendurchmesser der Beläge	153,0 mm
Stärke der Beläge	3,85 mm ± 0,10 mm

Schaltgetriebe

Verwendete Getriebetypen	«N», Fünfgang
Getriebeübersetzungen:	
– 1. Gang	3,65:1
– 2. Gang	1,97:1
– 3. Gang	1,37:1
– 4. Gang	1,00:1
– 5. Gang	0,82:1
Rückwärtsgang	3,66:1
Füllmenge des Getriebes	1,25 Liter

Hinterachse

Ölfüllmenge:	
– 7,0 Zoll Differential	0,9 Liter
– 7,5 Zoll Differential	1,3 Liter
Ölstand:	
– 7,0 Zoll Differential	Bis 10 mm unter der Unterkante der Öleinfüllbohrung
– 7,5 Zoll Differential	An der Unterkante der Öleinfüllbohrung

Anwendung der Differentiale – Schaltgetriebe:	*Differentialgrösse*	*Untersetzung*
1,8 Liter:		
– Grundausführung	7,0 Zoll	3,92:1
2,0 Liter, Vergaser:		
– Grundausführung	7,0/7,5 Zoll	3,62:1
– Mit Anhänger-Pack	7,0/7,5 Zoll	3,92:1
– Mit Sperrdifferential	7,0/7,5 Zoll	3,64:1
2,0 Liter, Einspritzer:		
– Grundausführung	7,0/7,5 Zoll	3,92:1
– Mit Anhänger-Pack	3,92:1	
– Mit Sperrdifferential	3,64:1	

Anwendung der Differentiale – Automatik:		
2,0 Liter, Vergaser:		
– Grundausführung	7,0/7,5 Zoll	3,62:1
– Mit Anhänger-Pack	7,0/7,5 Zoll	3,64:1

Vorderradaufhängung

Bauart	Einzelradaufhängung mit Federbeinen, mit integralen Teleskopstossdämpfern, Schraubenfedern, unteren Querlenkern und Kurvenstabilisator
Schraubenfedern	Federn sind mit Farbe gezeichnet und sind den Mikrofilmen der Ersatzteillisten zu entnehmen

Radeinstelldaten

Vorspur:	
– Spureinstellung bei Kontrolle	−0,5 mm Nachspur bis 4,5 mm Vorspur
– Spureinstellung bei Nachstellung	−2,0 mm Vorspur ± 1,0 mm
Nachlauf – Ohne Selbstnivellierungsanlage:	1° 51′ (Toleranzbereich 2° 51′ bis 0° 51′)
– Mit Selbstnivellierungsanlage	1° 58′ (Toleranzbereich 2° 58′ bis 0° 58′)
– Verstärkte Aufhängung	1° 46′ (Toleranzbereich 2° 46′ bis 0° 46′)
Max. Unterschied zwischen Seiten	1° 0′
Sturz – Ohne Selbstnivellierungsanlage:	0° 23′ (Toleranzbereich 0° 37′ bis −1° 23′)
– Mit Selbstnivellierungsanlage	0° 23′ (Toleranzbereich 0° 37′ bis −1° 23′)
– Verstärkte Aufhängung	0° 0′ (Toleranzbereich 1° 0′ bis −1° 0′)
Max. Unterschied zwischen Seiten	1° 15′

Lenkung

Bauart	Zahnstangenlenkung, auf Wunsch mit Servounterstützung
Einstellung des Lenkritzels	Voreingestellt
Einstellung des Zahnstangendämpfers	Durch Ausgleichsscheiben

Bremsen

Bauart	Zweikreis-Bremsanlage mit Scheibenbremsen (ein Kolben) an den Vorderrädern und Hinterrädern. Handbremse auf die Hinterräder wirkend (durch Bremsseil). Bremsservo und Bremsregelventil. Bremsanlage vorn und hinten geteilt. Hauptbremszylinderpumpe mit elektrischem Motor.

Vorderradbremsen

Scheibendurchmesser	260 mm, belüftet
Max. Schlag der Bremsscheibe	0,05 mm
Radbremszylinderdurchmesser	54,00 mm

Hinterradbremsen

Scheibendurchmesser	253,0 mm
Max. Schlag der Bremsscheibe	0,05 mm

Elektrische Anlage

Drehstromlichtmaschine

Hersteller	Bosch	
	Bosch K1-55A, N1-70A	
Massepolarität	Negativ	
Spannung	12 V	
Regler	An Lichtmaschine verschraubt	
Bosch-Lichtmaschinen-Prüfwerte:		
	K1-55A	*N1-70A*
Nennleistung bei 13,5 V und 6000/min.	55 A	70 A
Max. Dauerdrehzahl	15 000	15 000
Ständerwicklungswiderstand pro Phase	0,07 Ohm	0,05 Ohm
Läuferwicklungswiderstand bei 20° C	3,4 Ohm	2,8 Ohm
Min. Bürstenlänge	5,0 mm	5,0 mm
Reglerspannung (alle Maschinen)	13,7 bis 14,6 V	

Anlasser

Anlasserhersteller	Bosch
Anlasserleistung	0,85 kW, 0,95 kW oder 1,1 kW
Anzahl der Bürsten	4
Min. Bürstenlänge:	
– 0,85 und 0,95 kW	8,0 mm
– 1,1 kW	10,0 mm
Bürstenfederspannung	1600 g
Min. Kollektordurchmesser	32,0 mm
Ankeraxialspiel	0,30 mm

19 Anzugsdrehmomente

Motor

	(alle Werte in Nm)
Hauptlagerdeckel	88–102
Pleuellagerdeckel	40–47
Kurbelwellenriemenscheibe	100–115
– Kurbelwellenriemenscheibe, Einspritzer	115–130
Steuerrad der Nockenwelle	45–50
Steuerrad der Zwischenwelle	45–50
Schwungrad	64–70
Ölpumpe an Zylinderblock	17–21
Ölpumpendeckel an Pumpe	9–13
Ölwanne:	
– Erster Durchgang	1–2
– Zweiter Durchgang	6–8
– Dritter Durchgang	8–10 (nach 20 min. Lauf des Motors)
Ölablassstopfen	21–28
Öldruckschalter	12–15
Kugelbolzen zur Ventileinstellung	50–55
Zylinderkopf:	
– Erster Durchgang	35–40
– Zweiter Durchgang	70–75
– Dritter Durchgang (ausser Torx-Schrauben)	5 Minuten warten
– Vierter Durchgang	90° nachziehen (ausser Torx-Schrauben)
Zylinderkopfhaube:	
– Erster Durchgang (Schraube 1 bis 6)	6–8
– Zweiter Durchgang (Schraube 7 und 8)	2–3
– Dritter Durchgang (Schrauben 9 und 10)	6–8
– Vierter Durchgang (Schrauben 7 und 8)	6–8
Steuerdeckel	13–17
Ansaugkrümmer	17–21
Auspuffkrümmer	21–25
Kraftstoffpumpe	14–18
Kupplungsschrauben	17–21
Wasserpumpe:	
– M8-Schrauben (2)	17–21
– M10-Schrauben (1)	36–43
Thermostatgehäuse	17–21
Schraube – Spannrolle für Zahnriemen	20–25
Federbolzen – Spannrolle	17–21
Riemenscheibe an Wasserpumpe	21–26
Ventilatorkupplung an Wasserpumpe	20–50
Ventilator an Kupplung	8–10
Zündkerzen	20–28

Ölansaugrohr an Pumpe	11–14
Ölansaugrohr an Zylinderblock	17–21
Motoraufhängung an Motorträger	41–51

Kühlanlage

Kühler an Gummilager	8–12
Wasserpumpe	Siehe unter «Motor»
Wasserauslassstutzen	17–20
Ventilatorverkleidung an Kühler	8–11
Wasserpumpenriemenscheibe	21–26
Ventilator an Kupplung	8–10
Einstellstrebe für Drehstromlichtmaschine an Konsole der Servolenkung	21–26
Zylinderablassstopfen	21–25
Steuerdeckelschrauben	7–10

Kraftstoffeinspritzanlage

Kraftstoffleitung an Regler	15–20
Druckreglermuttern	20–25
Kraftstoffverteilerleitung	8,5–10,5

Auspuffanlage

Krümmer an Zylinderkopf	20–25
Klemmschelle des Auspuffrohres	35–40
Muttern der Bügelschrauben	38–45

Kupplung und Getriebe

Kupplungsgehäuse an Getriebe	70–90
Kupplungsgehäuse an Motor	40–51
Kupplungsdruckplatte	22–33
Vorderer Getriebedeckel	9–11
Schaltgehäuse an Getriebe	45–49
Deckel an Getriebegehäuse	9–11
Gelenkwelle an Hinterachse	57–75
Stützlager an Wagenboden	18–23
Getriebetraverse an Wagenboden	20–25
Getriebegummilager an Getriebe	50–57
Getriebegummilager an Traverse	16–20
Schalter der Rückfahrleuchten	1–2
Schaltsperren	17–19
Öleinfüllstopfen	23–27
12seitige Mutter, 5. Gang	120–150
Sperrplatte, 5. Gang	21–26
Schalthebel an Schaltgehäuse	21–27

Automatisches Getriebe

Wandlergehäuse an Getriebegehäuse	40–48
Mitnehmerscheibe an Wandler	32–38
Ölwanne an Getriebegehäuse:	
– Mit Korkdichtung	15–18
– Mit Polyakrylic-Dichtung	8–11
Mutter, äusserer Schalthebel	11–14 Nm
Anlasssperrschalter	10–14 Nm
Halterung für Unterdruckdose	2–2,5 Nm
Ölleitung an Anschluss am Getriebe	24–30
Ölkühlerleitung an Anschluss	22–24
Wandlergehäuse an Motor	30–36
Ablassstopfen des Wandlers	27–40

Hinterachse

Achsgehäusedeckel	45–60
Öleinfüllstopfen	35–45
Radmuttern	80–100
Achswellenmutter	250–290
Hinterachswelle an Antriebswelle	38–43
Hinterachsgehäuse an Quertraverse	70–90

Hinterradaufhängung

Hinterachsaufhängung an Karosserie	20–25
Hinterachsgehäuseaufhängung an Deckel	40–50
Lenkerarm an Quertraverse	80–95
Führungsplatte an Wagenboden	41–51
Führungsplattenlagerung	69–88
Stossdämpfer, oben	73–97
Bremsträgerplatte an Lenkerarm	52–64
Stossdämpfer, unten	68–92
Gelenkwelle an Hinterachsflansch	57–67
Stützlager an Wagenboden	18–23
Schraube des Gelenkwellengelenks	34–39

Vorderradaufhängung

Nabenmutter	390–450
Unteres Kugelgelenk an Achsschenkel	65–85
Federbein an Achsschenkel	80–90
Vordere Quertraverse an Seitenträger	70–90
Klemmschrauben des Kurvenstabilisators	70–90
Kurvenstabilisator an Querlenker	70–110
Mutter der unteren Motoraufhängung	50–70

Mutter des Querlenkerbolzens	30 Nm + 90°
Mutter des oberen Federbeinlagers	20–24
Bremssattelträgerschrauben	50–60
Radschrauben	80–100

Lenkung

Lenkung an Quertraverse	15 Nm + 90° Nachzug
Mutter des Spurstangenkugelbolzens	25–30
Kontermutter der Spurstangen	57–68
Lenkungskupplung an Lenkritzel	20–25
Lenkungskupplung an Lenkwelle	20–25
Lenkradmutter	45–55
Kugelbolzengehäuse der Spurstangen	75–85
Klemmschraube der Lenksäule, oben	45–55

Servolenkung

Druckschlauch an Lenkhilfspumpe	26–31
Rücklaufschlauch an Lenkhilfspumpe	17–21
Mutter der Riemenscheibe (Pumpe)	10–12
Lenkung an Quertraverse	15 Nm + 90° Nachzug
Klemmschrauben der Lenkungskupplung	12–15

Bremsen

Bremssattelträger, vorn an Achsschenkel	51–61
Zylindergehäuse an Sattelträger	20–25
Bremssattelträger, hinten	51–61
Zylindergehäuse hinten an Träger	31–36
Bremsträgerplatte an Achsgehäuse	52–64
Hydraulisches Gerät:	
– Gerät an Stirnwand	34–46
– Sammler an Pumpengehäuse	34–46
– Pumpenschrauben	7–9
– Hohlschrauben, Hochdruckschlauch	16–24
– Vorratsbehälterschraube	4–6
Radfühlerschrauben:	
– Vorn	8,5–11
– Hinten	8,5–11
Entlüftungsschrauben	max. 10

Kabelfarbenerklärung zu den Schaltplänen 1–10

BL	=	Blau	RS	=	Rosa
BR	=	Braun	RT	=	Rot
GE	=	Gelb	SW	=	Schwarz
GR	=	Grau	VI	=	Violett
GN	=	Grün	WS	=	Weiss

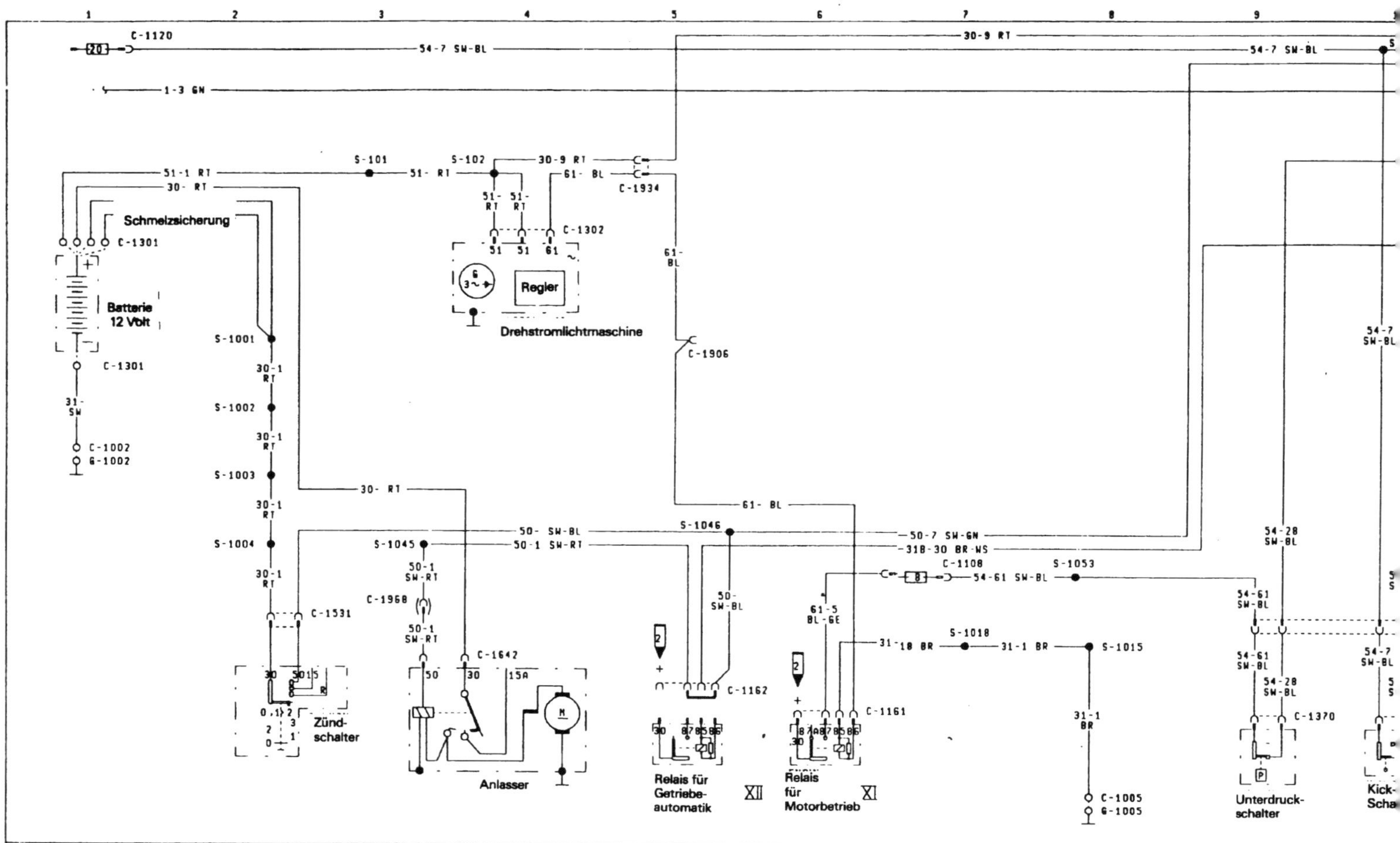

C-1120
54-7 SW-BL
30-9 RT
1-3 GN
S-101
S-102
51-1 RT
30- RT
51- RT
61- BL
C-1934
Schmelzsicherung
C-1301
C-1302
Regler
Drehstromlichtmaschine
Batterie 12 Volt
S-1001
S-1002
S-1003
S-1004
C-1002
G-1002
C-1906
S-1045
S-1046
50- SW-BL
50-1 SW-RT
50-7 SW-GN
31B-30 BR-WS
C-1108
S-1053
54-61 SW-BL
C-1968
C-1531
C-1642
Zündschalter
Anlasser
C-1162
Relais für Getriebeautomatik XII
C-1161
Relais für Motorbetrieb XI
S-1018
S-1015
31-1 BR
C-1005
G-1005
54-28 SW-BL
C-1370
Unterdruckschalter
Kick-
Scha

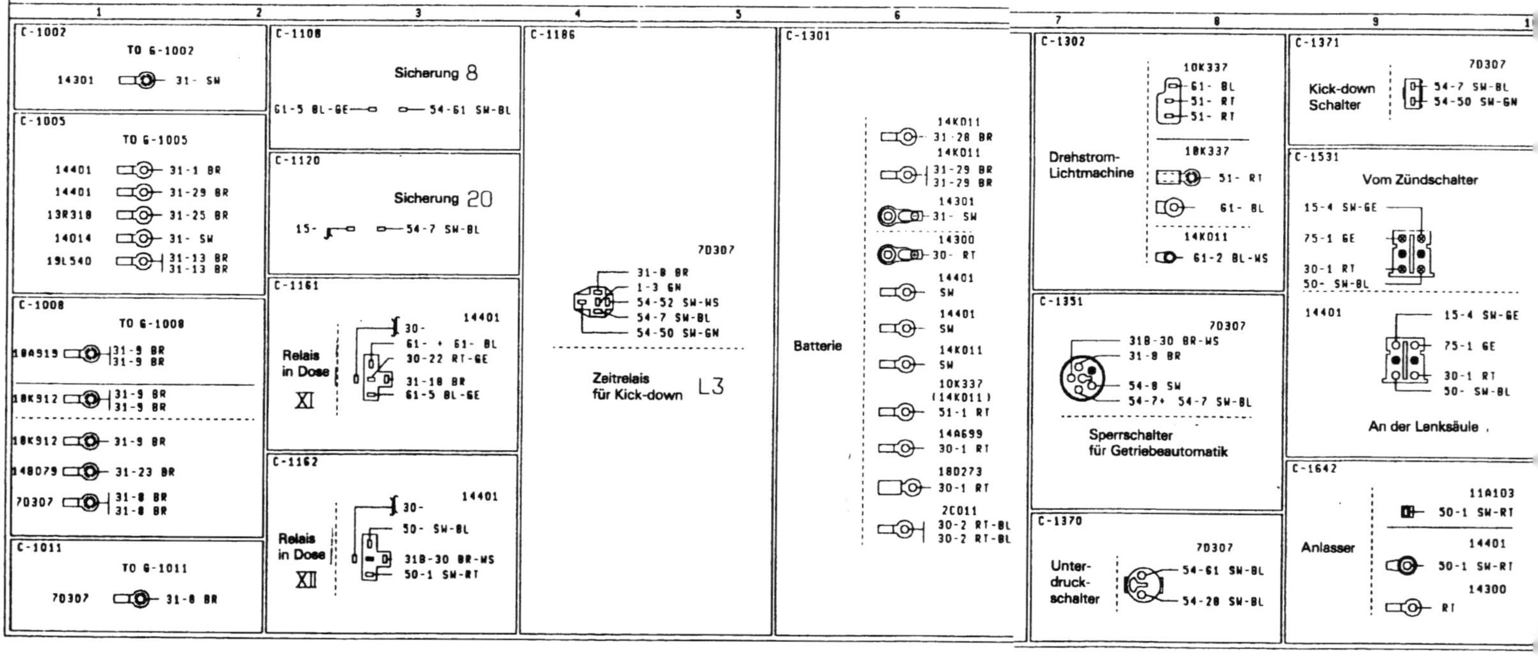

C-1002
TO G-1002
14301 31- SW
C-1005
TO G-1005
14401 31-1 BR
14401 31-29 BR
13R318 31-25 BR
14014 31- SW
19L540 31-13 BR 31-13 BR
C-1008
TO G-1008
C-1011
TO G-1011
70307 31-8 BR
C-1108
Sicherung 8
61-5 BL-GE 54-61 SW-BL
C-1120
Sicherung 20
15- 54-7 SW-BL
C-1161
Relais in Dose XI
14401
30-
61- + 61- BL
30-22 RT-GE
31-18 BR
61-5 BL-GE
C-1162
Relais in Dose XII
14401
30-
50- SW-BL
31B-30 BR-WS
50-1 SW-RT
C-1186
7D307
31-8 BR
1-3 GN
54-52 SW-WS
54-7 SW-BL
54-50 SW-GN
Zeitrelais für Kick-down L3
C-1301
Batterie
C-1302
Drehstrom-Lichtmaschine
10K337
61- BL
51- RT
51- RT
18K337
51- RT
61- BL
14K011
61-2 BL-WS
C-1351
70307
31B-30 BR-WS
31-8 BR
54-8 SW
54-7+ 54-7 SW-BL
Sperrschalter für Getriebeautomatik
C-1370
Unterdruckschalter
70307
54-61 SW-BL
54-28 SW-BL
C-1371
Kick-down Schalter
70307
54-7 SW-BL
54-50 SW-GN
C-1531
Vom Zündschalter
15-4 SW-GE
75-1 GE
30-1 RT
50- SW-BL
14401
An der Lenksäule
C-1642
Anlasser
11A103
50-1 SW-RT
14401
50-1 SW-RT
14300
RT

Schaltplan 1
Ladestromanlage
Anlasser
Motorbetrieb

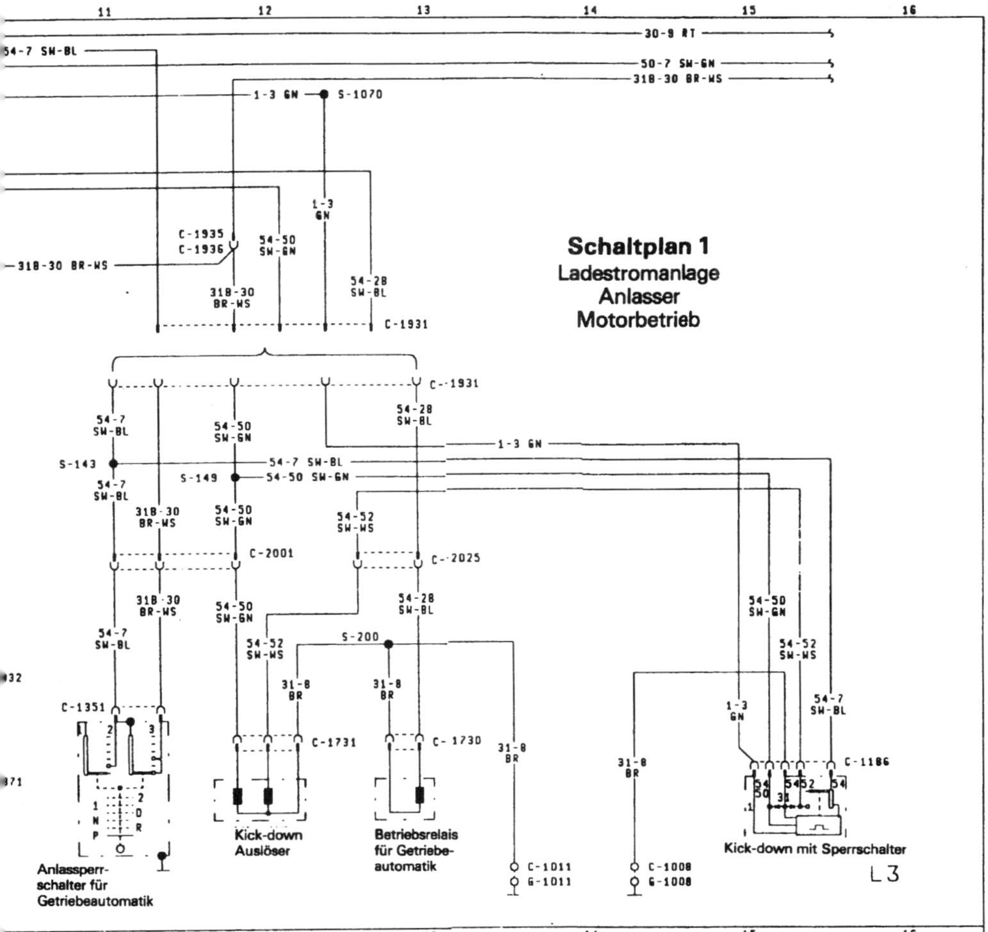

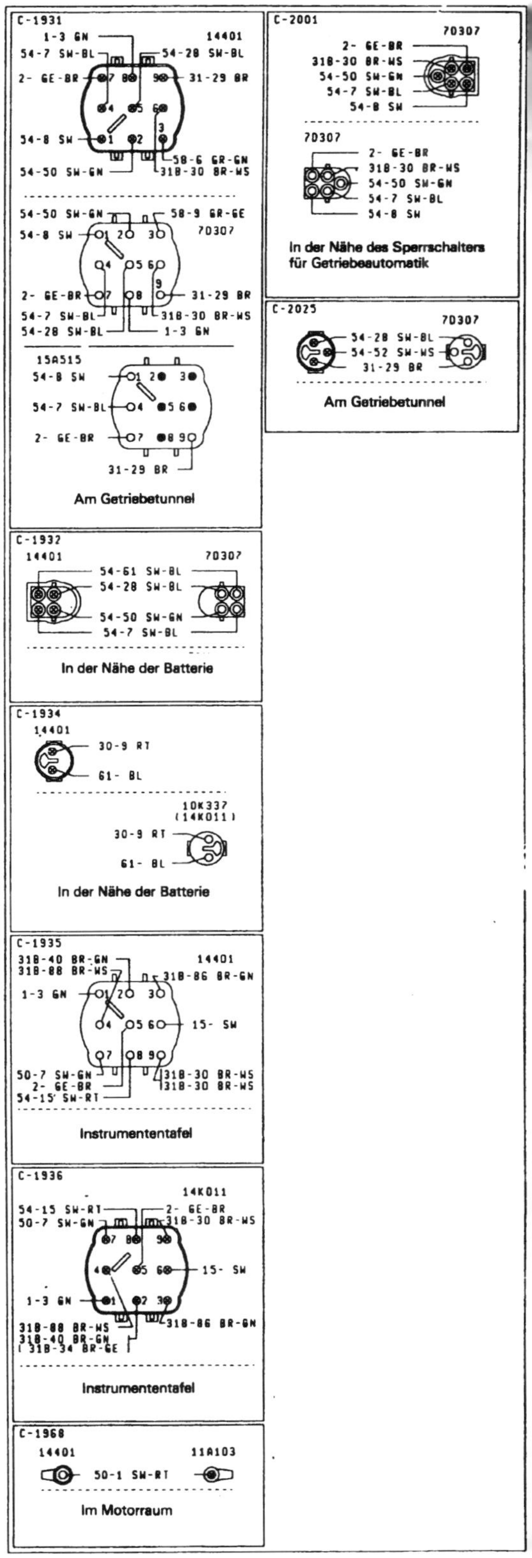

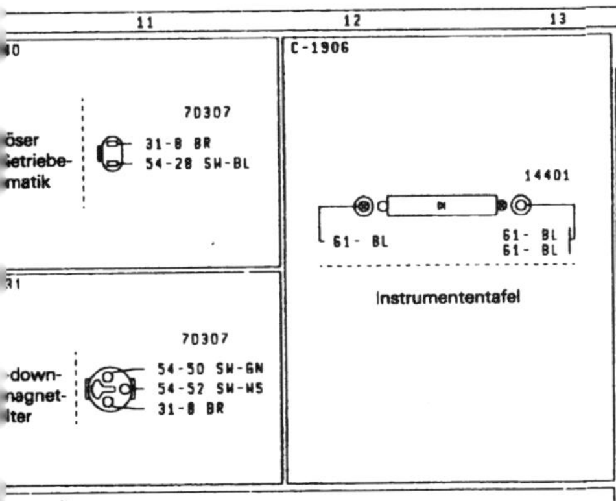

Lötverbindungsstellen

S-101	in 10K337	In der Nähe der Batterie
S-102	in 10K337	In der Nähe der Lichtmaschine
S-143	in 15A515	In der Nähe des Schalters der Rückfahrleuchten
S-149	in 14K011	In der Nähe des Motorregelgeräts (EEC IV)
S-200	in 7D307	In der Nähe des Anlasssperrschalters der Getriebeautomatik
S-1001	in 14401	In der Nähe der Batterie
S-1002	in 14401	In der Nähe des Sicherungskastens
S-1003	in 14401	In der Nähe des Sicherungskastens
S-1004	in 14401	In der Nähe des Zündschalters
S-1015	in 14401	In der Nähe des Bremslichtschalters
S-1018	in 14401	In der Nähe des Sicherungskastens
S-1045	in 14401	In der Nähe des Anlassers
S-1046	in 14401	In der Nähe des Blinkschalters
S-1053	in 14401	In der Nähe des Blinkschalters
S-1054	in 14401	In der Nähe des Sicherungskastens
S-1070	in 14401	In der Nähe des Kabelstrangs im Motorraum

…ssestellen

…002	In der Nähe des Batterieträgers
…005	In der Nähe von Türsäule A, Fahrerseite
…008	In der Nähe der Schaltkonsole
…011	In der Nähe der Einstellschraube für Kick-down-Auslöser

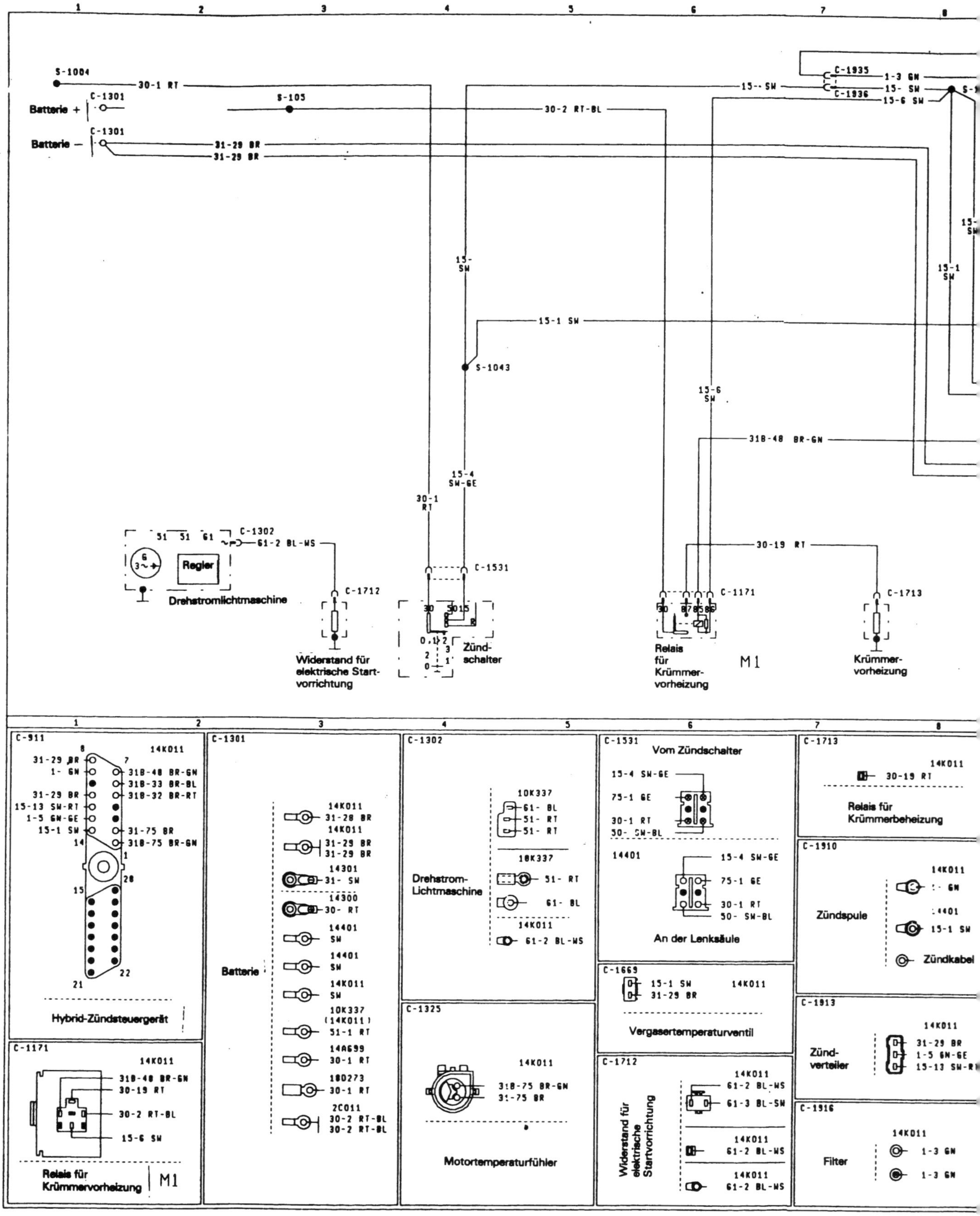

Batterie +
Batterie –
S-1004
30-1 RT
C-1301
S-105
30-2 RT-BL
31-29 BR
15-SW
C-1935
C-1936
1-3 GN
15- SW
15-6 SW
15-1 SW
S-1043
15-4 SW-GE
15-6 SW
31B-48 BR-GN
30-1 RT
C-1302
61-2 BL-WS
Regler
Drehstromlichtmaschine
C-1712
C-1531
Zündschalter
C-1171
Relais für Krümmervorheizung
M1
30-19 RT
C-1713
Krümmervorheizung
Widerstand für elektrische Startvorrichtung
C-911
14K011
31-29 BR
1- GN
31B-48 BR-GN
31B-33 BR-BL
31B-32 BR-RT
15-13 SW-RT
1-5 GN-GE
15-1 SW
31-75 BR
31B-75 BR-GN
Hybrid-Zündsteuergerät
C-1301
Batterie
31-28 BR
31-29 BR
14301
31- SW
14300
30- RT
14401
SW
10K337
51-1 RT
14A699
30-1 RT
18D273
2C011
30-2 RT-BL
C-1302
Drehstrom-Lichtmaschine
61- BL
51- RT
C-1325
Motortemperaturfühler
C-1531
Vom Zündschalter
15-4 SW-GE
75-1 GE
50- SW-BL
An der Lenksäule
C-1669
Vergasertemperaturventil
C-1712
61-3 BL-SW
C-1713
Relais für Krümmerbeheizung
C-1910
Zündspule
Zündkabel
C-1913
Zündverteiler
15-13 SW-RT
C-1916
Filter
C-1171
30-2 RT-BL
Relais für Krümmervorheizung

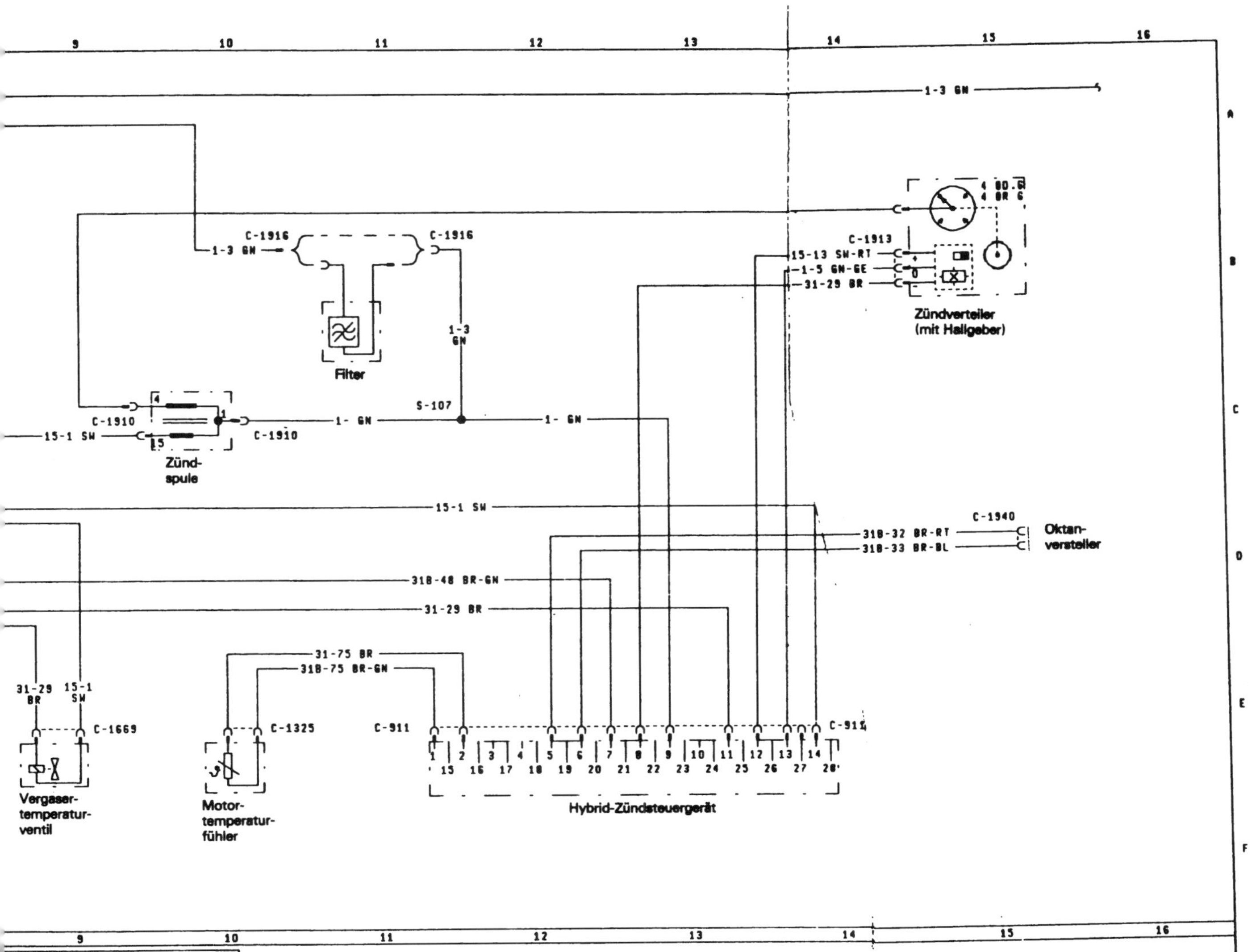

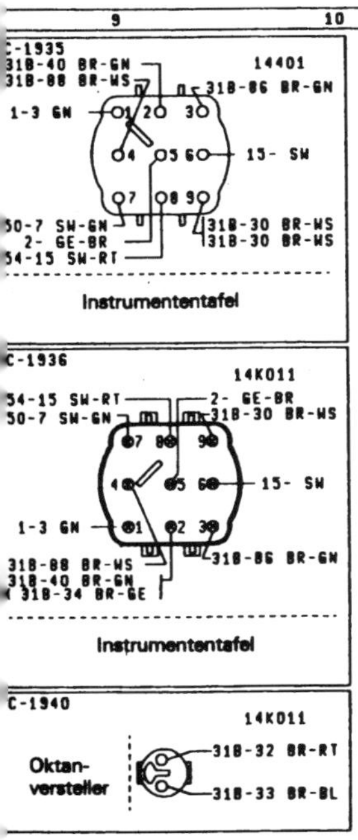

Lötverbindungsstellen

S-105	in 14K011	In der Nähe der Batterie
S-106	in 14K011	In der Nähe der Zündspule
S-107	in 14K011	In der Nähe der Zündspule
S-1004	in 14401	In der Nähe des Zündschalters
S-1043	in 14401	In der Nähe des Bremslichtschalters

Schaltplan 2
Motorregulierung
1,8 Liter-
Motor

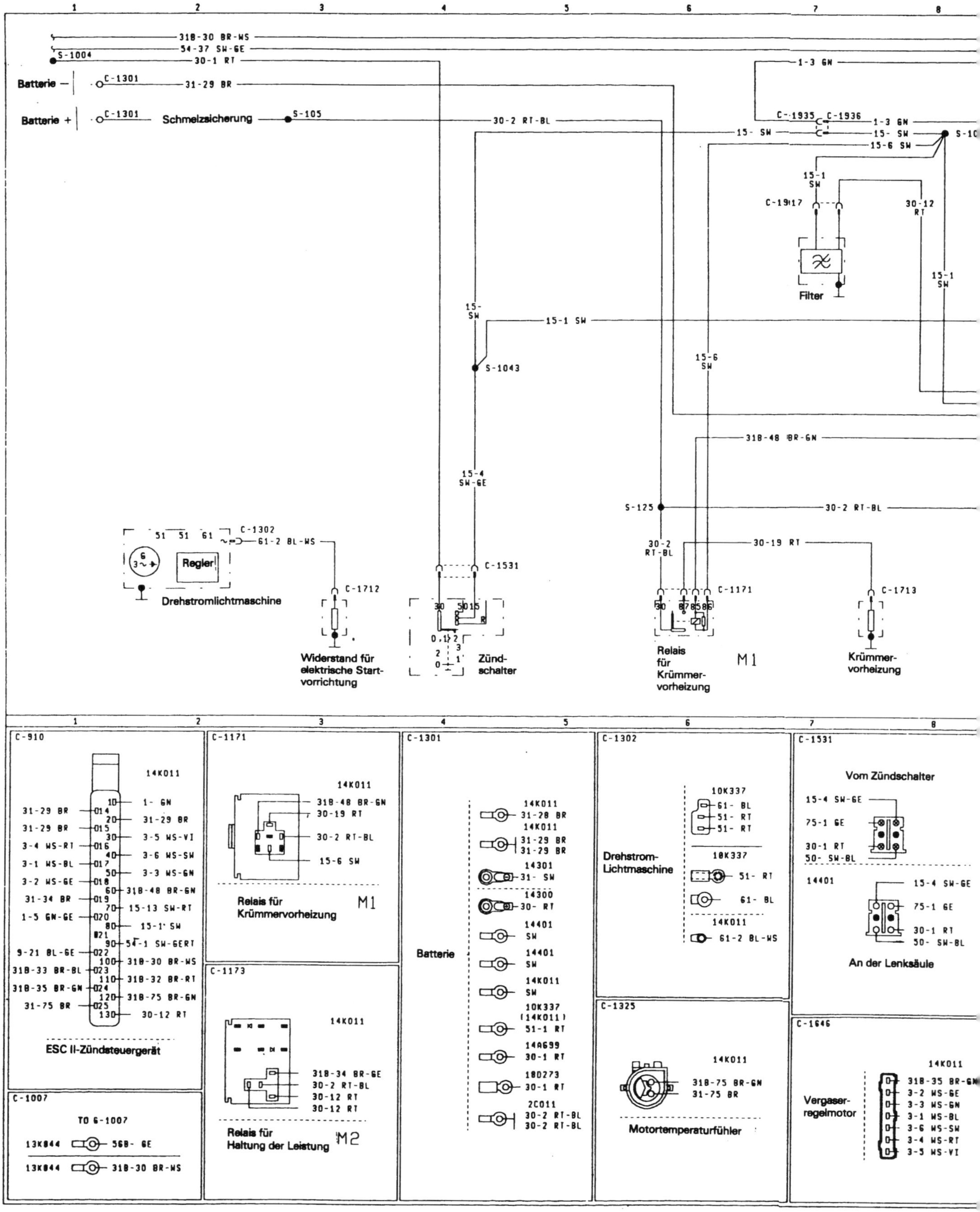
31B-30 BR-WS
54-37 SW-GE
S-1004
30-1 RT
Batterie –
C-1301
31-29 BR
Batterie +
C-1301
Schmelzsicherung
S-105
30-2 RT-BL
1-3 GN
C-1935
C-1936
15- SW
15-6 SW
15-1 SW
C-19117
30-12 RT
Filter
15-1 SW
S-1043
15-6 SW
31B-48 BR-GN
15-4 SW-GE
S-125
30-2 RT-BL
C-1302
61-2 BL-WS
Regler
Drehstromlichtmaschine
C-1712
Widerstand für elektrische Startvorrichtung
C-1531
Zündschalter
30-2 RT-BL
30-19 RT
C-1171
Relais für Krümmervorheizung
M1
C-1713
Krümmervorheizung
C-910
14K011
31-29 BR
3-4 WS-RT
3-1 WS-BL
3-2 WS-GE
31-34 BR
1-5 GN-GE
9-21 BL-GE
31B-33 BR-BL
31B-35 BR-GN
31-75 BR
1- GN
3-5 WS-VI
3-6 WS-SW
3-3 WS-GN
31B-48 BR-GN
15-13 SW-RT
15-1 SW
54-1 SW-GERT
31B-30 BR-WS
31B-32 BR-RT
31B-75 BR-GN
30-12 RT
ESC II-Zündsteuergerät
C-1007
TO 6-1007
13K844
56B- GE
31B-30 BR-WS
C-1171
14K011
31B-48 BR-GN
30-19 RT
30-2 RT-BL
15-6 SW
Relais für Krümmervorheizung
M1
C-1173
14K011
31B-34 BR-GE
30-2 RT-BL
30-12 RT
Relais für Haltung der Leistung
M2
C-1301
Batterie
14K011
31-28 BR
31-29 BR
14301
31- SW
14300
30- RT
14401
SW
10K337 (14K011)
51-1 RT
14A699
30-1 RT
18D273
30-1 RT
2C011
30-2 RT-BL
C-1302
Drehstrom-Lichtmaschine
10K337
61- BL
51- RT
18K337
51- RT
61- BL
14K011
61-2 BL-WS
C-1325
14K011
31B-75 BR-GN
31-75 BR
Motortemperaturfühler
C-1531
Vom Zündschalter
15-4 SW-GE
75-1 GE
30-1 RT
50- SW-BL
14401
An der Lenksäule
C-1646
14K011
Vergaserregelmotor
31B-35 BR-GN
3-2 WS-GE
3-3 WS-GN
3-1 WS-BL
3-6 WS-SW
3-4 WS-RT
3-5 WS-VI

Schaltplan 3
Motorregulierung 2,0 Liter-Vergaser-Motor

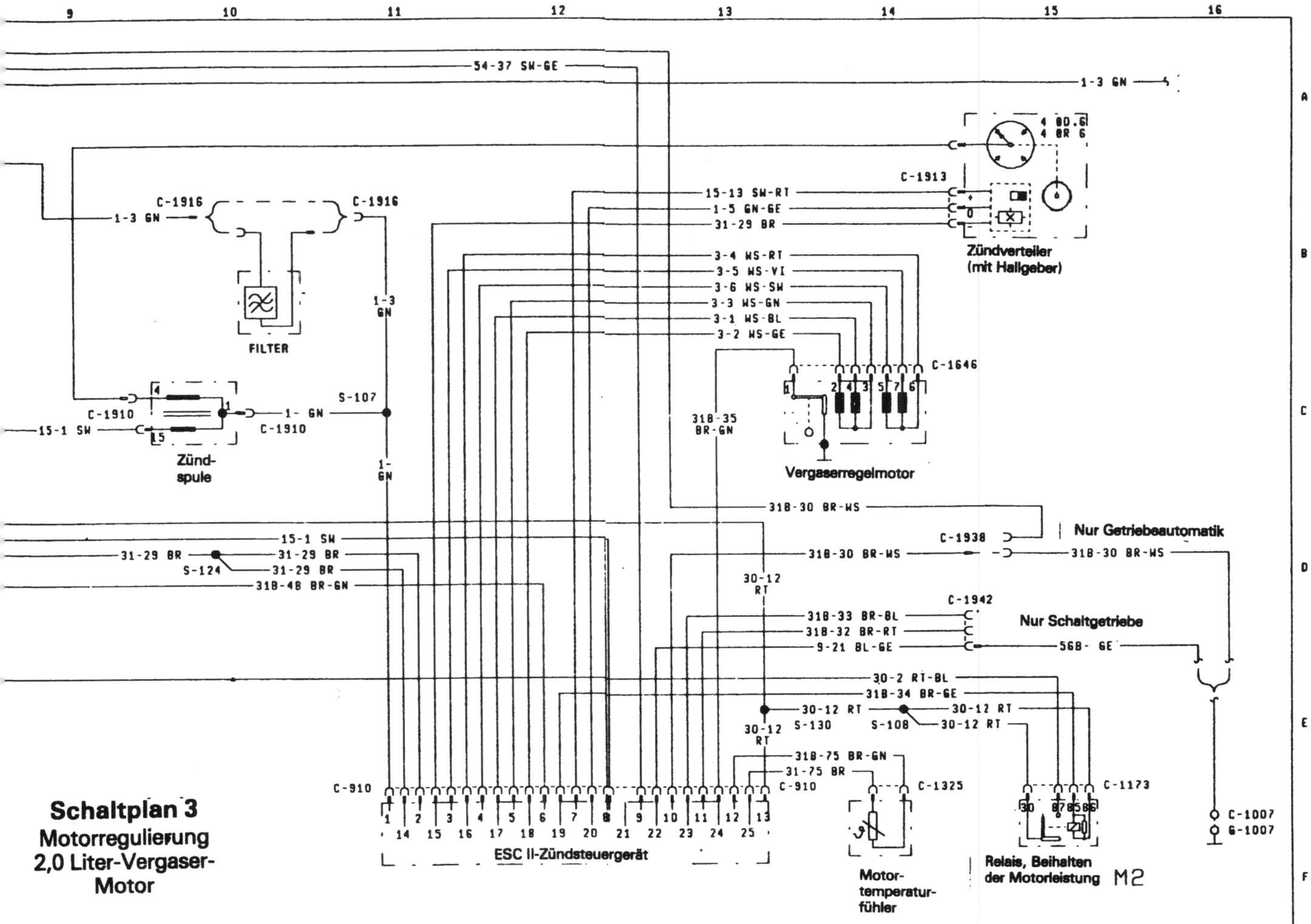

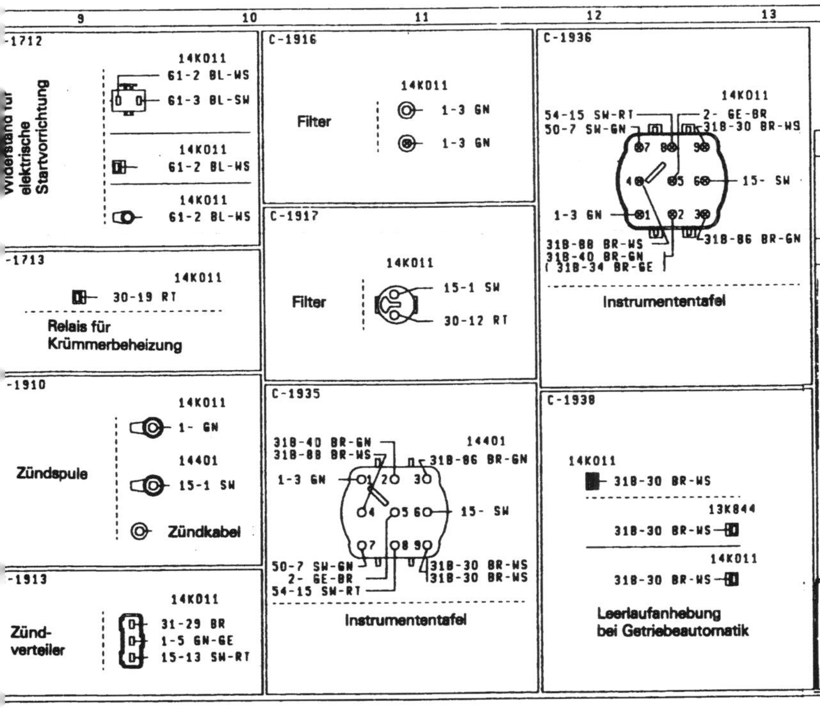

Massestellen

G-1007	In der Nähe der Zündspulenbefestigung

Lötverbindungsstellen

S-105	in 14K011	In der Nähe der Batterie
S-106	in 14K011	In der Nähe der Zündspule
S-107	in 14K011	In der Nähe der Zündspule
S-108	in 14K011	In der Nähe des Relais zur Leistungsbeihaltung
S-124	in 14K011	In der Nähe der Zündspule
S-125	in 14K011	In der Nähe des Relais zur Leistungsbeihaltung
S-130	in 14K011	In der Nähe der Zündspule
S-1004	in 14401	In der Nähe des Zündschalters
S-1043	in 14401	In der Nähe des Bremslichtschalters

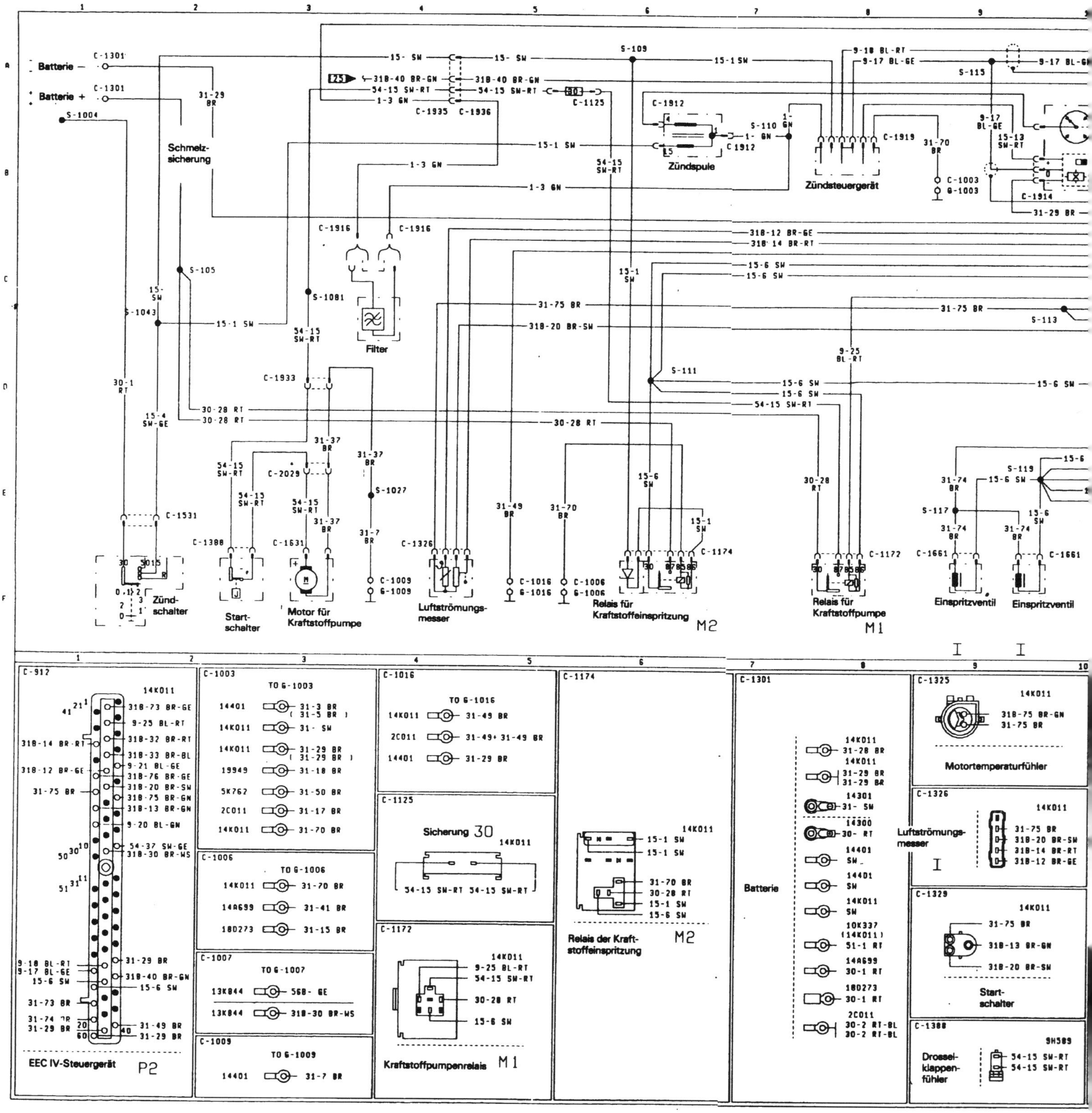

Batterie –
Batterie +
C-1301
S-1004
Schmelz-
sicherung
S-105
S-1043
S-1081
C-1916
Filter
C-1935
C-1936
C-1125
C-1912
Zündspule
S-109
S-110
C 1912
C-1919
Zündsteuergerät
S-115
C-1003
G-1003
C-1914
S-111
S-113
C-1933
C-2029
S-1027
C-1531
C-1388
C-1631
C-1326
C-1009
G-1009
C-1016
G-1016
C-1006
G-1006
C-1174
C-1172
S-119
S-117
C-1661
Zünd-
schalter
Start-
schalter
Motor für
Kraftstoffpumpe
Luftströmungs-
messer
Relais für
Kraftstoffeinspritzung
M2
Relais für
Kraftstoffpumpe
M1
Einspritzventil
Einspritzventil
C-912
14K011
EEC IV-Steuergerät
P2
C-1003
TO G-1003
C-1006
TO G-1006
C-1007
TO G-1007
C-1009
TO G-1009
C-1016
TO G-1016
C-1125
Sicherung 30
C-1172
Kraftstoffpumpenrelais
M 1
C-1174
Relais der Kraft-
stoffeinspritzung
M2
C-1301
Batterie
C-1325
Motortemperaturfühler
C-1326
Luftströmungs-
messer
C-1329
Start-
schalter
C-1388
Drossel-
klappen-
fühler

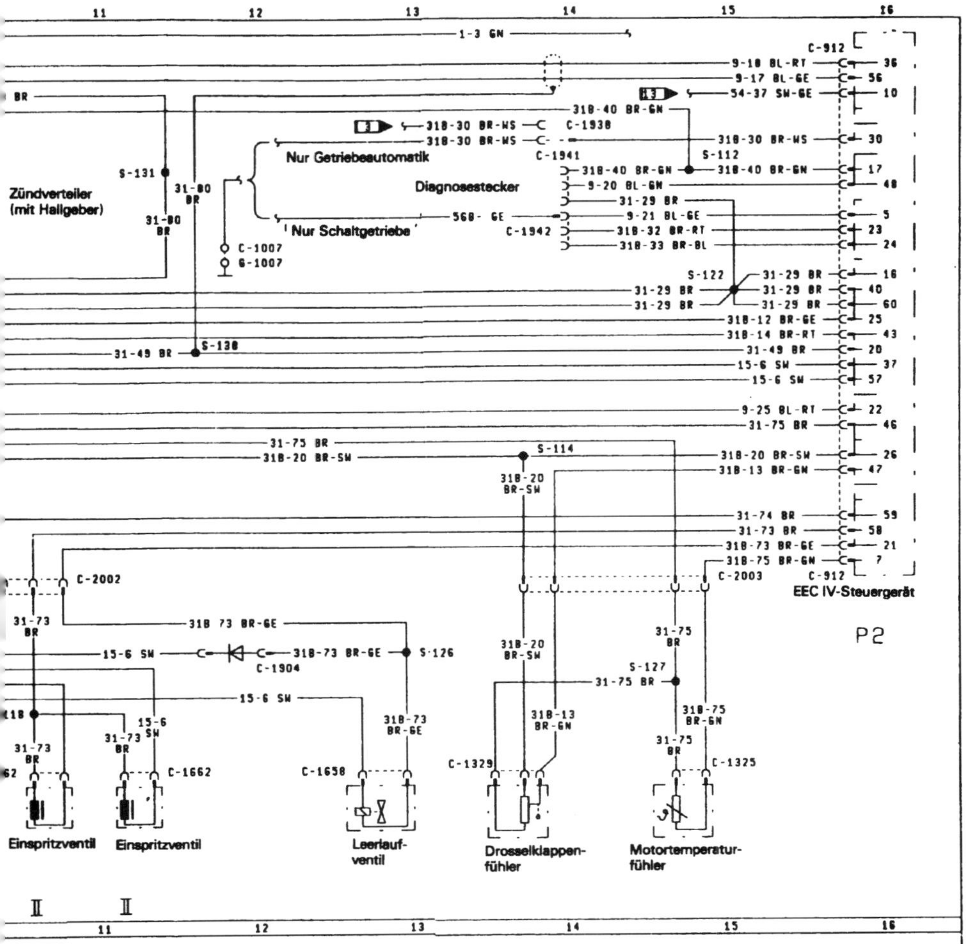

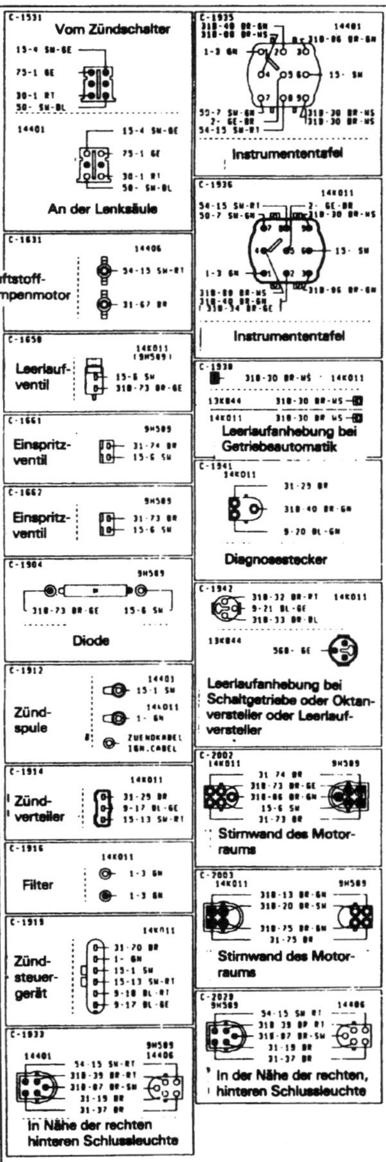

Schaltplan 4
Motorregulierung
2,0 Liter-Einspritz-Motor

Lötverbindungsstellen

S-106	in 14K011	In der Nähe der Batterie
S-109	in 14K011	In der Nähe des Hauptkabelstranges
S-110	in 14K011	In der Nähe der Zündspule
S-111	in 14K011	In der Nähe des EEC IV-Steuergeräts
S-112	in 14K011	In der Nähe des EEC IV-Steuergeräts
S-113	in 14K011	In der Nähe des Luftströmungsmessers
S-114	in 14K011	In der Nähe des Luftströmungsmessers
S-115	in 14K011	In der Nähe des Zündsteuergeräts
S-117	in 9H589	Im Kabelstrang des Motorraums
S-118	in 9H589	Im Kabelstrang des Motorraums
S-119	in 9H589	Im Kabelstrang des Motorraums
S-122	in 9H589	In der Nähe des EEC IV-Steuergeräts
S-126	in 9H589	In der Nähe der Diode
S-127	in 9H589	In der Nähe der Diode
S-131	in 14K011	In der Nähe des Zündsteuergeräts
S-138	in 14K011	In der Nähe des EEC IV-Steuergeräts
S-1004	in 14401	In der Nähe des Zündschalters
S-1027	in 14401	In der Nähe der Kennzeichenleuchte
S-1043	in 14401	In der Nähe des Bremslichtschalters
S-1081	in 14401	In der Nähe des Heizungsgebläseschalters

…ssestellen

…03	In der Nähe der Scheinwerferbefestigung, Fahrerseite
…06	In der Nähe der Türsäule A, Beifahrerseite
…07	In der Nähe der Zündspulenhalterung
…09	In der Nähe des hinteren Querträgers
…16	In der Nähe der Türsäule A, Beifahrerseite (elektronische Masse)

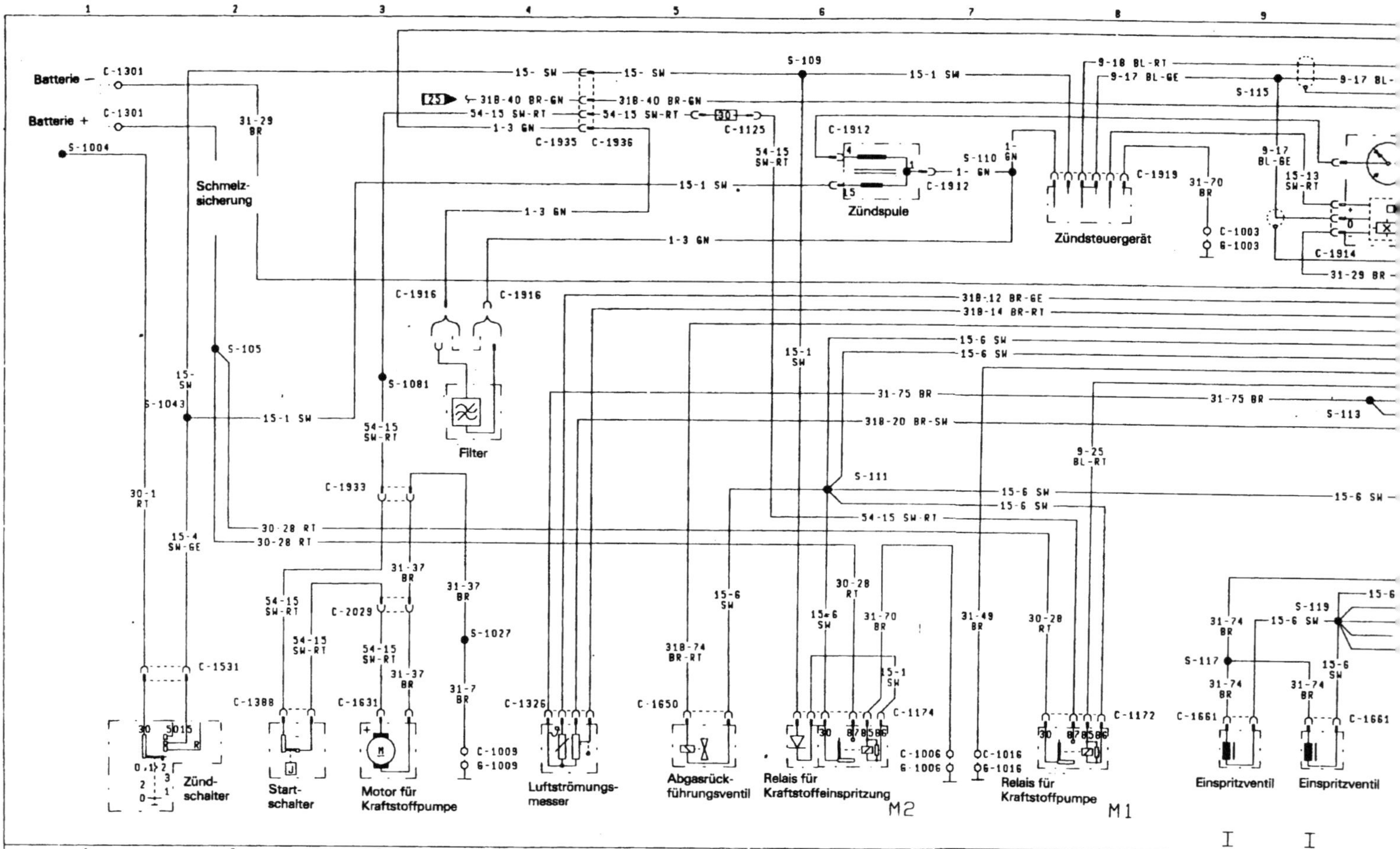

Batterie –
Batterie +
Schmelzsicherung
Zündspule
Zündsteuergerät
Filter
Zündschalter
Startschalter
Motor für Kraftstoffpumpe
Luftströmungsmesser
Abgasrückführungsventil
Relais für Kraftstoffeinspritzung
M2
Relais für Kraftstoffpumpe
M1
Einspritzventil
Einspritzventil

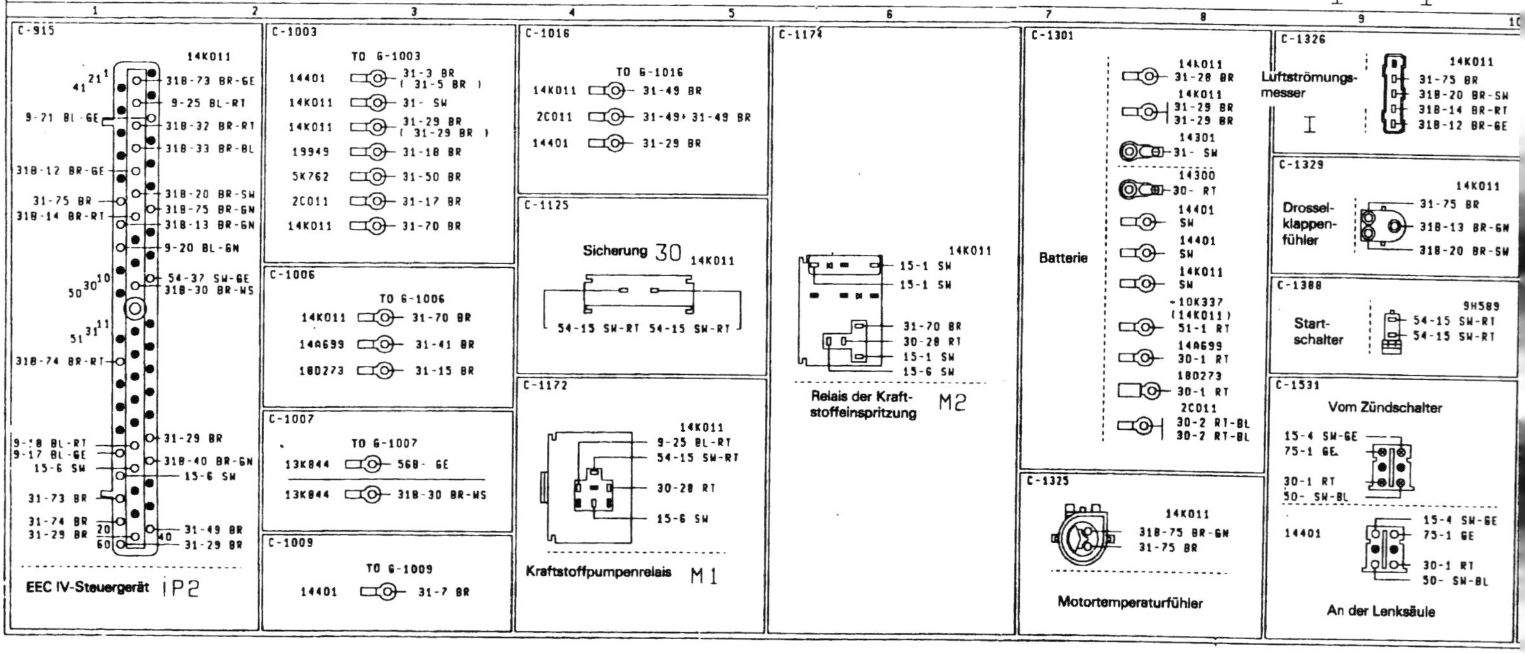

C-915
EEC IV-Steuergerät
C-1003
C-1006
C-1007
C-1009
C-1016
C-1125
Sicherung 30
C-1172
Kraftstoffpumpenrelais M1
C-1174
Relais der Kraftstoffeinspritzung M2
C-1301
Batterie
C-1325
Motortemperaturfühler
C-1326
Luftströmungsmesser
C-1329
Drosselklappenfühler
C-1388
Startschalter
C-1531
Vom Zündschalter
An der Lenksäule

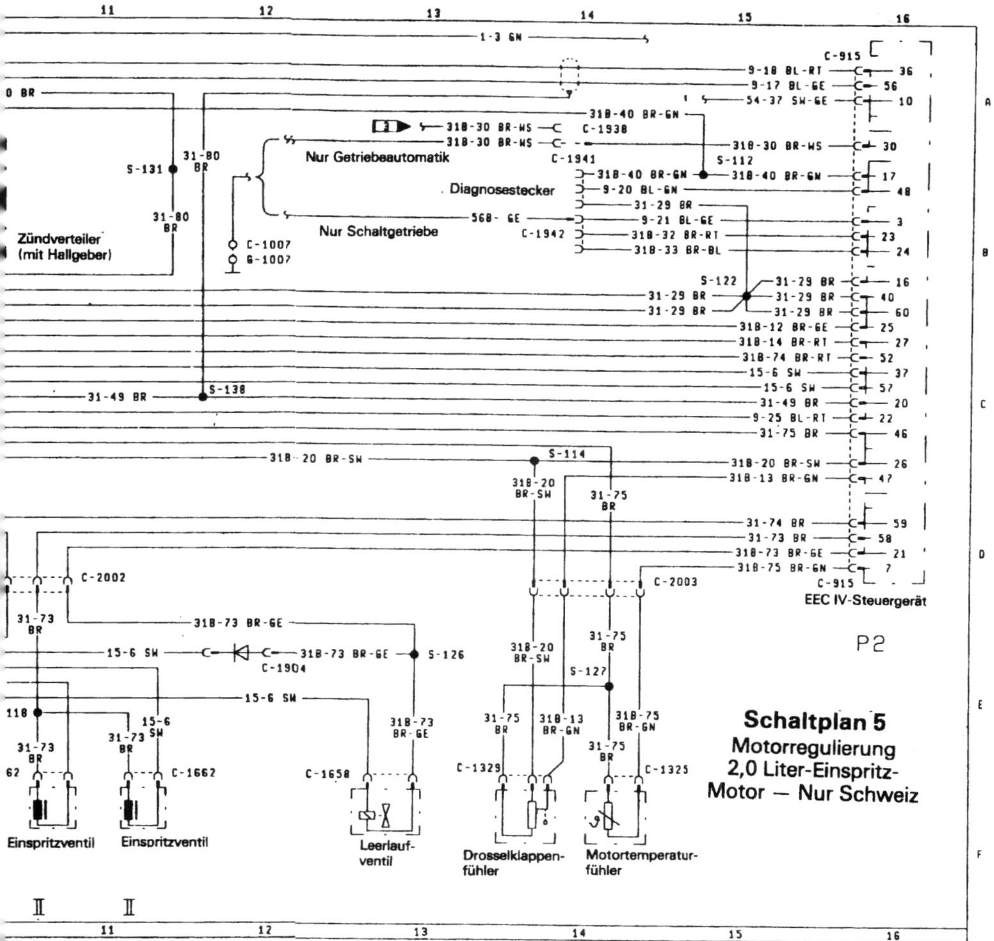

Schaltplan 5
Motorregulierung
2,0 Liter-Einspritz-Motor — Nur Schweiz

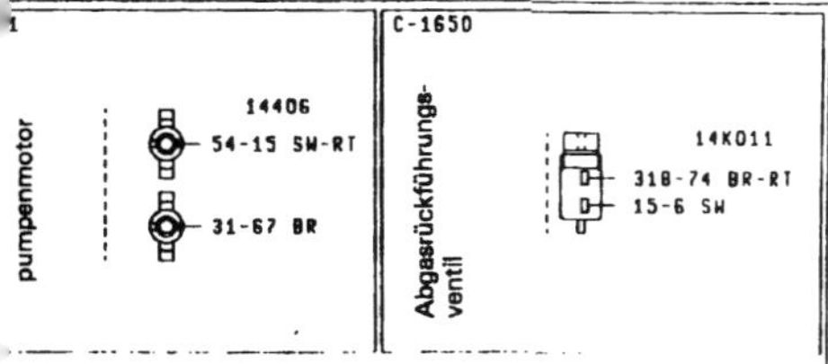

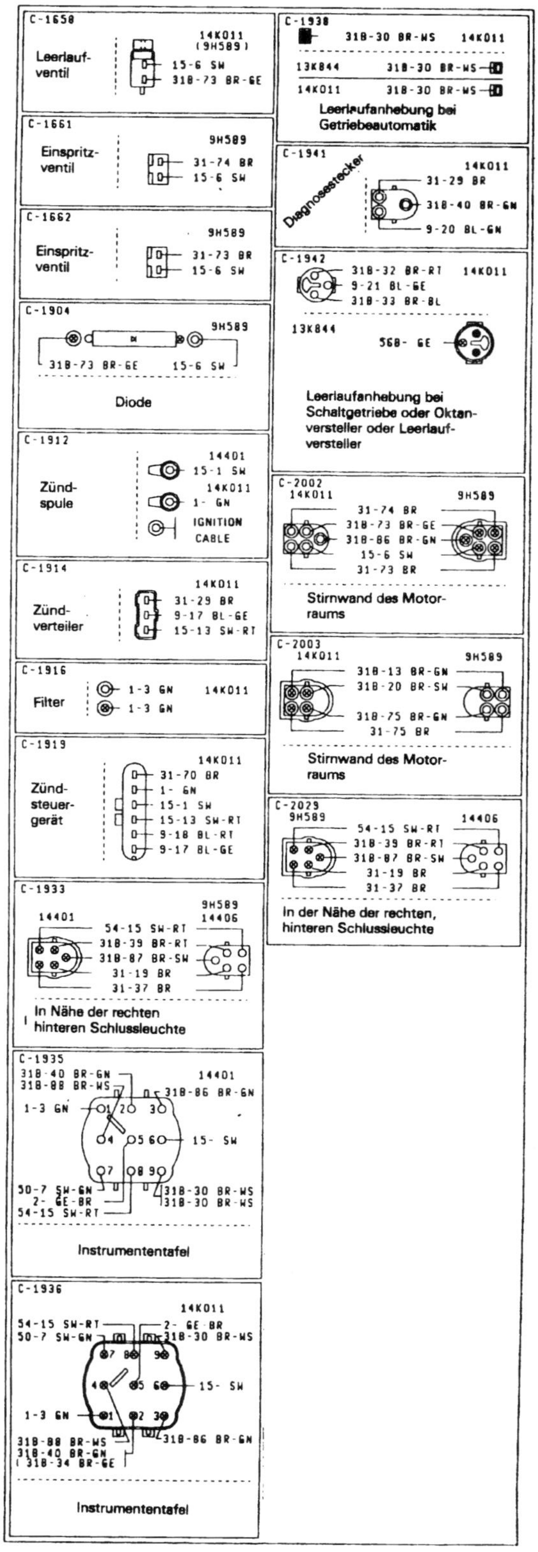

Lötverbindungsstellen

S-105	in 14K011	In der Nähe der Batterie
S-109	in 14K011	In der Nähe des Hauptkabelstranges
S-110	in 14K011	In der Nähe der Zündspule
S-111	in 14K011	In der Nähe des EEC IV-Steuergeräts
S-112	in 14K011	In der Nähe des EEC IV-Steuergeräts
S-113	in 14K011	In der Nähe des Luftströmungsmessers
S-114	in 14K011	In der Nähe des Luftströmungsmessers
S-115	in 14K011	In der Nähe des Zündsteuergeräts
S-117	in 9H589	Im Kabelstrang des Motorraums
S-118	in 9H589	Im Kabelstrang des Motorraums
S-119	in 9H589	Im Kabelstrang des Motorraums
S-122	in 9H589	In der Nähe des EEC IV-Steuergeräts
S-126	in 9H589	In der Nähe der Diode
S-127	in 9H589	In der Nähe der Diode
S-131	in 14K011	In der Nähe des Zündsteuergeräts
S-138	in 14K011	In der Nähe des EEC IV-Steuergeräts
S-1004	in 14401	In der Nähe des Zündschalters
S-1027	in 14401	In der Nähe der Kennzeichenleuchte
S-1043	in 14401	In der Nähe des Bremslichtschalters
S-1081	in 14401	In der Nähe des Heizungsgebläseschalters

...sestellen

...03	In der Nähe der Scheinwerferbefestigung, Fahrerseite
...06	In der Nähe der Türsäule A, Beifahrerseite
...07	In der Nähe der Zündspulenhalterung
...09	In der Nähe des hinteren Querträgers
...16	In der Nähe der Türsäule A, Beifahrerseite (elektronische Masse)

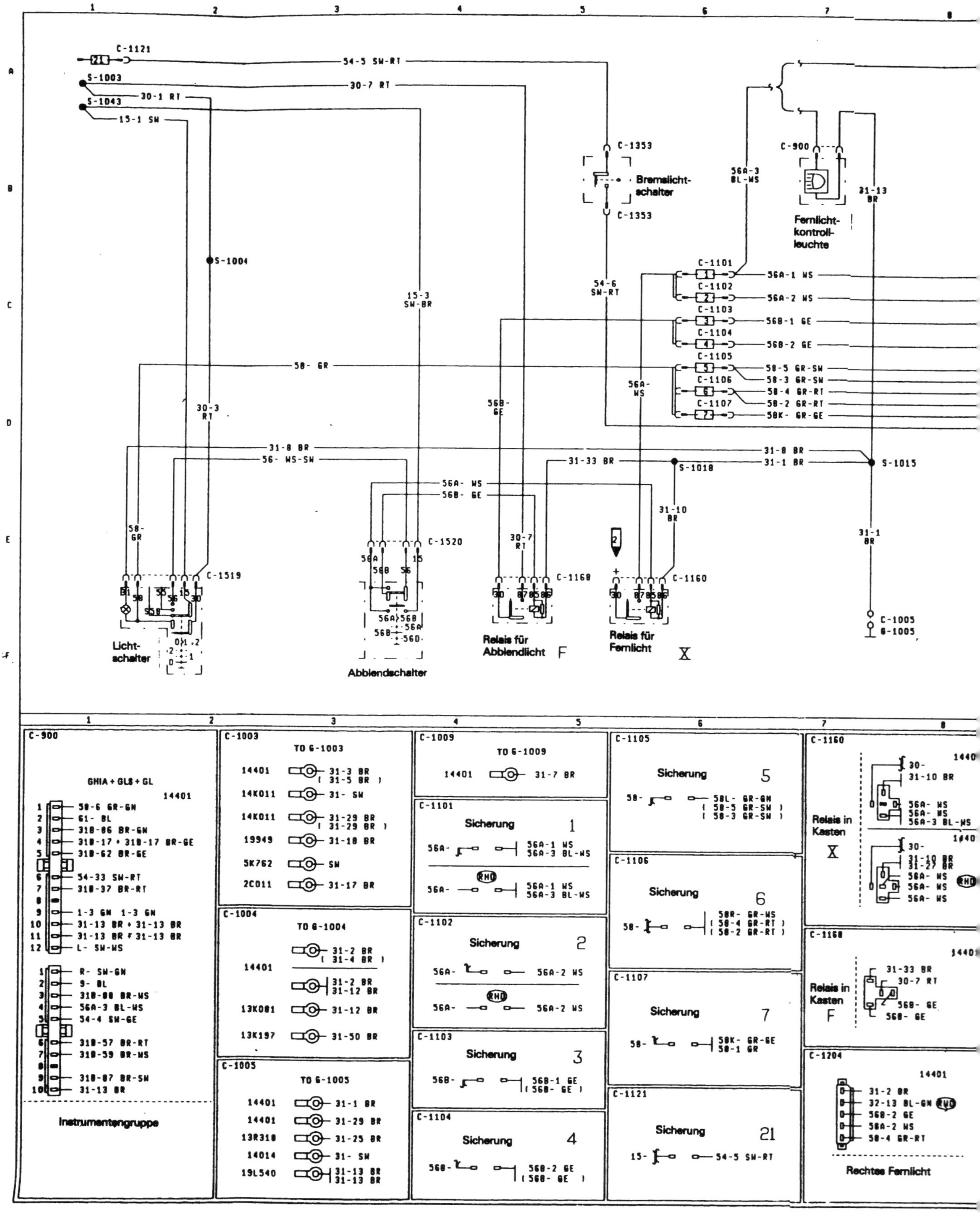

C-1121
S-1003
S-1043
54-5 SW-RT
30-7 RT
30-1 RT
15-1 SW
C-1353
Bremslicht-schalter
C-900
Fernlicht-kontroll-leuchte
56A-3 BL-WS
31-13 BR
S-1004
15-3 SW-BR
54-6 SW-RT
C-1101
C-1102
C-1103
C-1104
C-1105
C-1106
C-1107
56A-1 WS
56A-2 WS
56B-1 GE
56B-2 GE
58-5 GR-SW
58-3 GR-SW
58-4 GR-RT
58-2 GR-RT
58K- GR-GE
58- GR
30-3 RT
56B- GE
56A- WS
31-8 BR
56- WS-SW
31-33 BR
31-1 BR
S-1018
S-1015
31-10 BR
58- GR
C-1520
C-1519
30-7 RT
C-1168
C-1160
C-1005
G-1005
Licht-schalter
Abblendschalter
Relais für Abblendlicht F
Relais für Fernlicht X
C-900
GHIA + GLS + GL
14401
Instrumentengruppe
C-1003
TO G-1003
C-1004
TO G-1004
C-1005
TO G-1005
C-1009
TO G-1009
C-1101
Sicherung 1
C-1102
Sicherung 2
C-1103
Sicherung 3
C-1104
Sicherung 4
C-1105
Sicherung 5
C-1106
Sicherung 6
C-1107
Sicherung 7
C-1121
Sicherung 21
C-1160
Relais in Kasten X
C-1168
Relais in Kasten F
C-1204
Rechtes Fernlicht

Schaltplan 6
Aussenbeleuchtung

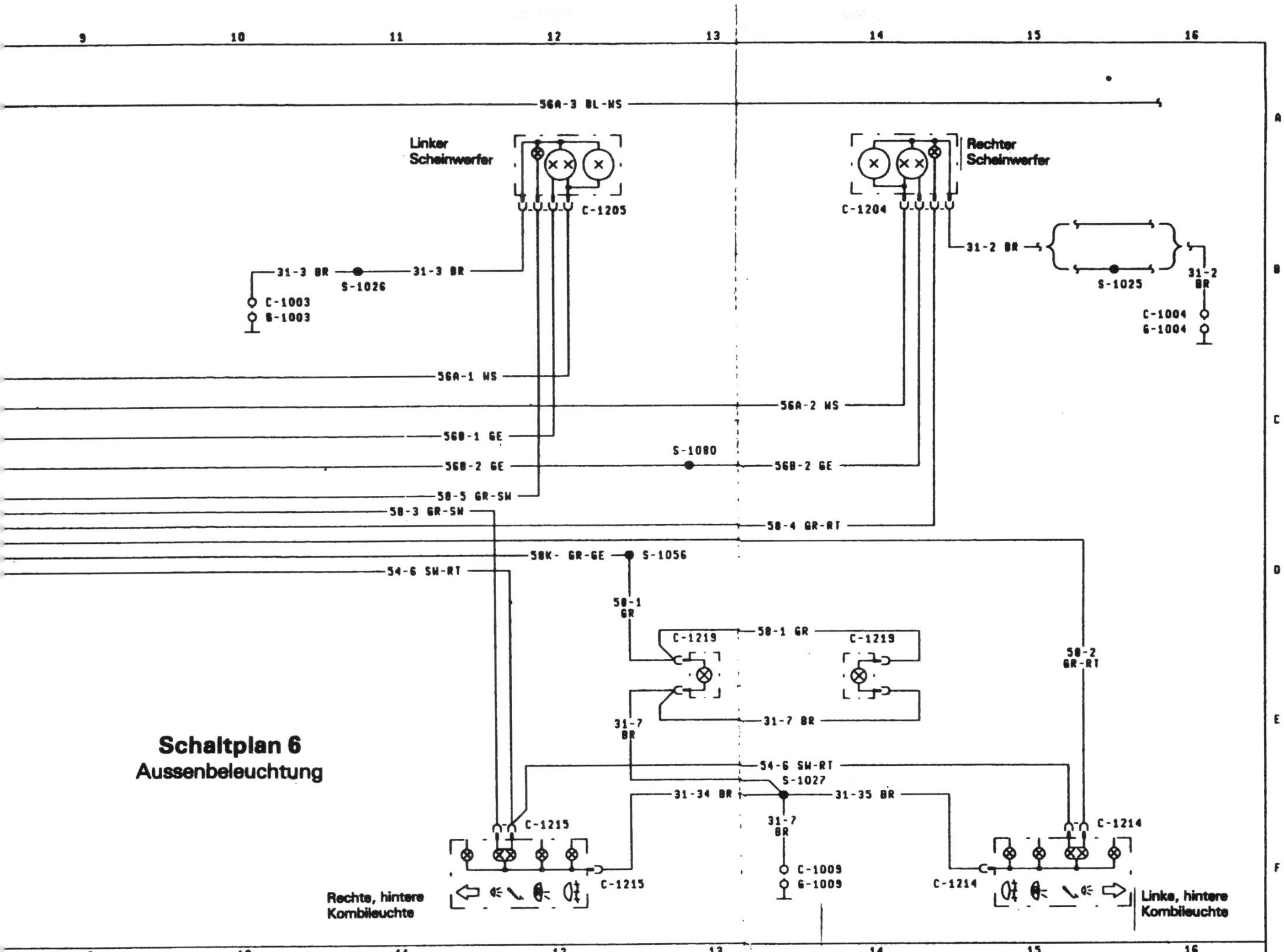

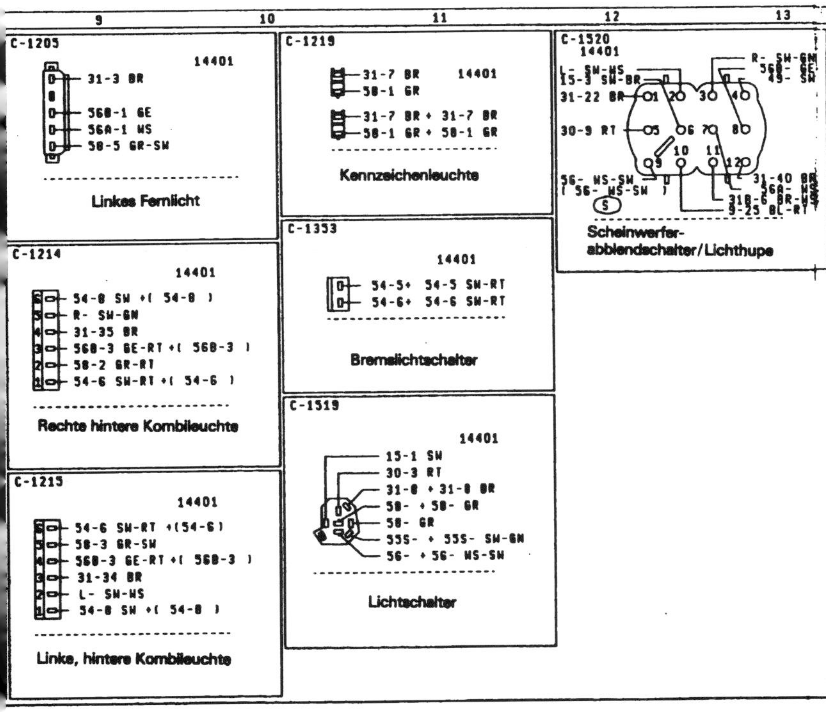

Massestellen

G-1003	In der Nähe der Scheinwerferbefestigung, Fahrerseite
G-1004	In der Nähe der Scheinwerferbefestigung, Fahrerseite
G-1005	In der Nähe von Türsäule A, Fahrerseite
G-1009	In der Nähe des hinteren Querträgers

Lötverbindungsstellen

S-1003	in 14401	In der Nähe des Sicherungskastens
S-1004	in 14401	In der Nähe des Zündschalters
S-1015	in 14401	In der Nähe des Bremslichtschalters
S-1018	in 14401	In der Nähe des Sicherungskastens
S-1025	in 14401	In der Nähe des rechten Fernlicht-Scheinwerfers
S-1026	in 14401	In der Nähe des linken Fernlicht-Scheinwerfers
S-1027	in 14401	In der Nähe der Kennzeichenleuchte
S-1043	in 14401	In der Nähe des Bremslichtschalters
S-1056	in 14401	In der Nähe des Lichtschalters
S-1080	in 14401	In der Nähe des linken Fernlicht-Scheinwerfers

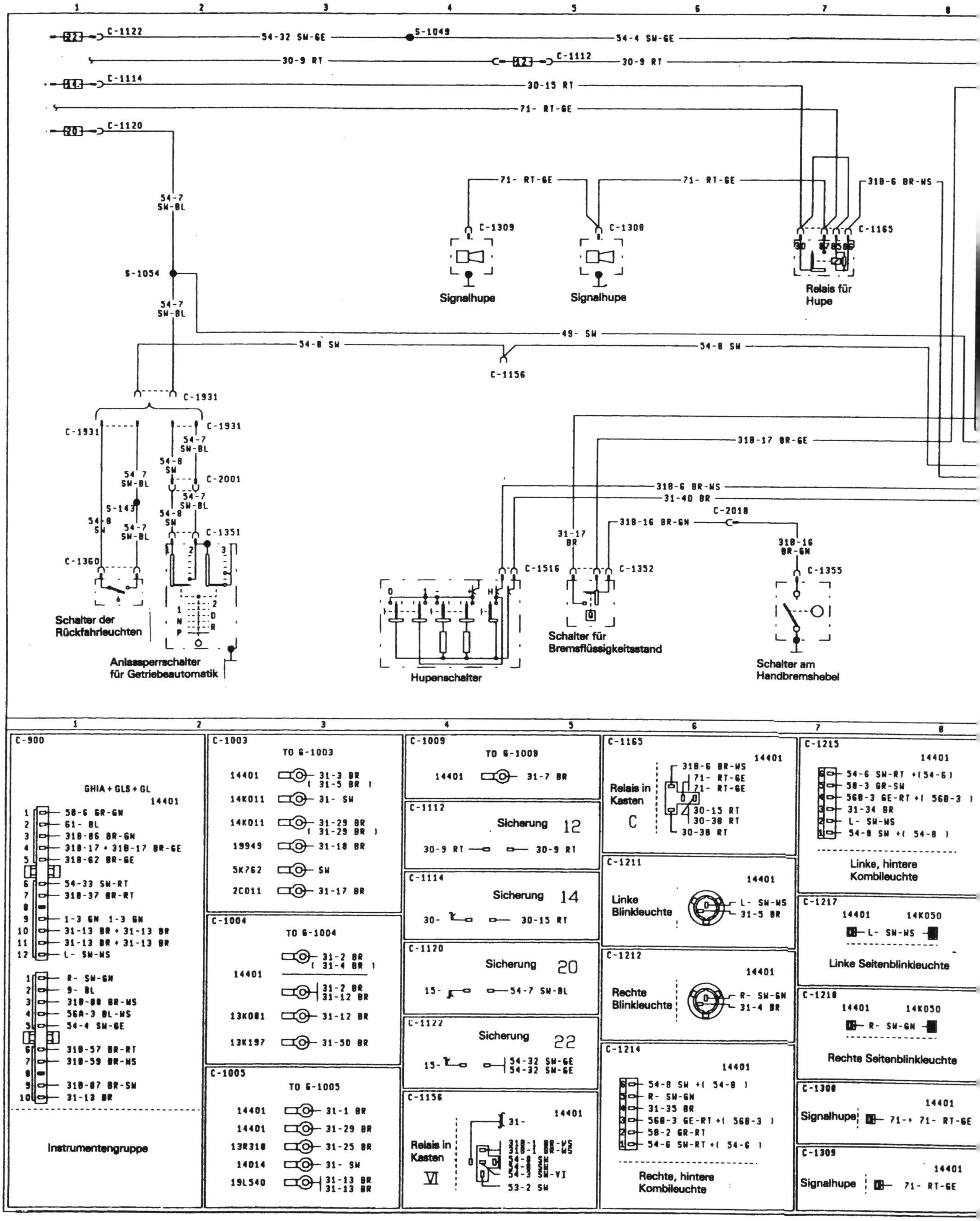

C-1122
54-32 SW-GE
S-1049
54-4 SW-GE
30-9 RT
C-1112
C-1114
30-15 RT
71- RT-GE
C-1120
54-7 SW-BL
S-1054
71- RT-GE
31B-6 BR-WS
C-1309
C-1308
C-1165
Signalhupe
Signalhupe
Relais für Hupe
49- SW
54-8 SW
C-1156
C-1931
31B-17 BR-GE
54-8 SW
C-2001
31B-6 BR-WS
31-40 BR
C-2018
S-143
C-1351
31-17 BR
31B-16 BR-GN
C-1360
C-1516
C-1352
C-1355
Schalter der Rückfahrleuchten
Anlassperrschalter für Getriebeautomatik
Hupenschalter
Schalter für Bremsflüssigkeitsstand
Schalter am Handbremshebel
C-900
GHIA + GLS + GL
14401
1 58-6 GR-GN
2 61- BL
3 31B-86 BR-GN
4 31B-17 + 31B-17 BR-GE
5 31B-62 BR-GE
6 54-33 SW-RT
7 31B-37 BR-RT
9 1-3 GN 1-3 GN
10 31-13 BR + 31-13 BR
11 31-13 BR + 31-13 BR
12 L- SW-WS
1 R- SW-GN
2 9- BL
3 31B-88 BR-WS
4 56A-3 BL-WS
5 54-4 SW-GE
6 31B-57 BR-RT
7 31B-59 BR-WS
9 31B-87 BR-SW
10 31-13 BR
Instrumentengruppe
C-1003
TO G-1003
14401 31-3 BR (31-5 BR)
14K011 31- SW
14K011 31-29 BR (31-29 BR)
19949 31-18 BR
5K762 SW
2C011 31-17 BR
C-1004
TO G-1004
14401 31-2 BR (31-4 BR)
31-2 BR
31-12 BR
13K081 31-12 BR
13K197 31-50 BR
C-1005
TO G-1005
14401 31-1 BR
14401 31-29 BR
13R318 31-25 BR
14014 31- SW
19L540 31-13 BR
31-13 BR
C-1009
TO G-1009
14401 31-7 BR
C-1112
Sicherung 12
30-9 RT 30-9 RT
C-1114
Sicherung 14
30- 30-15 RT
C-1120
Sicherung 20
15- 54-7 SW-BL
C-1122
Sicherung 22
15- 54-32 SW-GE
54-32 SW-GE
C-1156
14401
Relais in Kasten
VI
31-
53-2 SW
C-1165
14401
Relais in Kasten
C
31B-6 BR-WS
71- RT-GE
71- RT-GE
30-15 RT
30-38 RT
30-38 RT
C-1211
14401
Linke Blinkleuchte
L- SW-WS
31-5 BR
C-1212
14401
Rechte Blinkleuchte
R- SW-GN
31-4 BR
C-1214
14401
54-8 SW +(54-8)
R- SW-GN
31-35 BR
56B-3 GE-RT +(56B-3)
58-2 GR-RT
54-6 SW-RT +(54-6)
Rechte, hintere Kombileuchte
C-1215
14401
54-6 SW-RT +(54-6)
58-3 GR-SW
56B-3 GE-RT +(56B-3)
31-34 BR
L- SW-WS
54-8 SW +(54-8)
Linke, hintere Kombileuchte
C-1217
14401 14K050
L- SW-WS
Linke Seitenblinkleuchte
C-1218
14401 14K050
R- SW-GN
Rechte Seitenblinkleuchte
C-1308
14401
Signalhupe
71-+ 71- RT-GE
C-1309
14401
Signalhupe
71- RT-GE

Schaltplan 7
Blinkanlage
Rundumblinkanlage

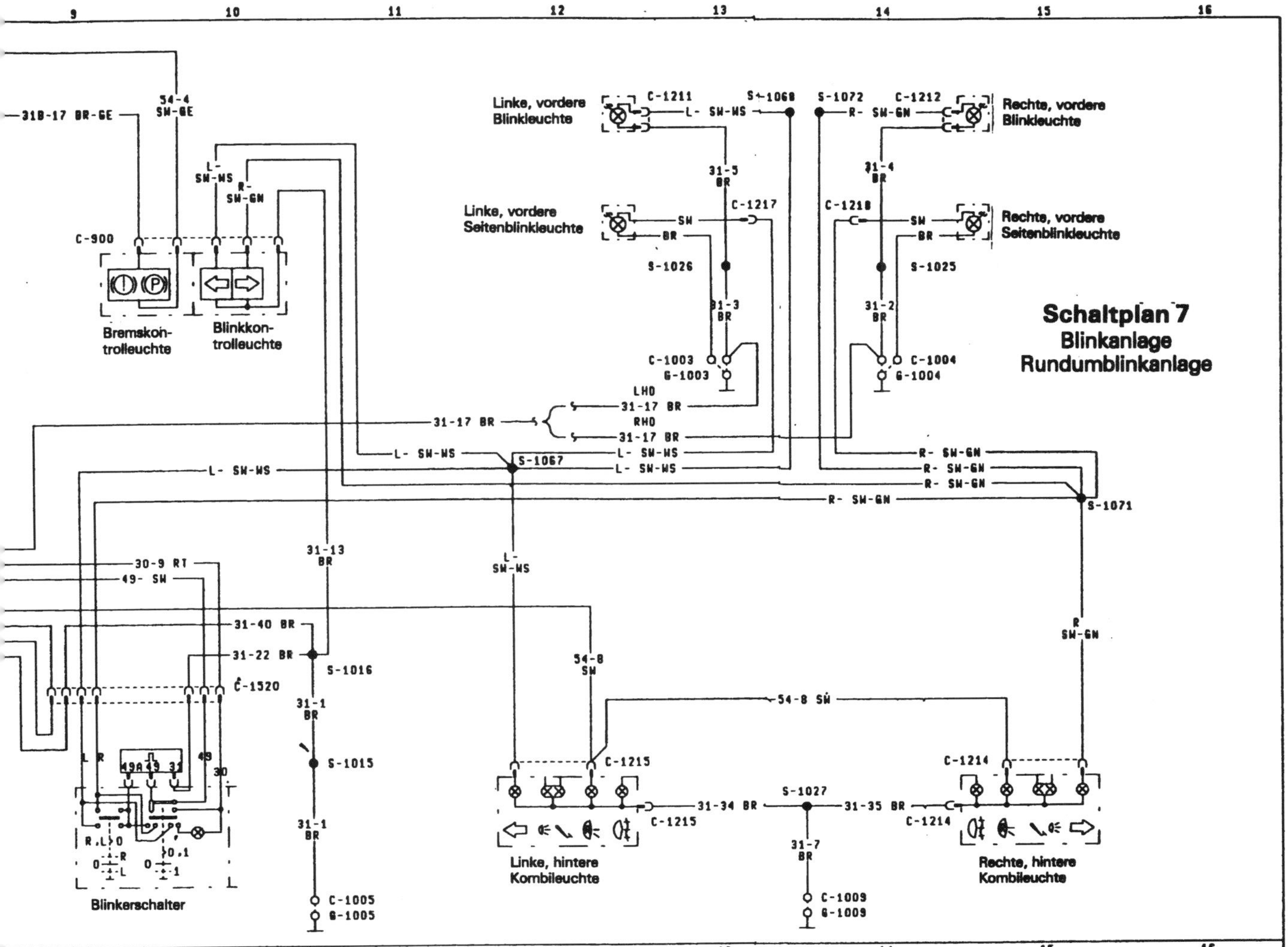

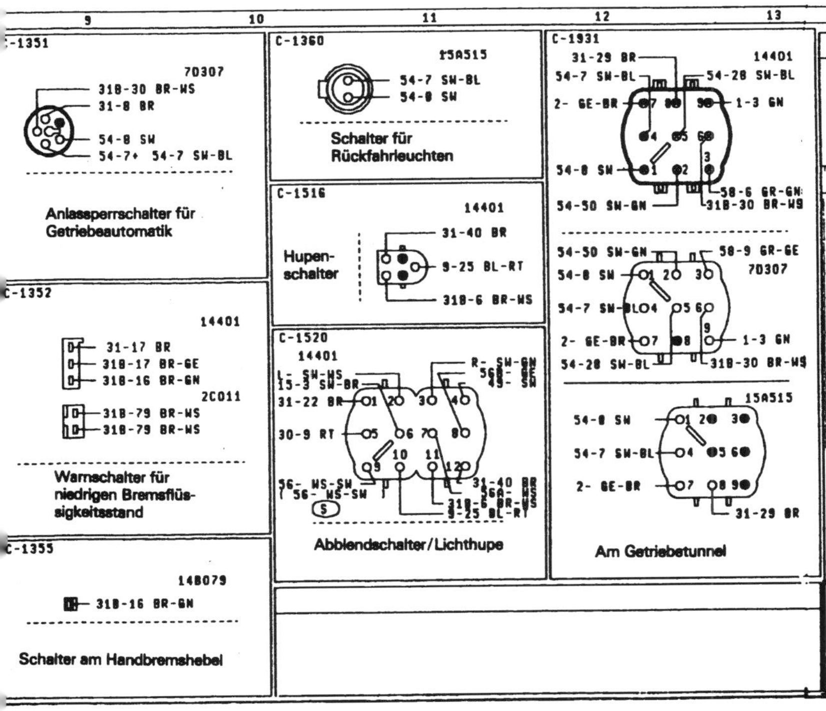

Massestellen	
G-1003	In der Nähe der Scheinwerferbefestigung, Fahrerseite
G-1004	In der Nähe der Scheinwerferbefestigung, Beifahrerseite
G-1005	In der Nähe von Türsäule A, Fahreiseite
G-1009	In der Nähe des hinteren Querträgers

Lötverbindungsstellen		
S-143	in 15A515	In Nähe des Schalters der R.F.-Leuchten
S-1015	in 14401	In der Nähe des Bremslichtschalters
S-1016	in 14401	In der Nähe des Blinkschalters
S-1025	in 14401	In der Nähe des rechten Fernlicht-Scheinwerfers
S-1026	in 14401	In der Nähe des linken Fernlicht-Scheinwerfers
S-1027	in 14401	In der Nähe der Kennzeichenleuchte
S-1049	in 14401	In der Nähe des Bremslichtschalters
S-1054	in 14401	In der Nähe des Sicherungskastens
S-1067	in 14401	In der Nähe des Sicherungskastens
S-1068	in 14401	In der Nähe des linken Fernlicht-Scheinwerfers
S-1071	in 14401	In der Nähe des Bremslichtschalters
S-1072	14401	In der Nähe des rechten Fernlicht-Scheinwerfers

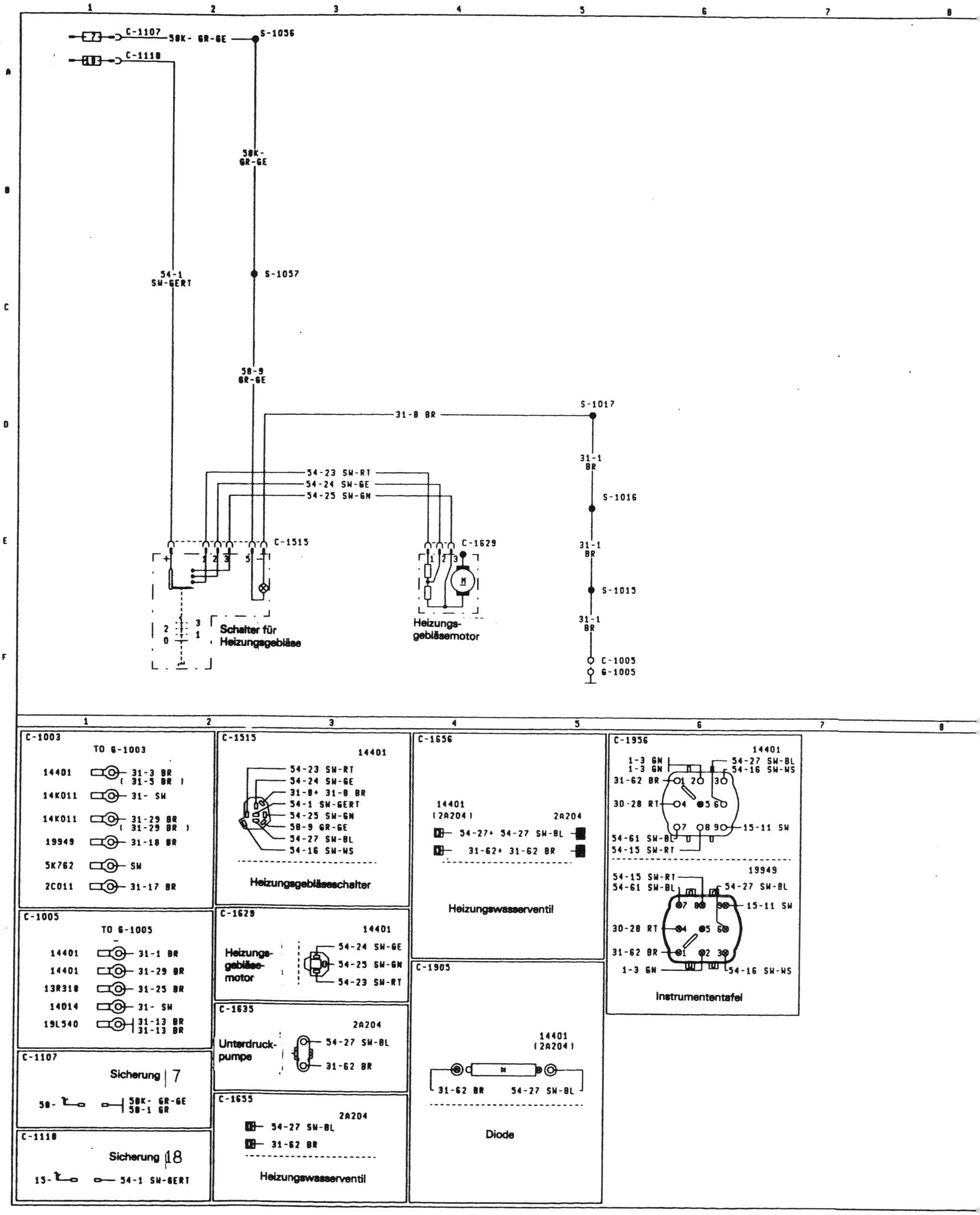

C-1107
58K- GR-GE
S-1056
C-1118
58K-
GR-GE
S-1057
54-1
SW-GERT
58-9
GR-GE
31-8 BR
S-1017
31-1
BR
54-23 SW-RT
54-24 SW-GE
54-25 SW-GN
S-1016
C-1515
C-1629
S-1015
Schalter für
Heizungsgebläse
Heizungs-
gebläsemotor
C-1005
G-1005
C-1003
TO G-1003
14401
31-3 BR
(31-5 BR)
14K011
31- SW
14K011
31-29 BR
(31-29 BR)
19949
31-18 BR
5K762
SW
2C011
31-17 BR
C-1515
14401
54-23 SW-RT
54-24 SW-GE
31-8+ 31-8 BR
54-1 SW-GERT
54-25 SW-GN
58-9 GR-GE
54-27 SW-BL
54-16 SW-WS
Heizungsgebläseschalter
C-1656
14401
(2A204)
2A204
54-27+ 54-27 SW-BL
31-62+ 31-62 BR
Heizungswasserventil
C-1956
14401
1-3 GN
1-3 GN
54-27 SW-BL
54-16 SW-WS
31-62 BR
30-28 RT
15-11 SW
54-61 SW-BL
54-15 SW-RT
19949
54-15 SW-RT
54-61 SW-BL
54-27 SW-BL
15-11 SW
30-28 RT
31-62 BR
1-3 GN
54-16 SW-WS
Instrumententafel
C-1005
TO G-1005
14401
31-1 BR
14401
31-29 BR
13R318
31-25 BR
14D014
31- SW
19L540
31-13 BR
31-13 BR
C-1629
14401
Heizungs-
gebläse-
motor
54-24 SW-GE
54-25 SW-GN
54-23 SW-RT
C-1905
14401
(2A204)
31-62 BR
54-27 SW-BL
Diode
C-1635
2A204
Unterdruck-
pumpe
54-27 SW-BL
31-62 BR
C-1107
Sicherung 17
58-
58K- GR-GE
58-1 GR
C-1655
2A204
54-27 SW-BL
31-62 BR
Heizungswasserventil
C-1118
Sicherung 18
15-
54-1 SW-GERT

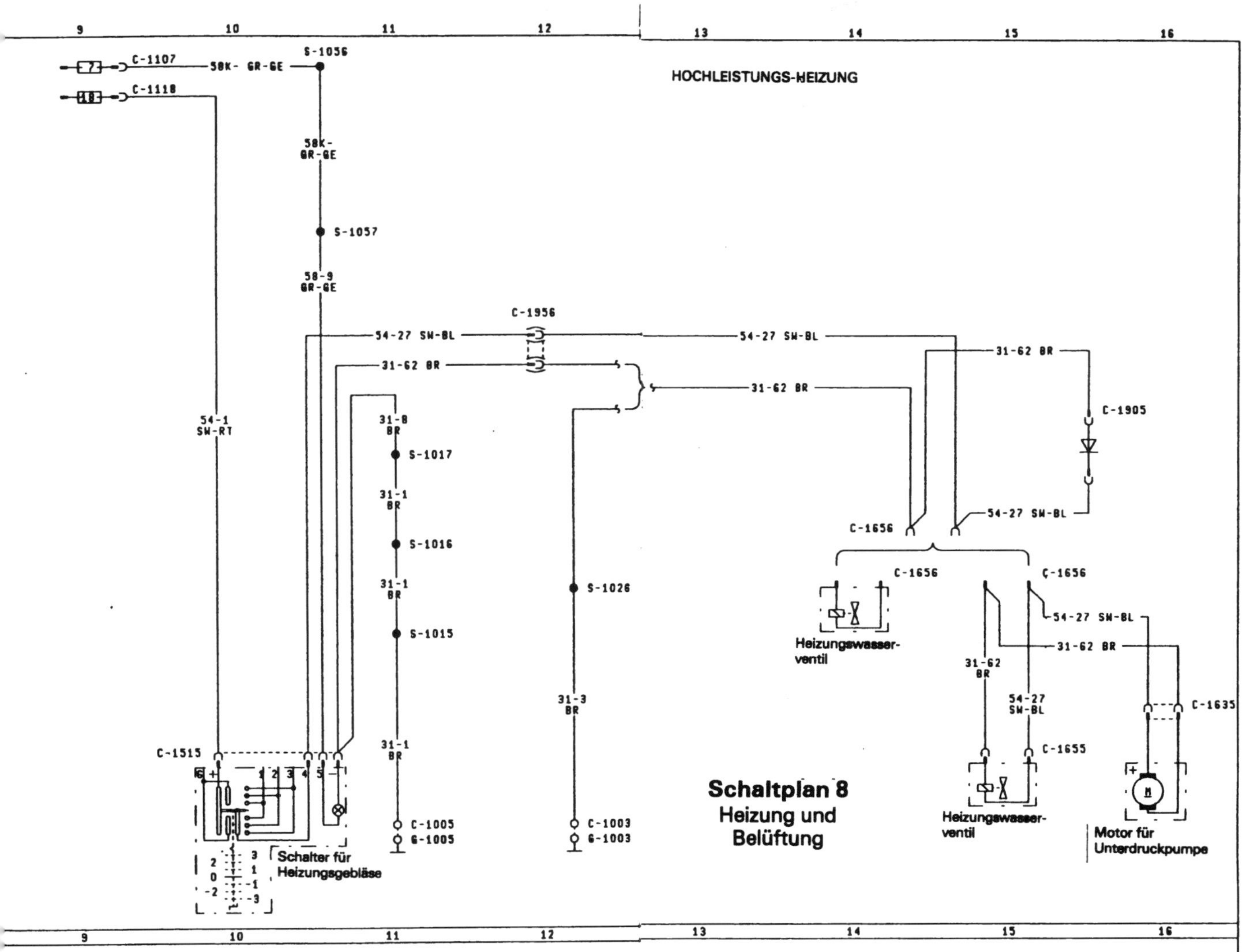

Massestellen	
G-1003	In der Nähe der Scheinwerferbefestigung, Fahrerseite
G-1005	In der Nähe von Türsäule A, Fahrerseite

Lötverbindungsstellen		
S-1015	in 14401	In der Nähe des Bremslichtschalters
S-1016	in 14401	In der Nähe des Blinkschalters
S-1026	in 14401	In der Nähe des linken Fernlicht-Scheinwerfers
S-1056	in 14401	In der Nähe des Lichtschalters
S-1057	in 14401	In der Nähe des Blinkschalters

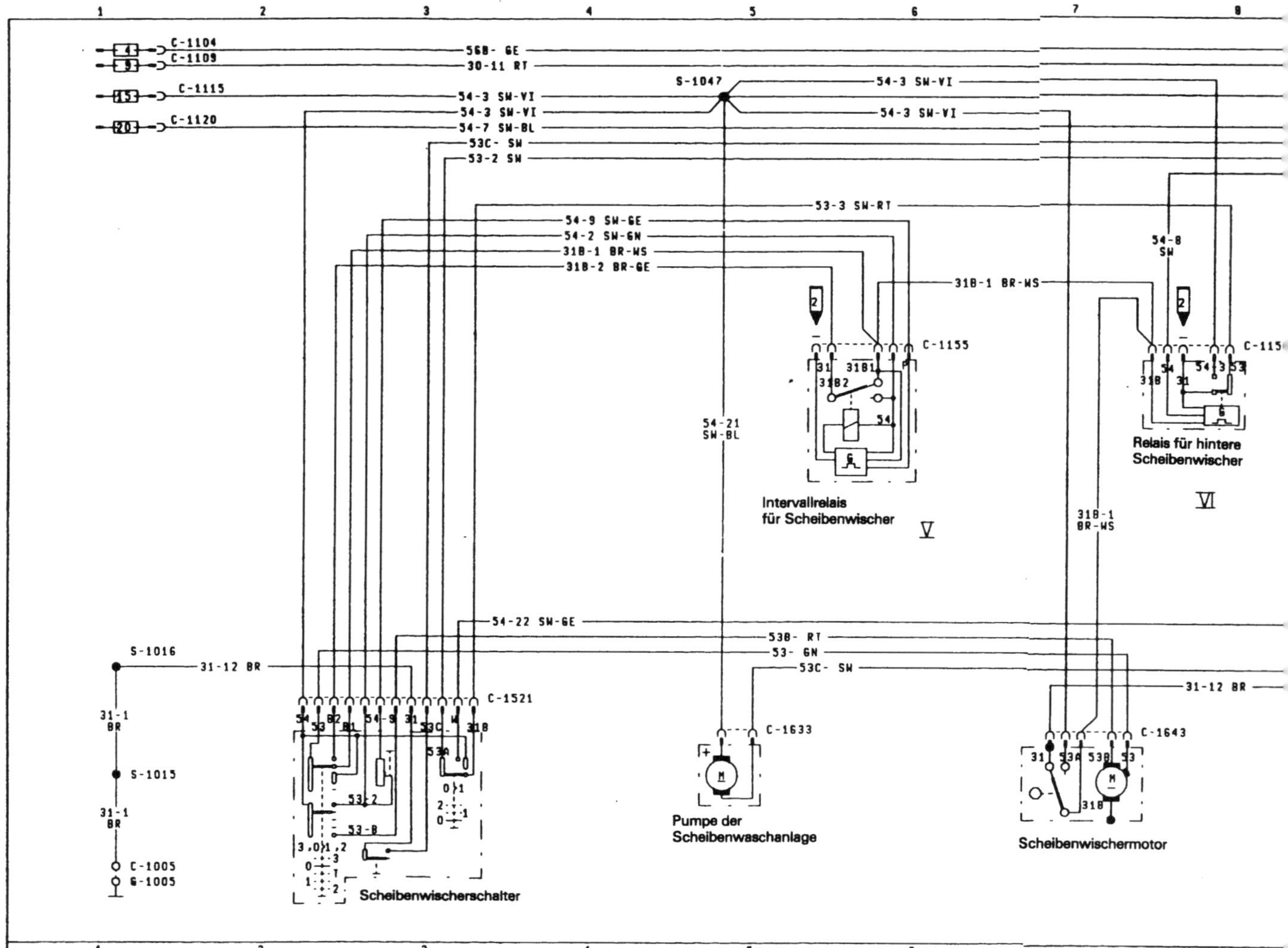

C-1104
C-1109
C-1115
C-1120
56B- GE
30-11 RT
54-3 SW-VI
54-7 SW-BL
53C- SW
53-2 SW
S-1047
53-3 SW-RT
54-9 SW-GE
54-2 SW-GN
31B-1 BR-WS
31B-2 BR-GE
54-8 SW
C-1155
54-21 SW-BL
Intervallrelais für Scheibenwischer
V
Relais für hintere Scheibenwischer
VI
54-22 SW-GE
53B- RT
53- GN
53C- SW
S-1016
31-12 BR
31-1 BR
S-1015
C-1005
G-1005
C-1521
Scheibenwischerschalter
C-1633
Pumpe der Scheibenwaschanlage
C-1643
Scheibenwischermotor

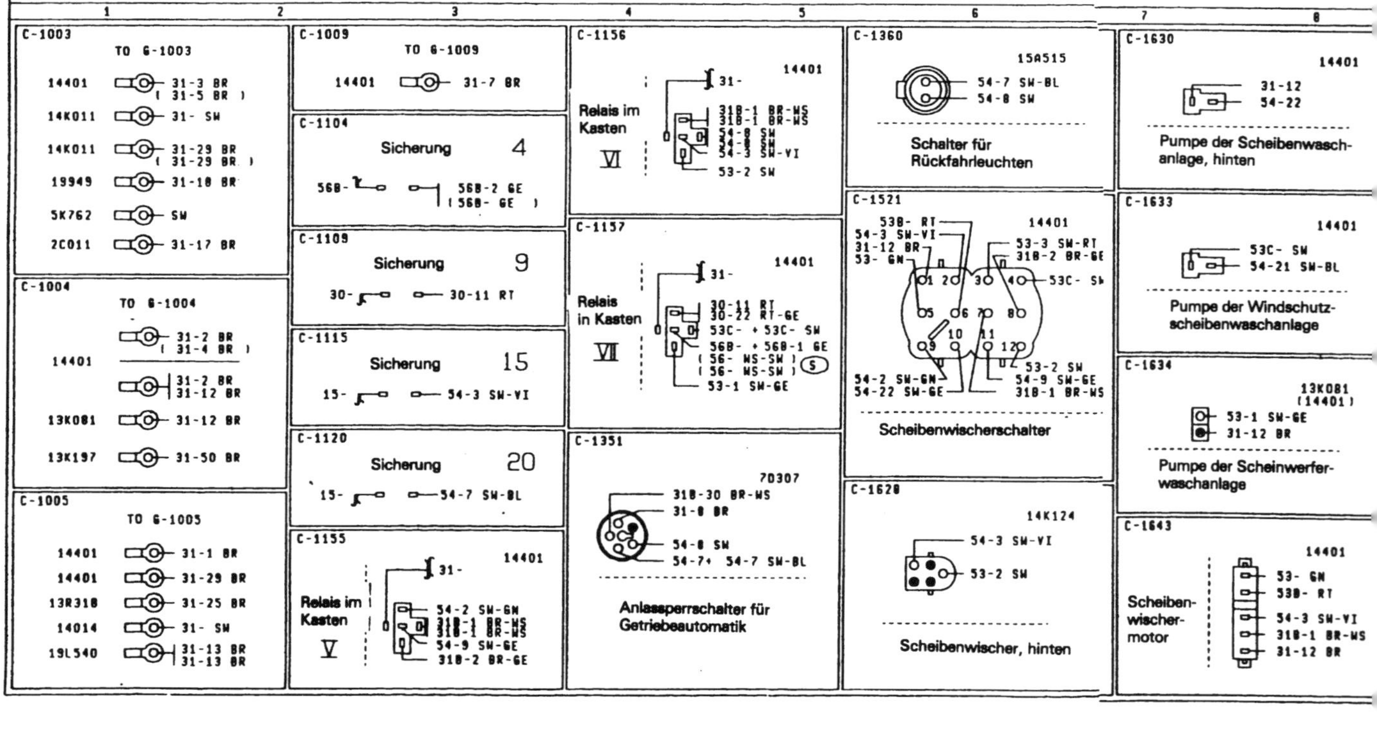

C-1003
TO G-1003
C-1004
TO G-1004
C-1005
TO G-1005
C-1009
TO G-1009
C-1104
Sicherung 4
C-1109
Sicherung 9
C-1115
Sicherung 15
C-1120
Sicherung 20
C-1155
Relais im Kasten
V
C-1156
Relais im Kasten
VI
C-1157
Relais in Kasten
VII
C-1351
Anlassperrschalter für Getriebeautomatik
C-1360
Schalter für Rückfahrleuchten
C-1521
Scheibenwischerschalter
C-1620
Scheibenwischer, hinten
C-1630
Pumpe der Scheibenwaschanlage, hinten
C-1633
Pumpe der Windschutzscheibenwaschanlage
C-1634
Pumpe der Scheinwerferwaschanlage
C-1643
Scheibenwischermotor

Schaltplan 9
Scheibenwischer und Scheibenwaschanlage

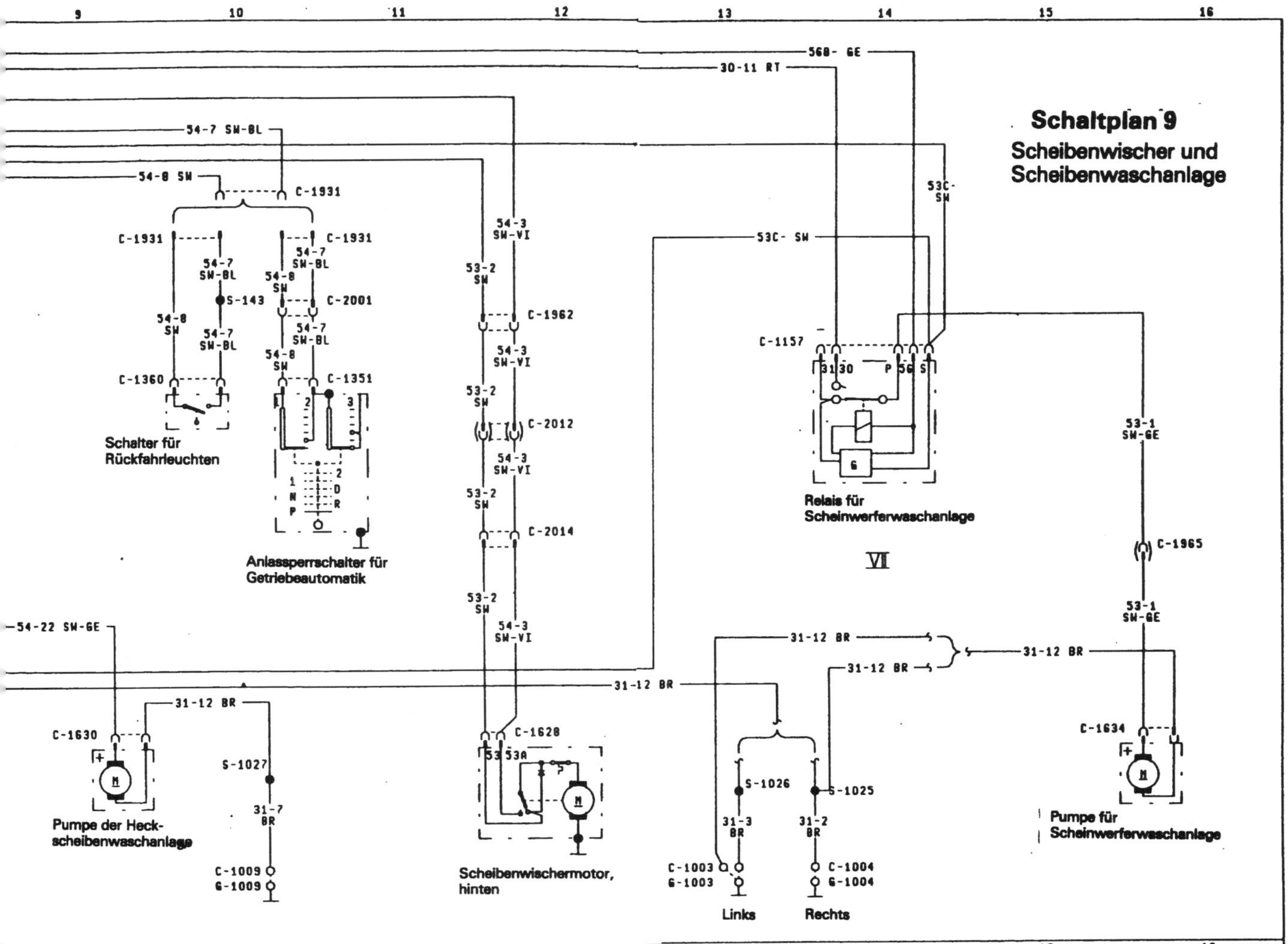

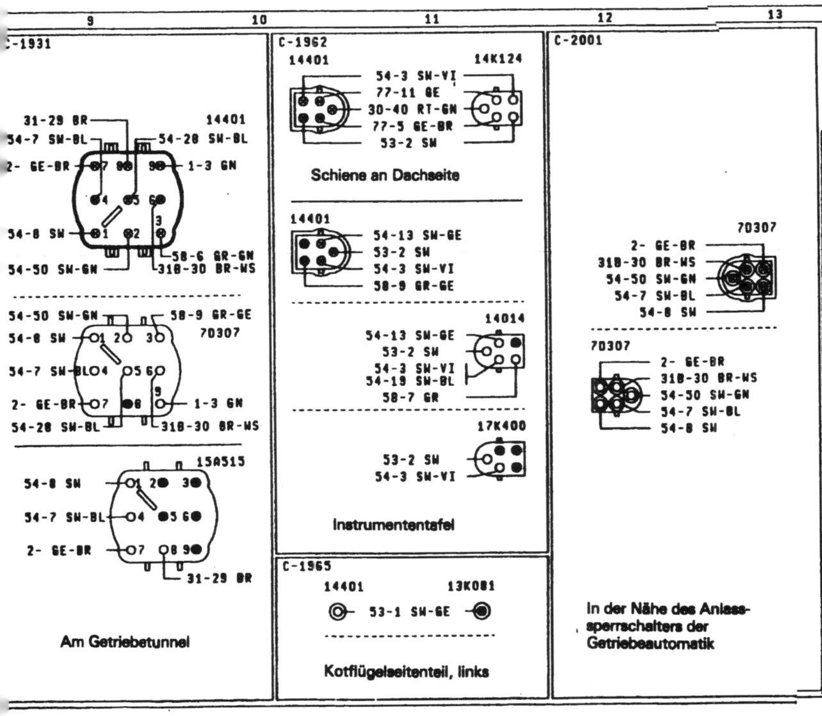

Massestellen

G-1003	In der Nähe der Scheinwerferbefestigung, Fahrerseite
G-1004	In der Nähe der Scheinwerferbefestigung, Beifahrerseite
G-1005	In der Nähe von Türsäule A, Fahrerseite
G-1009	In der Nähe des hinteren Querträgers

Lötverbindungsstellen

S-143	in 15A515	In der Nähe des Schalters der R.F.-Leuchten
S-1015	in 14401	In der Nähe des Bremslichtschalters
S-1016	in 14401	In der Nähe des Blinkschalters
S-1025	in 14401	In der Nähe des rechten Fernlicht-Scheinwerfers
S-1026	in 14401	In der Nähe des linken Fernlicht-Scheinwerfers
S-1027	in 14401	In der Nähe der Kennzeichenleuchten
S-1047	in 14401	In der Nähe der Sicherungsdose

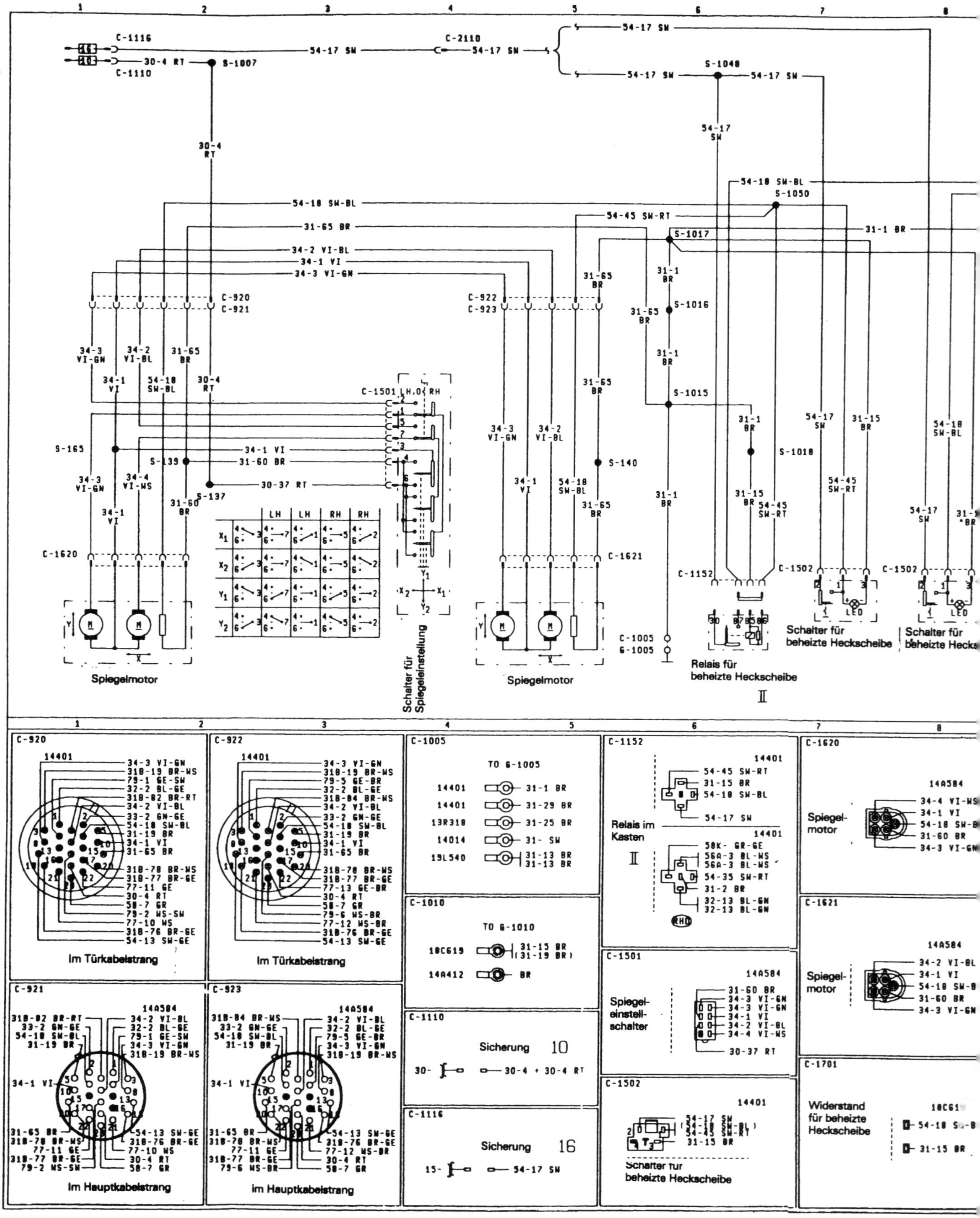

C-1116
C-1110
30-4 RT
S-1007
54-17 SW
C-2110
S-1048
54-18 SW-BL
S-1050
54-45 SW-RT
31-65 BR
S-1017
31-1 BR
34-2 VI-BL
34-1 VI
34-3 VI-GN
C-920
C-921
C-922
C-923
S-1016
S-1015
S-1018
C-1501
LH
RH
S-165
S-139
S-137
34-4 VI-WS
31-60 BR
30-37 RT
S-140
C-1620
C-1621
C-1152
C-1502
C-1005
G-1005
Spiegelmotor
Schalter für Spiegeleinstellung
Relais für beheizte Heckscheibe
Schalter für beheizte Heckscheibe
LED
Im Türkabelstrang
Im Hauptkabelstrang
TO G-1005
TO G-1010
C-1010
Sicherung 10
Sicherung 16
Relais im Kasten
RHD
Spiegel-einstell-schalter
Spiegel-motor
C-1701
Widerstand für beheizte Heckscheibe
14401
14A584

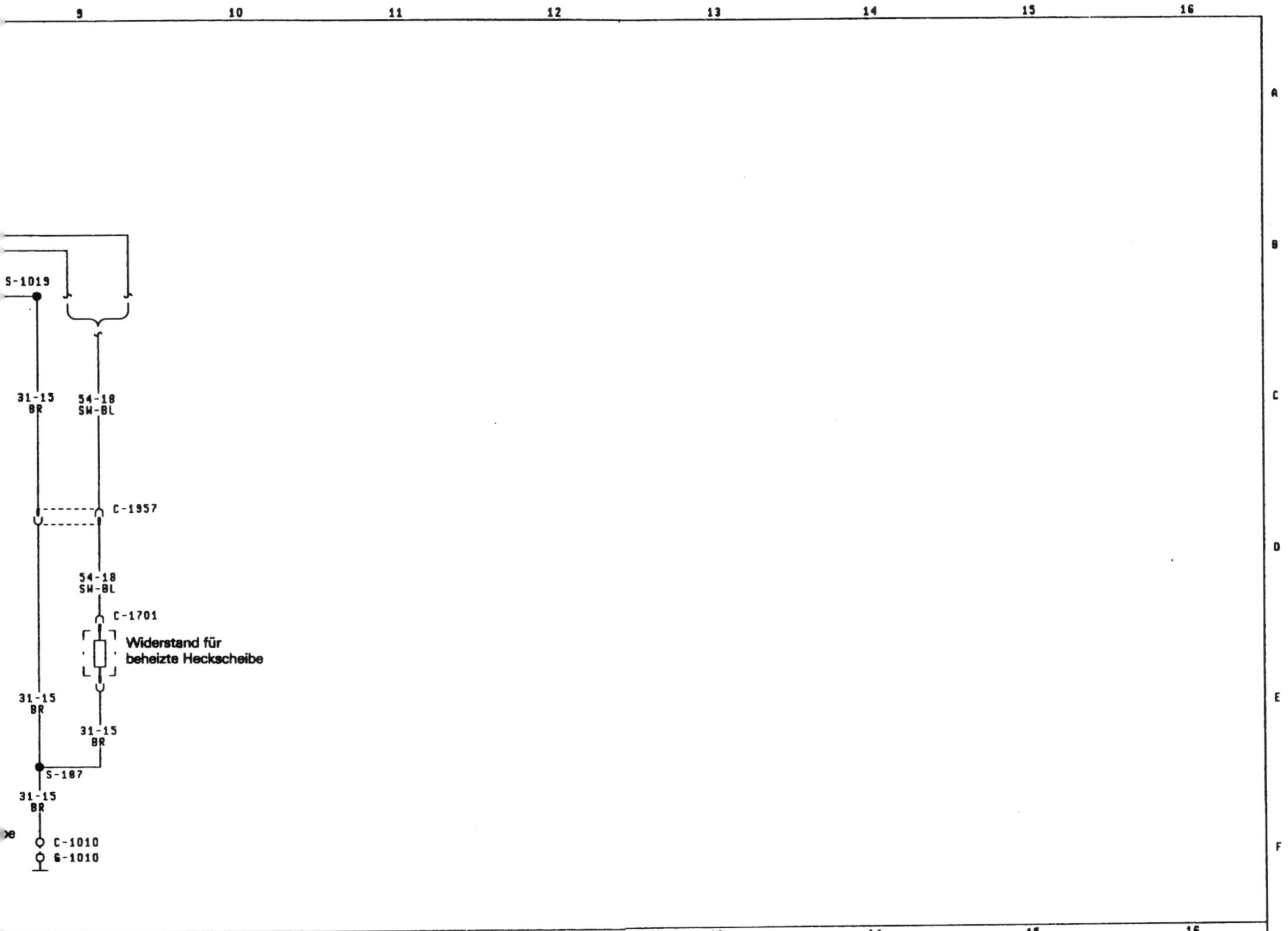

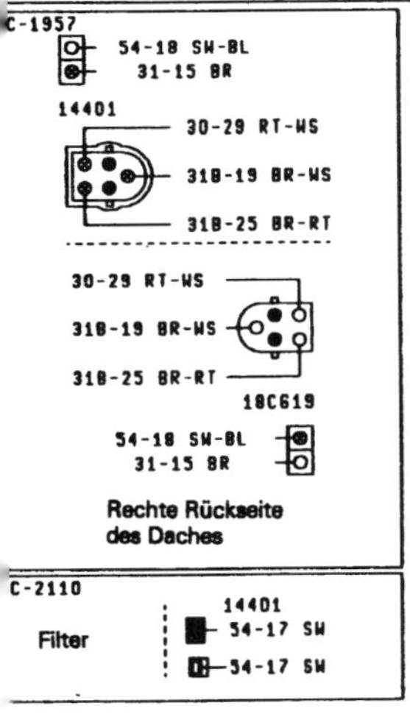

Schaltplan 10

Aussenspiegeleinstellung
und Beheizung
Beheizte Heckscheibe

Massestellen

G-1005	In der Nähe von Türsäule A, Fahrerseite
G-1010	In der Nähe der Heckklappe

Lötverbindungsstellen

S-137	in 14A584	In der Nähe der Schaltertafelbeleuchtung
S-139	in 14A584	In der Nähe des Hauptkabelstanganschlusses
S-140	in 14A584	In der Nähe des Steuergeräts
S-165	in 14A584	In der Nähe des Spiegelmotors
S-187	in 18C619	In der Nähe des Türschliesschalters
S-1007	in 14401	In der Nähe des linken Türkabels
S-1015	in 14401	In der Nähe des Bremslichtschalters
S-1016	in 14401	In der Nähe des Blinkschalters
S-1017	in 14401	In der Nähe des Motorraumkabelstranges
S-1018	in 14401	In der Nähe des Sicherungskastens
S-1019	in 14401	In der Nähe der Innenleuchte
S-1048	in 14401	In der Nähe des Lichtschalters
S-1050	in 14401	In der Nähe des Bremslichtschalters

FSC
www.fsc.org
MIX
Papier | Fördert
gute Waldnutzung
FSC® C083411

Kolibri 360 GmbH
Ferdinand-Jühlke-Straße 7
99095 Erfurt, Deutschland
produktsicherheit@kolibri360.de